国家出版基金项目
NATIONAL PUBLICATION FOUNDATION

"十三五"国家重点图书出版规划项目
中国河口海湾水生生物资源与环境出版工程
庄 平 主编

桑沟湾生态环境与生物资源可持续利用

张继红 等 编著

中国农业出版社
北 京

图书在版编目（CIP）数据

桑沟湾生态环境与生物资源可持续利用/张继红等
编著. —北京：中国农业出版社，2018.12
中国河口海湾水生生物资源与环境出版工程/庄平
主编
ISBN 978-7-109-24697-3

Ⅰ.①桑…　Ⅱ.①张…　Ⅲ.①海湾—生态环境—研究
—山东②海洋生物资源—研究—山东　Ⅳ.①X321.252
②P745

中国版本图书馆 CIP 数据核字（2018）第 232388 号

中国农业出版社出版
（北京市朝阳区麦子店街 18 号楼）
（邮政编码 100125）
策划编辑　郑　珂　黄向阳
责任编辑　郑　珂　弓建芳

北京通州皇家印刷厂印刷　新华书店北京发行所发行
2018 年 12 月第 1 版　　2018 年 12 月北京第 1 次印刷

开本：787mm×1092mm　1/16　印张：21.75
字数：445 千字
定价：150.00 元
（凡本版图书出现印刷、装订错误，请向出版社发行部调换）

内容简介

　　本书是桑沟湾生态环境与养殖生物资源研究的系统总结，全书共六章，分别论述了桑沟湾概况、桑沟湾生态环境与评价、桑沟湾自然生物资源、桑沟湾健康养殖的生态学基础、桑沟湾养殖容量评估、桑沟湾健康养殖的管理策略。本书可供海水养殖学、养殖生态学、生物资源保护、海洋生物学、渔业经济、海洋生态环境保护和生态修复研究等专业的高校师生、科研人员以及有关管理人员参考。

丛书编委会

科学顾问　唐启升　中国水产科学研究院黄海水产研究所　中国工程院院士
　　　　　　曹文宣　中国科学院水生生物研究所　中国科学院院士
　　　　　　陈吉余　华东师范大学　中国工程院院士
　　　　　　管华诗　中国海洋大学　中国工程院院士
　　　　　　潘德炉　自然资源部第二海洋研究所　中国工程院院士
　　　　　　麦康森　中国海洋大学　中国工程院院士
　　　　　　桂建芳　中国科学院水生生物研究所　中国科学院院士
　　　　　　张　偲　中国科学院南海海洋研究所　中国工程院院士

主　　编　庄　平
副 主 编　李纯厚　赵立山　陈立侨　王　俊　乔秀亭
　　　　　　郭玉清　李桂峰
编　　委（按姓氏笔画排序）
　　　　　　王云龙　方　辉　冯广朋　任一平　刘鉴毅
　　　　　　李　军　李　磊　沈盎绿　张　涛　张士华
　　　　　　张继红　陈丕茂　周　进　赵　峰　赵　斌
　　　　　　姜作发　晁　敏　黄良敏　康　斌　章龙珍
　　　　　　章守宇　董　婧　赖子尼　霍堂斌

本书编写人员

张继红　任黎华　魏龑伟　吴　桃　陈　洁
张义涛　姚永锋　吴文广　刘　毅　孙　科

丛书序

中国大陆海岸线长度居世界前列，约 18 000 km，其间分布着众多具全球代表性的河口和海湾。河口和海湾蕴藏丰富的资源，地理位置优越，自然环境独特，是联系陆地和海洋的纽带，是地球生态系统的重要组成部分，在维系全球生态平衡和调节气候变化中有不可替代的作用。河口海湾也是人们认识海洋、利用海洋、保护海洋和管理海洋的前沿，是当今关注和研究的热点。

以河口海湾为核心构成的海岸带是我国重要的生态屏障，广袤的滩涂湿地生态系统既承担了"地球之肾"的角色，分解和转化了由陆地转移来的巨量污染物质，也起到了"缓冲器"的作用，抵御和消减了台风等自然灾害对内陆的影响。河口海湾还是我们建设海洋强国的前哨和起点，古代海上丝绸之路的重要节点均位于河口海湾，这里同样也是当今建设"21世纪海上丝绸之路"的战略要地。加强对河口海湾区域的研究是落实党中央提出的生态文明建设、海洋强国战略和实现中华民族伟大复兴的重要行动。

最近 20 多年是我国社会经济空前高速发展的时期，河口海湾的生物资源和生态环境发生了巨大的变化，亟待深入研究河口海湾生物资源与生态环境的现状，摸清家底，制定可持续发展对策。庄平研究员任主编的"中国河口海湾水生生物资源与环境出版工程"经过多年酝酿和专家论证，被遴选列入国家新闻出版广电总局"十三五"国家重点图书出版规划，并且获得国家出版基金资助，是我国河口海湾生物资源和生态环境研究进展的最新展示。

该出版工程组织了全国20余家大专院校和科研机构的一批长期从事河口海湾生物资源和生态环境研究的专家学者，编撰专著28部，系统总结了我国最近20多年来在河口海湾生物资源和生态环境领域的最新研究成果。北起辽河口，南至珠江口，选取了代表性强、生态价值高、对社会经济发展意义重大的10余个典型河口和海湾，论述了这些水域水生生物资源和生态环境的现状和面临的问题，总结了资源养护和环境修复的技术进展，提出了今后的发展方向。这些著作填补了河口海湾研究基础数据资料的一些空白，丰富了科学知识，促进了文化传承，将为科技工作者提供参考资料，为政府部门提供决策依据，为广大读者提供科普知识，具有学术和实用双重价值。

中国工程院院士　唐启升

2018 年 12 月

前　言

　　桑沟湾（37°01′—37°09′ N、122°24′—122°35′ E）位于山东荣成，北起青鱼嘴南至楮岛，南、北、西三面为陆地环抱，东面湾口与黄海相接，东西宽 7.5 km，南北宽（湾口宽）11.5 km，湾内水面面积约为 140 km²，海岸线长 74.4 km。桑沟湾是中国极为著名的养殖良港之一，是我国北方开展规模化养殖的典型海湾。

　　海水养殖已逐渐成为满足人类日益增长的优质蛋白质需求的重要途径。发展可持续的水产养殖业是当今世界共同关注的主题。改革开放 40 年来，我国海水养殖业领域成效显著。利用 10% 的海洋滩涂与水域面积创造了 26% 的海洋 GDP，2020 年起，我国海洋渔业的产量需求预估将达到每年 4 000 万 t。根据我国的政策和海洋渔业资源现状，海洋捕捞产量将长期维持零增长。为满足 4 000 万 t 海产品的年需求量，到 2020 年，海水养殖年产量必须翻一番。为了达到这一目标，需要海水养殖业技术升级、空间扩展和养殖产业的可持续发展。盲目开发、超负荷养殖势必影响养殖生态系统的可持续利用。浅海养殖面临的共性问题是环境压力及如何保障养殖产业的可持续发展。了解养殖海域的生态环境现状，加强养殖生物资源基础理论研究和养殖技术研发的理论和实践意义深远。

　　自 1996 年中国水产科学研究院黄海水产研究所开始对桑沟湾进行生态环境综合调查研究。本书综合分析了 2006—2007 年、2011—2012 年 8 个航次的综合调查结果和 2014—2015 年 4 个航次的断面调查结果，以及近年来开展的主要生物资源的生理生态学研究以及养殖容量评估、养殖技术与模式的研发等方面的研究结果，对桑沟湾的水质、底质、浮游生物、附着生物、养殖生物等方面的特性和变化规律进行了系统研究，探讨了桑沟湾生源要素的生物地化循环过程以及桑沟湾规模化养殖与生态环境的相互作用机理，分析了桑沟湾物质循环和能量流动特性，针对目前桑沟湾生态环境和养殖生物资源存在的主要问题，提出了相应的管理建议，为桑沟湾高效、可持续开发利用提供了科学依据。

本书由张继红提出总体设计和规划，负责全书的统稿、编排工作，并完成底质环境与评价、养殖生物个体生长模型和容量评估模型、桑沟湾存在的问题和策略建议等内容的编写，参与完成了部分生态环境调查的样品采集、分析工作和部分养殖生物的生理生态学实验；任黎华完成了生态环境调查的样品采集、分析和养殖生物皱纹盘鲍、长牡蛎等的生理生态学实验；魏麟伟完成了生态环境调查的样品采集、分析和污损生物的调查和实验工作；吴桃完成了养殖贝类的生理实验；陈洁、张义涛完成了生态环境调查的样品采集、分析和大型藻类生理实验；姚永锋完成了刺参生理实验；吴文广、刘毅、孙科完成了生态环境调查的样品采集、分析及部分书稿的编写。

本书的出版得到国家科技支撑计划（2011BAD13B06、2008BAD95B11）、国家自然科学基金（41276172、41076111、40876087）、国家重点基础研究发展计划（"973 计划"）（2006CB400608、2011CB409805）和中国水产科学研究院重大预研项目（2014A01YY01）的共同资助。

由于能力和水平所限，本书会有各种缺点和错误，敬请读者批评指正。

编著者

2018 年 5 月

目　录

第一章
桑沟湾概况

第一节　自然地理概况

桑沟湾（37°01′—37°09′ N、122°24′—122°35′ E）位于山东荣成，北起青鱼嘴南至褚岛，南、北、西三面为陆地环抱，东面湾口与黄海相接，东西宽 7.5 km，南北宽（湾口宽）11.5 km，湾内水面面积约为 140 km²，滩涂面积 20 km²，海岸线长 74.4 km，泥、沙、沿滩俱全。桑沟湾内平均水深约为 7.5 m，最大水深位于湾口约为 20 m。湾内海底坡度起伏不大，除个别岩礁外，地形自西向东缓缓倾斜。海湾堆积、侵蚀地貌均衡发育，尤其是各种沙嘴、沙坝十分典型，如褚岛的连岛沙坝、斜口流的湾顶坝及龙门港沙嘴等。湾内有若干岛礁分布，如五岛、鹁鸽岛和褚岛等，岛周多岩礁。桑沟湾是中国最为著名的天然养殖良港之一，山东省海水养殖业的重点海湾。

桑沟湾因桑沟河流入而得名，沿岸的河流主要有沽河、崖头河、桑干河、小落河等，为季节性河流，年总径流量为 $1.68×10^8 \sim 2.64×10^8$ m³。位于湾西北部的沽河年径流量为 $7.2×10^6$ m³（武晋宣，2005），为城市污水进入桑沟湾的入口，约占该海域等污染负荷比的 99.03%。20 世纪 70 年代先后在桑沟湾建立了 4 个坝，分别为八河港、龙门港、林家流港、斜口港。桑沟湾的底质以黏土质粉沙为主，分布在湾内中部海区，面积约为 1.01 万 hm²；在湾的西部和南部近海区域为中细沙，面积约为 0.12 万 hm²；在南北近岸有近 866.7 hm² 的基岩；褚岛以北近岸等海区有少量的沙砾石底质。

第二节　经济和社会概况

荣成是地处山东半岛最东端，隶属于山东省威海市的县级市（36°45′—37°27′ N、122°09′—122°42′ E），三面环海，海岸线长 500 km，陆地面积 1 526 km²，现辖 1 个经济开发区、1 个管理区、12 个镇、10 街道、826 个行政村、125 个居民委员会，人口约 67 万。拥有 2 个一类开放港口、1 个省级开发区、1 个省级工业园、2 个省级旅游度假区。2012 年实现市内生产总值 800.1 亿元，财政总收入突破 100 亿元。荣成为全国重点渔业市，渔业是该市国民经济的支柱产业，近年来在此基础上大力发展海洋牧场、海上休闲旅游观光等产业，2011 年实施了魁蚶、栉孔扇贝底播等一批增殖项目，荣成市海洋牧场达到 3.13 万 hm²。荣成市现辖 10 大海湾、6 大港、50 多个岛屿，拥有可开展养殖滩涂 1 万 hm²，20 m 等深线内浅海面积 13.3 万 hm²，邻近烟威、石岛、连青石渔场，是多种鱼虾洄游的必经之路，水产资源十分丰富，已发现的浅海和滩涂生物 394 种，主要经济生物近百种，其中牙鲆、鲈、对虾、琵琶虾、鹰爪虾、黄花鱼、带鱼、鲅、鲳、乌鱼、鲍、海参、海胆、魁蚶、扇贝等皆为远近闻名的海珍品。全市拥有渔业企业 400 多家，总资产 90 多亿元，从业人员近 10 万人；拥有各类捕捞渔船 4 529 艘（352 544 kW），其中 73.6 kW 以上渔船 1 589 艘。2011 年，新增大洋渔船 26 艘，荣成市远洋渔船达到 120 艘，形成了生产规模大、作业领域广的远洋捕捞船队。该市水产品加工业发达，研发海洋食品、功能性保健品等新产品 200 余种，初步形成了即食食品、保健食品、海洋药品、盐渍海带和鱼粉饲料五大精深加工体系，2012 年水产品产量 116.5 万 t，完成渔业总收入 578.7 亿元，分别增长 3.9% 和 7.9%，2013 年组建了远洋渔业协会和渔港协会，建成 10 个省级现代渔业园区，新增远洋渔船 107 艘，远洋捕捞产量增长 62.4%。

第三节　海水养殖概况

桑沟湾内水域广阔，水流通畅，是荣成市最大的海水增养殖区，目前桑沟湾的养殖筏架已延伸至湾口之外，形成了筏式养殖、网箱养殖、底播增殖、区域放流、潮间带围堰养殖、滩涂养殖等多种养殖模式并存的新格局。增养殖品种有长牡蛎、贻贝、虾夷扇贝、栉孔扇贝、海湾扇贝、鲍、毛蚶、魁蚶、杂色蛤、对虾、梭子蟹、刺参、真海鞘、牙鲆、大菱鲆、鲈、黑鲪、真鲷、马面鲀、河鲀、美国红鱼、海带、龙须菜、裙带菜、羊栖菜等，2007 年桑沟湾养殖面积达 6 300 hm²，产量 24 万 t，产值 36 亿元，分别占荣成市养殖总面积、总产量、总产值的 30.7%、41.2%、56.3%。

桑沟湾海水养殖发展：桑沟湾自 20 世纪 50 年代开始养殖海带，80 年代起，约占总海区面积 2/3 的区域即开始进行大规模的浮筏养殖（赵俊 等，1996），养殖的品种以海带为主，90 年代桑沟湾大规模养殖品种是筏式养殖的栉孔扇贝和海带。2000 年以来大规模养殖品种是长牡蛎、栉孔扇贝和海带等，局部海区有少量鲍、海参、网箱养殖鱼类，还有少量池塘养虾。随着养殖技术的不断改进，越来越多的新品种被引入桑沟湾，其良好的养殖环境为这些种类的有效产出提供了重要条件。近年来，刺参、皱纹盘鲍、虾夷扇贝、真海鞘、龙须菜等种类由于市场需求已逐渐发展为桑沟湾海区的养殖重点品种，多营养层次综合养殖（IMTA）技术得到深入发展。如今，桑沟湾已成为我国著名的海珍品、贝类与大型海藻养殖基地之一。目前桑沟湾的养殖方式以筏式养殖为主，网箱养殖和滩涂养殖为辅。逐渐形成了由湾内向湾外依次排列的贝类养殖区、海带和贝类混养区、海带养殖区的多元养殖模式，海产品产量高、品质佳，其环境特点、养殖品种、养殖规模和养殖模式等均具有代表性。

第二章
桑沟湾生态环境与评价

<h1 style="text-align:center">第一节　调查与实验方法</h1>

一、调查内容

桑沟湾海域调查的环境参数包括水文、底质、水化学、水光学、初级生产力、浮游生物、底栖生物、附着生物。其中，水文包括水温、盐度、海流等；底质包括底质类型、沉积物粒度、有机质、氮磷等；水化学包括 pH、溶解氧、化学需氧量（COD）、溶解态无机盐浓度（硝酸氮、氨氮、亚硝酸氮、活性磷酸盐、硅酸盐）等项；水光学包括透明度、水中悬浮物浓度等；初级生产力包括浮游植物的现存量（叶绿素 a 浓度）；浮游生物包括浮游植物、浮游动物；附着生物包括养殖设施、生物体表。

二、调查站位的布设

（一）水化学调查站位

2006 年 4 月、7 月、11 月和 2007 年 1 月开展 4 个航次的大面调查；2011 年 4 月、7 月、10 月和 2012 年 1 月开展 4 个航次的大面调查。两个年度 8 个航次的调查站位相同（图 2-1）。

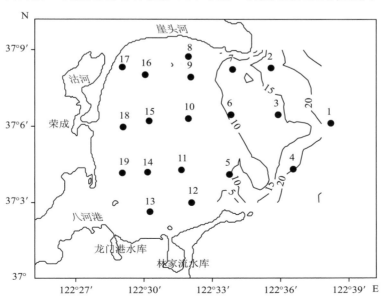

图 2-1　桑沟湾航次调查的站位和水深等值线分布

2014—2015 年 4 个航次断面调查和定点连续监测的站位如图 2-2 所示。调查站位从 2006—2007 年的站位中选取从湾内向湾外的两条断面，因养殖筏架已经逐渐向湾外推进，所以，在 1 号站位和 4 号站位之外，增加 1＋站位和 4＋站位。图中的 A、B、C、D 分别为设置在贝类养殖区、海带养殖区、网箱养殖区和海草区的定点连续监测站。

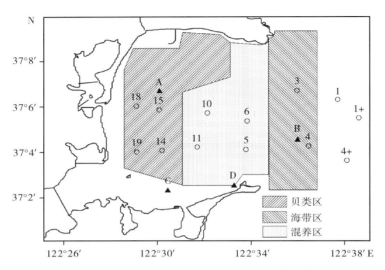

图 2-2　桑沟湾断面调查和定点连续监测的站位及养殖布局

(二) 鲍养殖区底质环境调查站位

桑沟湾皱纹盘鲍筏式养殖基本情况：筏架长 80～100 m，筏间距 4 m，4 排筏架相当于水面面积 1 600 m²，在 20 排筏架区域内设置调查站位 10 个，站位的设置情况如图 2-3 所示。

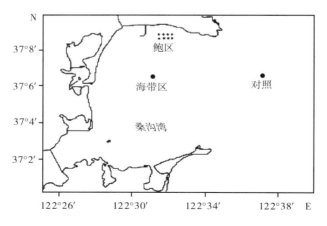

图 2-3　桑沟湾鲍筏式养殖区取样站位

另外，其他个别的取样和调查站位将在各章节中说明。

三、调查方法

生态环境的调查与测试分析方法如下。

本书中的调查方法均按照《海洋调查规范》进行调查。具体测量方法如下。

1. 水文的调查方法

（1）温度和盐度　采用 YSI6600 多参数水质分析仪测定。

（2）海流　利用日本亚力克海流计测定。

2. 水化学的调查方法

（1）pH　采用 YSI6600 多参数水质分析仪测定。

（2）溶解氧　采用 YSI6600 多参数水质分析仪测定。

（3）活性硅酸盐　硅钼蓝法、分光光度计测定。

（4）亚硝酸盐　重氮偶氮法、分光光度计测定。

（5）铵盐　锌镉还原法、分光光度计测定。

（6）化学耗氧量　碱性高锰酸钾-硫代硫酸钠法。

3. 海洋光学调查方法

（1）透明度　采用透明度盘测定。

（2）水中悬浮物浓度　利用经 450℃灼烧 4～5 h 预称重的 WaltmanGF/C（孔径1.2 μm）玻璃纤维滤膜，过滤一定体积的水样，经脱盐烘干称重；然后 450℃灼烧后再次称重。

4. 浮游生物调查方法

（1）叶绿素 a 浓度　叶绿素 a 浓度的测定方法为荧光法，水样经 0.45 μm 滤膜过滤，90%丙酮萃取后，用荧光计测定。

（2）浮游植物　采用国标"浅水Ⅲ"型浮游植物网从底至表垂直拖取浮游植物样品，起网速度为 0.5 m/s。样品保存于 5%甲醛溶液中，在实验室显微镜下进行种类鉴定和计数。同时取水样 1L，用鲁哥氏液固定，以个体计数法定量，个/m^3 为单位。

（3）浮游动物　采用国标"浅水Ⅱ"和"浅水Ⅰ"型浮游动物网从底至表垂直拖取浮游动物样品，起网速度为 0.5 m/s。样品以 5%甲醛溶液固定。按照《海洋调查规范》进行种类鉴定、生物量的称重和计算。其中，丰度以个/m^3 为单位，生物量以 mg/m^3 为单位。

5. 底栖生物调查方法

采用 0.25 m^2 的抓斗采泥器，采取表层泥（30 cm 以内），用 0.5 mm 网目的过滤筛网冲洗过滤、筛选，收集全部生物进行定性、定量分析。每站取 3 个平行样，生物量取平均值。采得的标本用 8%福尔马林固定保存。种类鉴定及称重在实验室进行。

6. 附着生物调查方法

（1）附着生物演替周年调查　实验采用与生产中扇贝养殖笼相同的聚乙烯网片作为

实验网片，网眼大小约为 1 cm。用直径约为 2 cm 的 PVC 管制成长×宽为 80 cm×60 cm 的大框架，大的框架分割为 12 个规格为 20 cm×20 cm 的小框架，将规格为 20 cm× 20 cm 的实验网片用 0.5 cm×20 cm 的尼龙扎带固定在这些小框架上。取样时取下网片，再将新的网片用尼龙扎带固定在框架上。按照《海洋调查规范》的要求在实验海域挂网。实验设置 3 个挂网点，每个挂网点各放置 2 组试网，每组试网均分为表层（0 m，框架上缘正好露出水面）与底层（离水面 3 m）2 个水层，网点分别设置在：①藻类养殖区（主要养殖种类为海带或龙须菜，表层为 As，底层为 Ab）。②贝藻混养区（主要养殖种类为海带或龙须菜与虾夷扇贝混养，表层为 Bs，底层为 Bb）及 C 空白区域（表层为 Cs，底层为 Cb）。挂板周期为 1 周年，分月网、季网、半年网和年网。每个月的 8 日、9 日、10 日取样网片并更新网片。网片取出后进行拍照，并装在塑料封口袋中带回，同时测定更换网点水体理化指标，样品采集后用 70% 的乙醇固定样品，在 4℃ 的冰箱保存。

（2）栉孔扇贝养殖笼上附着生物演替调查　栉孔扇贝养殖笼样品从桑沟湾寻山集团贝藻养殖区现场采集。养殖笼为圆柱形，网盘直径 30cm，一般为 8 层，每层高约 20cm。养殖笼悬挂在海带养殖浮筏上，深约为 2.5 m。分别于 9 月 8 日、10 月 15 日和 11 月 15 日在现场随机采集 3 个养殖笼样品，迅速带回海边的实验室内。首先将养殖笼内的扇贝全部取出，小心避免损坏养殖笼上的附着生物，将整个扇贝笼浸没在水槽中，轻轻抖动，去除网笼上和附着生物体上所有的沉积物；之后称量带有完整附着生物的养殖笼的重量，再将养殖笼上的附着生物全部清除干净，称量干净养殖笼的重量，两者之差即为养殖笼上附着生物的重量。本实验将附着生物的重量与养殖笼重量的比例定义为附着比率（fouling percentage，%）。

7. 底质调查方法

采取 MOM-B 调查方法。用抓斗式采泥器（型号 VanVeen grab，250cm²）获取底泥。每个站位至少取 2 个平行样。8 月 5 日站位未能取得样品；10 月 1 日、5 日和 10 日未获得样品。测定的参数包括生物参数（观察有无大型底栖动物）、化学参数（沉积物的 pH 和氧化还原电位 Eh）和底泥的感官参数（包括沉积物的颜色、气味、气泡的有无、淤泥厚度等）。利用 Setron pH 计和 Meter Lab 氧化还原电位计测定底泥表层（20 mm）的 pH、温度和 Eh。

四、生理学实验方法

（一）滤食性贝类生理指标的测定方法

1. 滤水率、摄食率的测定方法——静水饵料梯度递减法

摄食率为滤水率和饵料密度的乘积，通常先测定滤水率，然后推算其摄食率。本

文采用颗粒递减法，用颗粒计数器（Counter Mutisize Ⅱ）测定实验水体中悬浮颗粒密度。饵料为三角褐指藻。实验用 3 000 mL 的烧杯，每个烧杯中放扇贝 1 个。设平行样 15 个，空白对照 1 个。每隔 30 min 取样，用颗粒计数器测定饵料颗粒密度随时间的变化。

滤水率（R_C）的计算公式：

$$R_C = V/\{wt[\ln(C_0/C_t) - \ln(C_1/C_2)]\}$$

式中 V ——实验烧杯中水的体积（L）；

w ——实验材料的组织干重（g）；

t ——实验持续的时间（h）；

C_0、C_t ——实验开始和结束时的饵料密度（mg/L）；

C_1、C_2 ——实验开始和结束时空白对照瓶中饵料密度（mg/L）。

2. 滤水率、摄食率和吸收率的测定方法——模拟现场流水法

该方法采用模拟现场流水方法，利用经过设计的一种测定贝类滤水率的简易流水槽系统，通过相关计算公式计算滤食性贝类的滤水率、摄食率和吸收率。

3. 呼吸率的测定

所用容器为 5L 广口瓶，每个瓶放入 3 个贝类，设平行样 5 个，空白对照 1 个。溶解氧采用溶氧仪 YSI-85 测定。测定之前以磁力搅拌器充分搅拌。实验持续 2 h。

4. 排氨率的测定

排氨率的测定方法参照《海水养殖手册》和《海洋监测规范》。耗氧率和排氨率的测定同步进行。用次溴酸钠氧化法测定开始和结束时的氨氮浓度。所用仪器为 7530 G 型分光光度计。根据实验前后溶解氧和氨氮浓度的变化计算耗氧率和排氨率。

5. 吸收效率的测定

实验结束后，将贝类置于过滤海水中暂养 24 h，将粪便抽滤到 GF/C 滤膜上，用电子天平（Sartorious 精确度 0.000 01 g）称干重（60 ℃，24 h）和去灰分重量（450 ℃灼烧 5 h），计算粪便的总量和粪便中有机物质的含量。

吸收效率 AE（%）的计算公式：

$$AE = (F-E)/[(1-E)F] \times 100\%$$

式中，F 和 E 分别为食物和粪便中有机物的含量（C_{POM}/C_{TPM}）。

6. 能量收支的计算方法

能量收支分配模式采用 Carfoot（1987）提出的基本模型：

$$C = F + U + R + P$$

式中，R 表示代谢能；U 表示排泄能；C 表示摄取食物的总能量；F 表示排粪能；P 表示生长能。R 根据耗氧率计算（1 μmol O_2 = 0.45 J）；U 根据排氨率计算

（1 μmol NH$_4^+$＝0.34 J）；C 根据食物中有机物含量（C_{POM}）计算，以 1 mg 有机物（POM）＝20.78 J 换算；F 根据粪便中有机物含量计算；P 通过公式 $P＝C－F－U－R$ 计算。

7. 生长率的计算方法

毛生长率（K_1）和净生长率（K_2）根据下列公式计算：

$$K_1＝(A－R－U)/C$$
$$K_2＝(A－R－U)/A$$

式中　A——贝类从食物中吸收的能量，根据公式 $A＝C \cdot AE$ 计算。

（二）皱纹盘鲍生理生态学及能量收支的研究方法

1. 皱纹盘鲍能量收支的测定和计算方法

（1）饵料及投喂方法　实验将 3 种海藻称重后，60 ℃烘至恒重，马弗炉 450 ℃下灼烧 4 h，测定其含水量及有机物含量。对 4 种投喂方式下鲍的能量收支进行测定。①裙带菜和孔石莼。②裙带菜和海带。③孔石莼和海带。④海带。各种搭配投喂的海藻均过量。以海带组作为对照。

（2）摄食率的测定方法　随机分组后的皱纹盘鲍，在水槽中进行 7 d 的暂养，以充分适应饵料及养殖环境。实验开始后，每两天投喂一次，投喂前收集残饵，记录投饵量与残饵量。投喂前全换水，以 200 目的筛绢在换水时收集粪便，在 60 ℃烘干至恒重，马弗炉 450 ℃下灼烧 4 h，测定其含水量及有机物含量。

（3）耗氧率与排氨率的测定方法　采用 5 L 塑料桶，以保鲜膜密封，每桶放鲍两只，设 3 个平行组，2 个空白组。实验持续 2 h，取水样测定实验前后水体中的溶解氧和氨氮浓度。测定方法严格按照《海洋监测规范》的要求进行，溶氧量采用碘量法测定，氨氮浓度采用次溴酸钠氧化法，所用仪器为 7530 G 型分光光度计。

（4）计算方法

$$摄食率(FIR)＝(FI_2－FI_1)/K(n×t)$$
$$耗氧率(OR)＝[(DO_0－DO_t)×V]/Wt$$
$$排氨率(NR)＝[(N_t－N_0)×V]/Wt$$

式中　FI_2——饵料的投喂量（g）；

　　　FI_1——饵料的剩余量（g）；

　　　K——饵料自重变化系数，实验采用新鲜饵料，K 记为 1；

　　　n——实验组皱纹盘鲍的数量（个）；

DO_0 和 DO_t——实验开始和结束时实验水中溶解氧（DO）含量（μmol/L）；

　　N_0 和 N_t——实验开始和结束时实验水中氨氮浓度（μmol/L）；

V——实验用容器的体积（L）；

W——实验鲍湿重（g）；

t——实验持续时间（h）。

能量收支分配模式采用 Carfoot 提出的基本模型：$C=F+U+R+G$ 变形为 $G=C-F-U-R$，式中，C 为摄食能；F 为排粪能；U 为排泄能；R 为代谢能；G 为生长能。代谢能根据耗氧率计算，消耗的氧气 $1~\mu$mol $O_2=0.45$ J；排泄能根据排氨率计算，排出的氨氮 $1~\mu$mol $NH_4^+=0.34$ J；摄食能与排粪能按照食物与粪便在马弗炉 450 ℃下灼烧 4 h 测得的有机物的含量计算，1 mg POM＝20.78 J。

2. 周期性断食对皱纹盘鲍生长、摄食、排粪和血细胞组成的影响的研究方法

（1）实验材料与投喂方法　实验用皱纹盘鲍取自山东荣成寻山集团，壳长为（65±4.3）mm。鲍取回后，清理其壳上的附着物，暂养 7 d 使其充分适应实验环境，暂养期间以盐渍海带作为饵料。暂养结束后，进行随机分组，测量各实验组皱纹盘鲍的壳长和湿重作为初始值。实验设 4 个实验组：投喂 2 d 饥饿 1 d（f2s1）；投喂 2 d 饥饿 2 d（f2s2）；投喂 2 d 饥饿 3 d（f2s3）；投喂 2 d 饥饿 4 d（f2s4）；连续投喂作为对照组（f2）。每组设 3 个平行组。

（2）实验操作　实验用盐渍海带取 5 份，准确称量后 60 ℃烘箱 48 h 烘干，计算饵料的含水量。在投喂前称量海带的湿重，鲍摄食后的残饵烘至恒重后测定其干重，以饵料干重计算实验用鲍的摄食率，减小因盐渍海带吸水造成的误差。

每 2 d 换水 1 次，换水时全量收集整理箱中鲍的粪便，60 ℃烘箱烘至恒重，计算实验中皱纹盘鲍的排粪率，马弗炉 450 ℃灼烧 4 h，测其粪便中的有机物含量。实验结束后，准确称量各组皱纹盘鲍的壳长和湿重，计算实验用鲍的生长情况。血细胞组成的测定参考许秀琴流式细胞仪检测方法，处于周期性断食的皱纹盘鲍，实验组与对照组各随机取 3 只，用一次性的 1.5 mL 注射器，从切开的腹足处吸取血淋巴，与 0.2 μm 滤膜过滤的抗凝剂 1∶1 混合后置于离心管中待测，抗凝剂参考疣鲍的抗凝剂，配方为：葡萄糖 115 mmol/L，柠檬酸钠 27 mmol/L，乙二胺四乙酸二钠 11.5 mmol/L，NaCl 382 mmol/L。实验用流式细胞仪为美国 BD 公司生产的 BD FACS Calibur，应用 Cell Quest 软件进行实验数据的获取与分析。

（3）计算方法与统计分析

$$增重率~WGR=(W_t-W_0)/W_0\times100\%$$

$$特定生长率~SGR=(\ln W_t-\ln W_0)/T\times100\%$$

$$日摄食率~FIR=(FI_2-FI_1)/nT$$

$$饵料转化率~FCE=(W_t-W_0)/FI\times100\%$$

式中　W_t——皱纹盘鲍终重（g）；

W_0——皱纹盘鲍初重（g）；

FI_2——饵料的投喂量（g）；

FI_1——饵料的剩余量（g）；

n——实验组鲍的数量（个）；

T——实验持续时间（h）；

FI——总摄食量（g）；

FIR——日摄食率 [g/（个·d）]。

（三）贝类钙化的测定与计算方法

1. 实验操作

室内实验于 2012 年 5 月 1 日 13：00—17：00 进行，长牡蛎在水槽内暂养7 d，充分适应实验环境，采用 1 L 的聚乙烯广口瓶，以保鲜膜封口，采用循环水槽水浴，每瓶放置长牡蛎 1 只，设 3 个空白对照组，各规格设 3 个重复，实验每 2 h 进行 1 次，中间操作20 min，持续 26 h。

养殖区现场实验于 2012 年 5 月 27 日 17：00 至 28 日 19：00 进行，采用 1L 的广口玻璃瓶，装满海水后，4 个未放置牡蛎的瓶子作为对照，其他瓶中各放置牡蛎 1 个，每个规格设 3 个重复。封口后，挂于距海面 2.5 m 的水下。其他实验方法同室内实验。采用 YSIProplus 电极测定对照组和实验组初始及实验结束时的温度、盐度、溶解氧浓度。另外，实验前后，分别取水样 100 mL，加 $HgCl_2$ 后，于置冰的保温盒中保存，带回实验室测定氨氮浓度（$NH_4^+ - N$）、亚硝酸盐浓度（$NO_2^- - N$）、pH 以及总碱度（TA）。氨氮、亚硝酸盐浓度测定采用次溴酸钠氧化法，方法严格按照《海洋监测规范》的要求进行，所用仪器为 7530 G 型分光光度计。TA 测定使用 Metrohm 公司生产的自动滴定仪，采用自动电位滴定法测定，滴定过程由 ROSS 玻璃电极监控，TA 数值由计算机程序自动计算得到，测量相对标准偏差为 ± 2 $\mu mol/L$。

2. 计算方法与统计分析

各项指标通过以下公式计算：

$$耗氧率（OR，mg/h）= [（DO_0 - DO_t - \Delta DO）\times V] / t$$

$$排氨率（NR，\mu mol/h）= [（N_t - N_0 - \Delta N）\times V] / t$$

$$钙化率（GR，\mu mol/h）= [（TA_t - TA_0 - \Delta TA）/2 \times V] / t$$

式中 DO_0 和 DO_t——实验开始和结束时海水中 DO 含量（mg/L）；

N_0 和 N_t——实验开始和结束时海水中氨氮浓度（$\mu mol/L$）；

TA_0 和 TA_t——实验开始和结束时海水中总碱度（$\mu mol/L$）；

Δ——空白瓶中 DO、N 及 TA 的变化值；

V——实验用容器的体积（L）；

t——实验持续时间（h）。

其中，钙化率的计算扣除了牡蛎排泄氨氮造成的 TA 变化，公式参考国内外常用的钙化率计算公式（Gazeau et al.，2007）。

（四）刺参摄食生理生态学研究方法

1. 实验所用刺参饵料的制备

制备饵料为干海带粉，所用的海泥取自自然海区。在 60 ℃条件下烘干 48 h，经粉碎后过 40 目筛绢，保存备用。实验设计 4 种饵料组合：Ⅰ（100％海泥）、Ⅱ（88％海泥＋12％海带粉）、Ⅲ（76％海泥＋24％海带粉）、Ⅳ（64％海泥＋36％海带粉）。

2. 饵料对不同体重刺参摄食的影响

实验在山东荣成市寻山集团海珍品育苗场进行。实验用水为沙滤海水，将实验箱（0.45 m×0.35 m×0.3 m）水浴在海水中以维持实验箱内水温恒定。根据刺参湿重分为 A（4.77±0.95）g、B（15.12±1.14）g、C（34.77±7.95）g、D（78.13±4.99）g 4 个实验组。

将暂养的各组（A 组、B 组、C 组、D 组分别放 12 头/箱、8 头/箱、5 头/箱、4 头/箱）刺参分别移入实验箱内，记录每个实验箱内刺参总体质量。每组刺参均分别投喂饵料Ⅰ、Ⅱ、Ⅲ和Ⅳ，每组设 3 个重复。每天定时（8：00）投饵，投喂量约为刺参湿重的 8％。采用虹吸法收集各组刺参在 24 h 内产生的粪便、残饵，连续收集 1 周。实验期间水温保持在（12.5±0.6）℃。

3. 温度对不同体重刺参摄食的影响

在 3—6 月开展，分别在（5.1±0.4）℃、（10.9±0.7）℃、（12.5±0.6）℃、（14.2±0.7）℃和（16.1±0.6）℃温度条件下进行。在每个温度梯度下，将每次暂养的各组（A 组、B 组、C 组、D 组分别放 12 头/箱、8 头/箱、5 头/箱、4 头/箱）刺参移入实验箱内，记录每个实验箱内刺参总体质量。投喂Ⅰ型饵料，投喂及样品收集方法同上。每个温度每个实验组设 3 个重复。

4. 实验管理与样品分析

各实验箱均配置 1 个气石，控制充气量，日换水量 50％。用 YSI 水质监测仪 Pro10（美国）测海水的温度、溶解氧、pH、盐度等参数。饵料基本成分分析依据 GB/T 6432—1994、GB/T 6438—2007、GB/T 6433—2006、GB/T 6435—2006；实验收集的残饵、粪便在 60 ℃条件下烘干 48 h，有机物含量采用灰化法（450 ℃，6 h）测定。

5. 刺参摄食率、吸收效率的计算方法

刺参的有机物摄食率［organic ingestion rate，OIR，mg/(g·d)］采用生物沉积法计算，即假定刺参不吸收无机物，将饵料中的无机物作为惰性示踪物，根据刺参的粪便生成速率来间接地推算刺参对有机物的摄食率：

$$OIR = \frac{F}{WW t} \times \frac{1-e}{1-OC} \times OC$$

式中　F——收集粪便的干重（g）；

　　　WW——实验刺参的初始重（g）；

　　　t——实验时间（d）；

　　　e——粪便中有机物含量（%）；

　　　OC——饵料中有机物含量（%）。

吸收效率（absorption efficiency，AE，%）采用 Conover（1968）提出的比率法，基于饵料、粪便中有机物比率来计算。计算公式同上。

第二节　评价方法

一、有机污染状况、营养水平评价

有机污染指数及营养水平指数依据以下公式计算（田家怡，1983；蒋国昌，1987）：

$$A = C_{COD}/C'_{COD} + C_{DIN}/C'_{DIN} + C_{DIP}/C'_{DIP} - C_{DO}/C'_{DO}$$

$$E = C_{COD} \times C_{DIN} \times C_{DIP}/1\ 500$$

式中　A——有机污染指数；

　　　C_{COD}、C_{DIN}、C_{DIP}、C_{DO}——化学需氧量、无机氮、磷酸盐及溶解氧的实测值；

　　　C'_{COD}、C'_{DIN}、C'_{DIP}、C'_{DO}——化学需氧量、无机氮、磷酸盐及溶解氧的一类海水水质标准值；

　　　E——营养水平指数。

二、营养盐限制性评价

营养盐限制的评价方法采用氮、磷、硅的含量水平以及三者之间的比值进行判断。采用营养盐限制的阈值法，以理论上的营养盐半饱和阈值（Ks 值）为评价标准（N＝2 $\mu mol/L$；P＝0.2 $\mu mol/L$；Si＝2 $\mu mol/L$）（Dortch et al.，1992），如果测定的某种营养盐浓度低于 Ks 值，则视该种营养盐为浮游植物生长的限制性因子；如果测定的营养盐浓度高于 Ks 值，则根据 Justie 等（1995）提出的评估营养盐限制的方法——化学计量法，分析某种营养盐的潜在限制性，即①若 Si/P＞22 且 N/P＞22，则磷酸盐为限制因子。②若 N/P＜10，且 Si/N＞1，则无机氮为浮游植物生长的限制因子。③若 Si/P＜10，且 Si/N＜1，则硅酸盐为限制因子。

三、生物多样性计算方法

生物多样性指数（Shannon-Wiener 指数 H'）的计算公式为：

$$H' = -\sum_{i=1}^{s} P_i \log_2 P_i$$

式中　H'——生物多样性指数；

　　　S——样品中的种类总数；

　　　P_i——第 i 个种的个体数与总个体数的比值。

各物种的优势度（Y）根据其出现的频率及丰度来计算，计算公式为：

$$Y = (n_i/N) \times f_i$$

式中　Y——优势度；

　　　n_i——第 i 个种的丰度；

　　　N——样品的总丰度；

　　　f_i——该种的站位出现频率。

以优势度 $Y＞0.02$ 的标准来确定优势种类（徐兆礼，1989）。

四、初级生产力计算方法

初级生产力采用叶绿素 a（chl-a）法计算。根据下列的简化公式计算浮游植物的初级生产力：

$$C_{\text{chl-a}} = P_s \cdot E \cdot D/2$$

式中　$C_{\text{chl-a}}$——初级生产力，以 C 计，单位为 $mgC/(m^2 \cdot d)$；

　　　P_s——表层水（1 m 内）中浮游植物的潜在生产力，以 C 计，单位为 $mgC/(m^3 \cdot d)$；

　　　E——真光层的深度（m）；

　　　D——白昼时间（h）。

其中，P_s 根据表层水中叶绿素 a 的含量计算：

$$P_s = C_a \cdot Q$$

式中　C_a——表层叶绿素 a 的含量（mg/m^3）；

　　　Q——同化系数 $[mg/(mg \cdot h)]$。

真光层（E）的深度取透明度的 3 倍，同化系数（Q）取值为 3.7。

五、养殖活动对沉积环境压力的评价

借鉴挪威网箱养殖对底质环境压力的评价方法（MOM-B技术），来评价桑沟湾筏式养殖对沉积环境的影响。MOM-B包括生物指标组、化学指标组和感官指标组。MOM-B的评价规则如图2-4所示，将各种参数指标数字化，分数越低，说明底质环境条件越好。

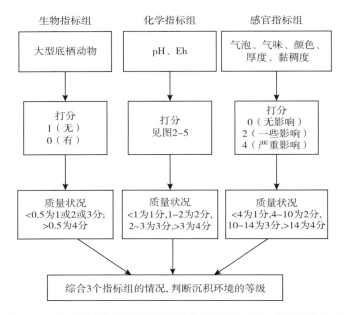

图2-4　鱼类养殖沉积环境监测系统MOM-B的组成及评分规则

（1）生物指标组　根据大型底栖动物的存在与否判定底质环境条件是否为可接受。如果沉积物中存在大型底栖动物，记为0分，认为底质环境条件是可接受的；如果沉积物中没有大型底栖动物，记为1分，判定底质环境条件为不可接受的。利用化学参数和沉积物的感官参数对可接受的底质环境进一步分级，以判定底质环境的等级。

（2）化学指标组　根据pH与Eh之间的关系，将涵盖的不同区域数字化为0分、1分、2分、3分和5分。pH与Eh的评分规则如图2-5所示。根据现场测定的pH和Eh结果，来确定得分情况。

（3）感官指标组　根据规则标准进行数字化，分为0分、2分和4分。沉积物被有机质污染的越严重，得分就越高。综合以上3组的数据来判断底质的环境状况。沉积环境的质量分为4个等级，1级为优良，可以2年进行1次环境监测；2级为良好，应每年进行1次环境监测；3级为及格，需要加强环境监测，每半年1次；4级为不可接受，应停止养殖活动，进行环境修复。

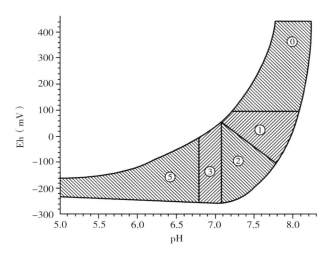

图 2-5　MOM-B 系统化学指标组的评分规则

第三节　水文特性

一、水温

桑沟湾水温变化具有年周期性，年变化曲线近似余弦曲线。年平均水温 13 ℃，2 月水温最低，平均为 1.8 ℃，8 月水温最高，平均水温为 24.9 ℃，各年度之间略有差异。

2011—2012 年 4 个航次（2011 年 4 月、7 月、10 月和 2012 年 1 月）的温度范围为 1.9～23.3 ℃。湾内水比较浅，平均水深约 7.5 m，从湾底向湾口水深递增，湾口附近递增的幅度比较大。由于桑沟湾内湾水深较浅，因此，水温受气温、光照等环境条件的影响较大，春季、夏季湾内的水温升温快，湾内高于湾口。夏季湾口与湾内的水温差达 6.9 ℃；秋季、冬季湾内的水温降温快，湾内水温略低于湾口（图 2-6）。总体来讲，秋季、冬季全湾的水温分布较春季、夏季分布均匀。4 个季节桑沟湾的水温变化情况如下。

春季（4 月）：全湾平均水温为（9.00±2.12）℃，最高值为 11.61 ℃（19# 站位），最低值为 5.5 ℃（1# 站位），最高值与最低值相差 6.11 ℃。水温等值线沿湾底向湾口递减，湾的东北部水温略高于东南部。

夏季（7 月）：全湾的平均水温为（20.34±2.32）℃，最高值为 23.3 ℃（19# 站位），

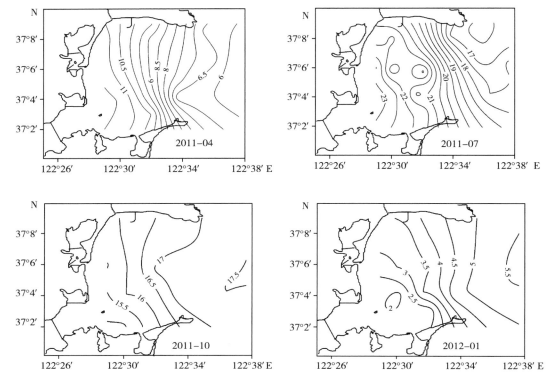

图 2-6　2011—2012 年 4 个季节桑沟湾表层水温的平面分布

最低值为 16.4 ℃（2[#]站位），最大温差为 6.9 ℃。水温等值线分布特性与 4 月相近，水温等值线沿着湾底向湾口逐渐降低。在湾口区域，水温的等值线密集，并且湾的东北部水温略低于东南部。

秋季（10 月）：全湾的平均水温为（16.47±0.79）℃，最高值为 17.5 ℃（1[#]站位），最低值为 14.9 ℃（13[#]站位），最大温差为 2.6 ℃。同 4 月和 7 月相比，10 月的水温分布较为均匀。水温等值线沿着湾的西南部向东北部递增，等值线较为稀疏。

冬季（1 月）：全湾的平均水温为（3.76±1.22）℃，最高值为 5.6 ℃（1[#]站位），最低值为 1.9 ℃（14[#]站位），最大温差为 3.7 ℃。水温的等值线沿着湾的西南部向东北部递增。

同 2006—2007 年 4 个航次的水温相比，总体的趋势是一致的，平均值也比较接近。2006—2007 年 4 个航次的水温空间分布情况见图 2-7，7 月和 11 月与 2011—2012 年非常接近；2006 年 4 月的水温等值线密集区位于湾的西南部，2011 年 4 月的等值线密集区位于湾的东南部，也就是趋于向湾口区域。

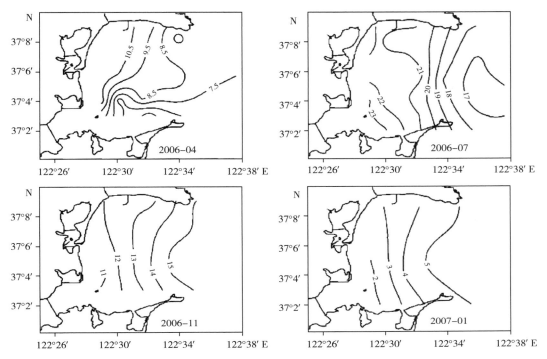

图 2-7 2006—2007 年桑沟湾表层水温的空间分布情况

（注：各月份水温等值线的间隔都为 1 ℃）

二、盐度

盐度是海洋环境的重要因子之一。桑沟湾的盐度值主要受陆地径流低盐水和外海高盐水及降雨等因素的影响。2011—2012 年 4 个航次的调查结果显示（图 2-8），桑沟湾盐度变化范围为 28.78～31.62，盐度平均值为 30.95，年较差为 2.84。同历史数据相比，

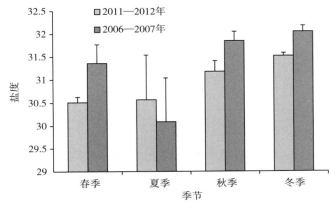

图 2-8 桑沟湾表层水盐度的季节变化

全湾表层水的平均盐度略有降低，年较差位于 2006—2007 年和 1993—1994 年的范围内。盐度季节变化的总体趋势是春季、夏季的盐度较低，冬季、秋季的盐度较高。1 月和 11 月桑沟湾海水盐度的空间分布较为均匀，梯度变化不大（平均值分别为 32.05±0.13 和 31.85±0.20），7 月盐度空间分布梯度变化较大，受陆地径流或降雨的影响，湾底的盐度显著低于湾中和湾口。同 2006—2007 年 4 个航次的盐度数据相比，2011—2012 年除 7 月外，其他季节的值均低于 2006—2007 年的结果。2006—2007 年 4 个航次的盐度变化范围为 27.79～32.27，盐度平均值为 31.34，年较差为 4.48。1993—1994 年的调查结果显示，桑沟湾盐度变化范围为 30.0～32.4，表层水的盐度平均值为 31.3，年较差为 2.4。

（一）2011—2012 年各季节的盐度空间分布特征

春季（4 月）：春季全湾盐度范围为 30.21～30.74，平均为30.51±0.12。全湾盐度分布比较均匀；总体的变化趋势是湾内略高于湾口，盐度的等值线，在湾西南部即八河港入海口外部（14#站位、19#站位）有一低值区（图 2-9）。

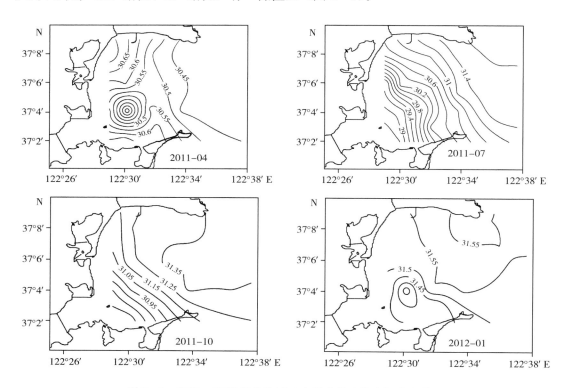

图 2-9　2011—2012 年桑沟湾 4 个季节盐度的空间分布情况

夏季（7 月）：桑沟湾夏季的盐度最低，全湾的盐度范围为 28.78～31.62，平均为 30.57±0.97，等值线从湾的西南部向湾口逐渐递增（图 2-9）。

秋季（10 月）：桑沟湾秋季盐度变化范围为 30.57～31.37，表层水盐度平均为 31.18±0.23，等值线从湾的西南部向湾口逐渐递增，趋势与 7 月相近（图 2-9）。

冬季（1 月）：冬季盐度的变化范围为 31.4～31.57，平均为 31.52±0.064，全湾盐度分布较其他月份都均匀。在湾的西南部有一低值区（图 2-9）。

（二）2006—2007 年的盐度变化特征

春季（4 月）：2006 年桑沟湾盐度的总体趋势是湾内低于湾外，变化范围为 30.94～32.24，平均值为 31.36±0.41，高于 2011 年的平均值。盐度有 2 个高值区，一个位于桑沟湾的南部海域，沿南部海岸线向北部海域及湾口递减；另一个高值区位于西北部，沿西部海岸线向湾口递减（图 2-10）。

夏季（7 月）：7 月盐度的低值区位于湾底沽河和八河港水库入海口附近。盐度变化范围为 27.79～31.10。平均盐度为 30.09±0.90。盐度变化较大，从湾内向湾口递增（图 2-10）。

秋季（11 月）：11 月的表层水平均盐度为 31.85±0.14，等值线从湾内向湾口逐渐递增，盐度变化较小，空间分布较为均匀（图 2-10）。

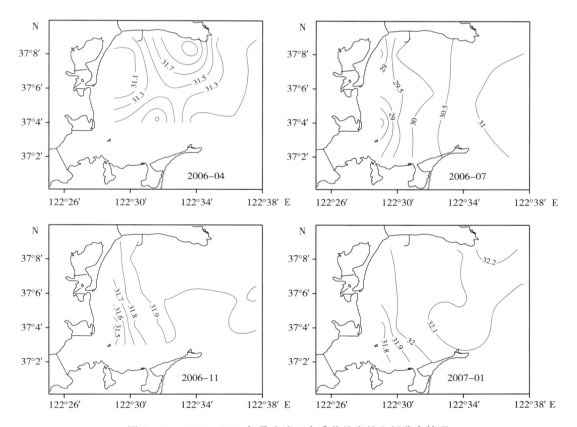

图 2-10　2006—2007 年桑沟湾 4 个季节盐度的空间分布情况

冬季（1月）：1月表层水的平均盐度为32.05±0.14，是4个季节中盐度最高的。空间分布均匀，等值线变化趋势与11月相同（图2-10）。

三、水动力

（一）潮汐与潮流

关于桑沟湾水动力基本特征的研究，最早的报道是1988年毛兴华主编的《桑沟湾增养殖环境综合调查研究》。根据1983年5月至1984年5月海洋水文调查资料，分析研究了桑沟湾潮汐、潮流、余流、波浪等的分布特征和变化规律，对潮流场做了数值模拟，对海水交换进行了初步研究。主要结果如下。

1. 潮汐

桑沟湾属于不正规半日潮，在一天之内相邻2次低潮潮高显著不等；涨潮历时与落潮历时相差较大，可达1.5 h。

2. 潮差

经调好常数计算获得平均大潮差为1.47 m，平均小潮差为0.57 m。

3. 潮流

潮流运动形式以往复流为主。

赵俊等（1996）基于二维单层水动力数值模式，用隐式方向交替（ADI）法进行计算，以实测水位资料作为开边界条件驱动，得到了未考虑养殖活动本身影响的桑沟湾基本环流特征。Grant和Bacher曾建立了二维有限元模型来模拟桑沟湾的流场结构，模型中加入了参数化的养殖阻力，在养殖区和主航道分别采用不同的参数。结果表明，养殖区因养殖本身阻力，垂直平均流速会减小54%。

王波于2007年在忽略风场和养殖设施阻力的前提下，采用POM（Princeton Ocean Model）模式，模拟研究了秋季桑沟湾的水动力场。研究结果显示：

（1）湾内涨潮时海水从湾口北部涌入，按逆时针方向旋转从湾口南部流出；落潮时相反，外海海水从湾口南部流入，从湾的东北部流出；湾口的流速比湾内大，湾口最大流速为55 cm/s（图2-11、图2-12）。

（2）桑沟湾余流场较弱，湾口最大处只有10 cm/s，湾内大部分区域只有2～3 cm/s（图2-13）。湾内南部有一个逆时针的小涡，湾内北部余流成顺时针方向流出桑沟湾，余流场基本属于南进北出型。

筏式养殖设施以及养殖生物自身对海域海水流动会起到阻碍作用，减缓半封闭海湾的水交换速率，进而影响养殖海域的营养盐和食物的更新速度，影响养殖海域的水质条件和养殖产量等。史洁等人2009年在不考虑风场的条件下，采用双阻力模型，拟合出海

表的摩擦速度 u 和海表拖曳系数 C_{DS}。7 月海带全部收获完毕，上述阻力代表了养殖设施带来的表层阻力。从 11 月初海带夹苗到次年 7 月海带收割完毕的这段期间，养殖海带的

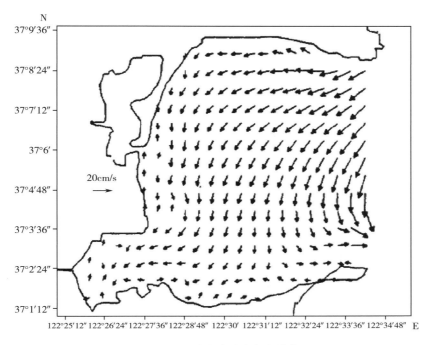

图 2-11　桑沟湾涨潮潮流分布

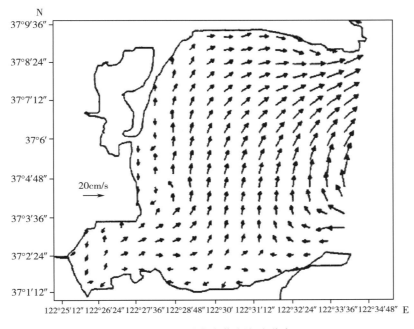

图 2-12　桑沟湾落潮潮流分布

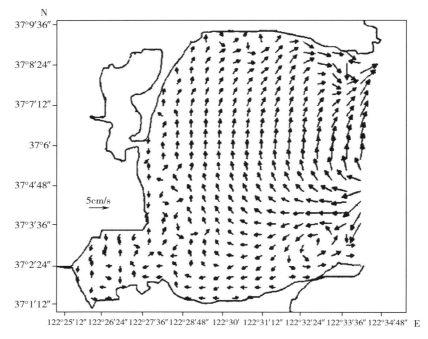

图 2 - 13　桑沟湾余流场

阻力：$D/\rho = 0.025\ u^2$。采用 POM 模型构建了桑沟湾三维水动力模型。模拟研究了养殖活动对潮流的影响。研究发现，养殖活动并没有改变桑沟湾的潮汐、潮流基本性质，以及流场涨落潮规律。桑沟湾涨潮时，有养殖情况下表层、中层、底层平均流速分别为 12.2 cm/s、13.9 cm/s、2.3 cm/s。无养殖情况下各层平均流速为 33.1 cm/s、19.8 cm/s、3.2 cm/s。有无养殖 2 种情况相比可见，养殖设施和养殖生物的存在对表层流场影响最显著，使得平均流速减小 63%；中层平均流速减小 30%；底层流速减小 28%。涨潮时表层流场衰减百分比分布显示存在湾口南侧和湾内北部两个强衰减区域。湾内西南部衰减＜5%。湾口从北到南，沿着流动的主要方向，流速衰减百分比从 10% 逐渐增大至 80%，湾口南侧流速受养殖设施影响，衰减十分显著。

（二）桑沟湾海水的半交换周期

半交换周期反映了海域的水交换/物理自净能力。孙耀等（1998）采用海水中 COD 值作为指示物质，按照 Parker 和柏井的海水交换定义，计算湾内外的海水交换率。研究结果显示（表 2-1），春季（3 月、4 月）、秋季（10 月）和夏季（7 月）的平均半交换期分别为 38.5 d、31.5 d 和 45.5 d，即秋季水交换比较好，春季次之，夏季最差。与 1982 年比较，近年来大面积高密度养殖对海水流动有很大阻碍作用，使桑沟湾的水动力结构发生了重大变化。海水流动的速度约降低 50%，湾内外海水交换率减少约 1.7%，海水半交换周期延长 11 个潮周期，严重影响生物生长需要的营养物质的输送和补充，以及污染物的迅速排除和净化。

表 2-1 桑沟湾海水半交换周期

季节	时间	潮汛	半交换周期（d）	平均（d）
春季	3月27—28日	大潮汛	24	38.5
	4月3—4日	小潮汛	53	
夏季	7月4—5日	大潮汛	28	45.5
	7月10—11日	小潮汛	63	
秋季	10月16—17日	大潮汛	23	31.5
	10月19—20日	小潮汛	40	

（引自：孙耀 等，1998；赵俊 等，1996。）

　　王波于2007年采用平均存留时间的概念来研究桑沟湾海水半交换周期，模型计算200 d。经计算得出桑沟湾的海水平均半交换周期41.7 d；交换时间从湾口向湾底逐渐增长，湾口附近的半交换周期最短为5 d，湾内的西南角半交换周期最长约为100 d（图2-14）。交换速度的快慢主要受制于两个因素：水体相对湾口的距离和潮余流场结构特征。湾南部的等值线密度明显比北部大，说明南部的水交换能力比北部弱。由桑沟湾的余流图可以看出湾南部有一个涡，这阻碍了湾南部海水的交换。水交换时间的分布显示出湾口的物理自净能力比湾内强，湾北部的比湾南部的强。

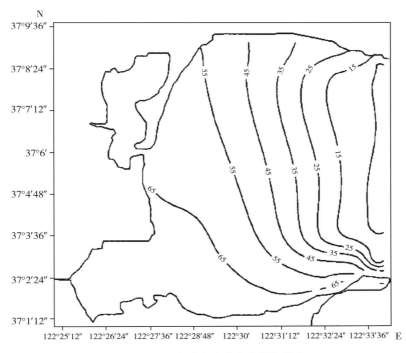

图 2-14 桑沟湾海水半交换周期分布

史洁等曾给出了桑沟湾有无养殖情况下海水半交换周期的分布（图2-15），可以看出，从湾口到湾顶，半交换周期增长。在没有养殖的情况下，半交换周期的等值线与等深线分布较一致，湾北部交换好于南部，湾口经25 h即可达到半交换，湾中部大部分区域半交换周期为100～600 h，即经过20 d左右该湾大部分区域交换一半。养殖活动改变了这一分布，半交换周期同时还受养殖布局的影响。在现有养殖布局下，湾口北部仍是交换最好区域，但半交换周期增加了1倍；湾口南北两侧半交换周期差异变大，主要是由于养殖活动影响下，湾口南北两侧流速差异变大；中部和南部大部分海区半交换周期都

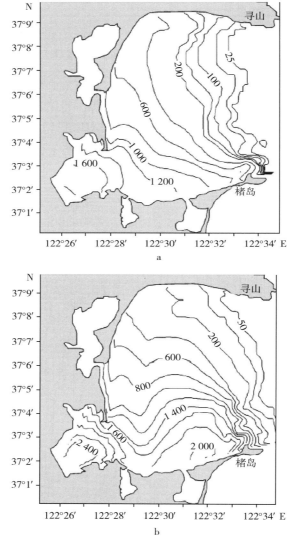

图2-15　桑沟湾有无养殖情况下的海水半交换周期的分布

a. 无养殖情况　b. 有养殖情况

在 800 h 以上，东楮岛北侧原来半交换周期小于 1 000 h 的区域已需 2 000 h 以上才能达到半交换。海水养殖活动使得整个海湾平均半交换周期延长约 71%，水交换能力明显减弱。

总之，从已有的水动力研究结果来看，桑沟湾的水交换能力随着养殖规模和密度增加，出现了日益减弱的趋势。Grant 等于 1998 年估算了 Saldanha 湾内贻贝筏式养殖对海水运动的阻力约是无养殖海底摩擦力的 30 倍。对于悬浮式养殖，养殖对流场的阻力与绳子的几何形状、养殖种类、养殖时间和收获情况等有关。桑沟湾高密度的筏式养殖使流速平均减小 40%，平均半交换周期增长 71%。赵俊等（1996）也指出桑沟湾内 1994 年的流速与 1983 年即开展规模化海水养殖前比较减小了约 50%。

污染物质通过对流输运和稀释扩散等物理过程与周围水体混合，与外海水交换，浓度降低，水质得到改善。水交换不畅通的海域，会使污染物质持续累积，形成诸如富营养化等问题。从另一个角度来讲，水动力场的模拟是模拟桑沟湾养殖生物生长所需营养盐和颗粒有机物循环和更新的基础，进而可以估算各种养殖物种的养殖容纳量。如果不考虑养殖活动本身对海水流动的阻碍作用就会高估营养盐循环和食物更新速度，进而高估海区的养殖容纳量。在水动力场准确模拟的基础上，今后的研究中要建立物理—生态—养殖耦合模型，以模拟不同养殖密度、养殖布局下水动力场的变化，及其对营养盐和颗粒有机物循环的影响，进而探讨桑沟湾的养殖容纳量，最终找到最佳养殖密度和养殖布局。

第四节　海水化学

海水贝藻类养殖业已成为在海洋经济高速增长中起主要推动作用的产业。但是，快速的发展带来了诸多的问题，如病害频繁发生、环境污染加重、食品安全问题日益突出等，实现养殖产业的发展与环境保护并重，是我国海水养殖业面临的严峻课题。生源要素是养殖生态系统中物质循环的基础，支撑着养殖生态系统的正常运转。生源要素的通量及结构比例变化在很大程度上控制着养殖生态系统的可持续生产能力。因此，了解和认识养殖海域生源要素的时空变化及营养限制情况，弄清海水养殖对生态环境的压力或影响，对建立可持续的养殖技术与模式有着重要的意义。

关于桑沟湾营养盐分布特征及营养盐限制分析已有一些报道。但是，近年的研究报道较少，尤其是缺乏桑沟湾不同养殖区的对比分析和全湾大面调查研究的数据资料。本文综合分析了 2006—2007 年 4 个航次、2011—2012 年 4 个航次的大面调查和 2014—2015 断面调查的资料，旨在了解和掌握桑沟湾目前的水质营养状况及时空变动情况，为有效保护桑沟湾生态环境及健康生态养殖管理提供科学指导。

一、溶解态无机氮

（一）桑沟湾溶解态无机氮的空间和季节分布特征

图 2-16 显示 2006—2007 年桑沟湾 4 个季节溶解态无机氮的分布情况。

春季（4 月）：湾内无机氮浓度是从西南部向东北方向呈舌状递增趋势。湾内尤其是湾底部（10$^\#$站位、11$^\#$站位、12$^\#$站位、14$^\#$站位、15$^\#$站位和 19$^\#$站位）氮的浓度低于浮游植物生长所需的阈值（2 μmol/L）。

夏季（7 月）：无机氮的低值区出现在湾的中南部区域，湾底西北部出现了高值区域，次高值区在湾外的 1$^\#$站位附近，说明陆地径流和外海水交换同时补充湾内的营养盐。全湾无机氮的平均浓度是春季的两倍。

秋季（11 月）：桑沟湾无机氮的低值区出现在湾中偏湾口附近，湾底和湾外的浓度较高，10 月底至 11 月初海带开始夹苗，生长旺盛，对无机氮的吸收能力较强，这可能是影响无机氮平面分布趋势的主要原因之一。而湾底和湾口外分别有陆源和外海对无机氮的补充，所以，无机氮的浓度较高，大于 17 μmol/L。

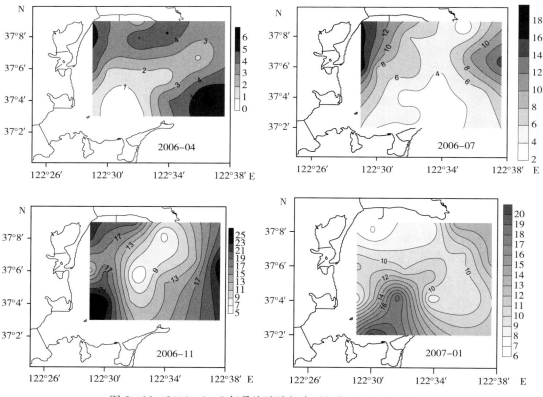

图 2-16　2006—2007 年桑沟湾溶解态无机氮的时空分布特征

冬季（1月）：风浪较大，湾内水混合均匀，无机氮的分布区域性不显著，高值区在湾的西南部，可能是因为受沉积物释放的影响。

（二）桑沟湾溶解态无机氮的结构分布

图 2-17 显示 2006—2007 年桑沟湾溶解态无机氮的分布情况。7 月、11 月及 1 月的溶解态无机氮都是以硝酸盐为主，氨氮次之。4 月桑沟湾的湾口区域，硝酸盐是无机氮的主要成分，在近岸和湾中部的贝类养殖区以氨氮为主，氨氮为主的站位占 60% 以上，这可能与贝类的氨氮排泄活动有关。

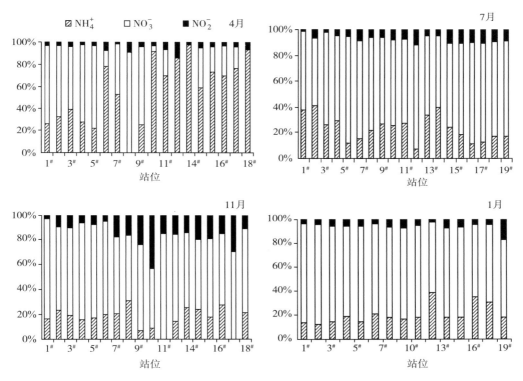

图 2-17　2006—2007 年桑沟湾溶解态无机氮的结构分布

（三）桑沟湾不同养殖区总氮和溶解态无机氮对比分析

1. 春季溶解态无机氮浓度（DIN）

桑沟湾春季 DIN 呈现由湾内到湾外先降低再升高的趋势，即贝藻综合养殖区的 11# 站位营养盐最低（图 2-18）。表层是湾外的 DIN 最高，其次是藻类区，贝藻综合养殖区（简称贝藻区）最低。底层是湾内的贝类区最高，湾中间的贝藻区最低。除湾外的 4+站位外，表层 DIN 低于底层。

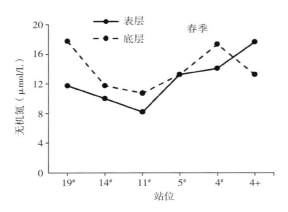

图 2-18　春季桑沟湾从湾底到湾口断面的溶解态无机氮浓度

2. 夏季溶解态总氮（TN）、无机氮浓度

桑沟湾夏季总氮在湾内的 14# 站位浓度最高，贝藻综合养殖区和藻类区的浓度比较接近，均较低；湾外的浓度略高于藻类区，低于湾底的贝类区。湾内的表底层差异较大，底层的总氮浓度 TN 高于表层。夏季表层 DIN 呈现由湾内到湾外逐渐减低的趋势，而底层 DIN 则呈相反趋势。贝类区、贝藻综合养殖区和藻类区表层 DIN 均高于底层，外海区底层 DIN 高于表层（图 2-19）。

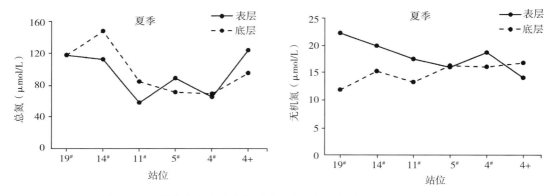

图 2-19　夏季桑沟湾从湾底到湾口断面的溶解态总氮和无机氮浓度

3. 秋季溶解态总氮、无机氮浓度

桑沟湾秋季表层 TN 从湾底向湾口呈现降低的趋势，底层 TN 在湾底的 19# 站位出现低值，之后迅速升高，在 11# 站位达最高值，然后降低。表层、底层的 TN 在湾底的 19# 站位出现显著性差异，表层显著高于底层。其他站位，表层、底层差异不显著。秋季除贝类区 19# 站位之外，表层、底层 DIN 均呈现出从湾底向湾口逐渐降低的趋势。与 TN 相同，表层、底层的 DIN 在湾底的 19# 站位出现显著性差异，表层显著高于底层。其他站位，表层、底层差异不显著（图 2-20）。

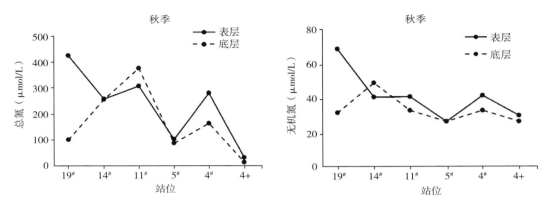

图 2-20 秋季桑沟湾从湾底到湾口断面的溶解态总氮和无机氮浓度

4. 冬季溶解态无机氮浓度

桑沟湾冬季表层、底层 DIN 从湾底向湾口呈现出先降低后升高再降低的趋势。贝类区表层 DIN 低于底层，而藻类区和外海区表层 DIN 高于底层。表层、底层 DIN 浓度在贝藻综合养殖区的 11# 站位最低（图 2-21），表层 DIN 最高浓度出现在混养区的 5# 站位，而底层最高浓度出现在贝类区 14# 站位。

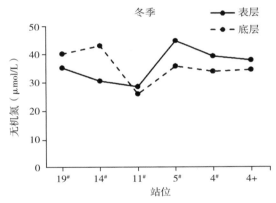

图 2-21 冬季桑沟湾从湾底到湾口断面的溶解态
无机氮浓度

二、溶解态无机磷

（一）桑沟湾溶解态无机磷（DIP）的空间及季节分布特征

1. 2006—2007 年桑沟湾 4 个季节 DIP 的空间分布（图 2-22）

春季（4 月）：春季湾内无机磷是从西南部向东北方向呈舌状递增趋势。

夏季（7 月）：全湾的 DIP 浓度很低，均值为（0.18±0.11）μmol/L，低于浮游植物生长所需浓度的下限（0.2 μmol/L）。DIP 和硅酸盐的平面分布趋势相近，全湾的分布比

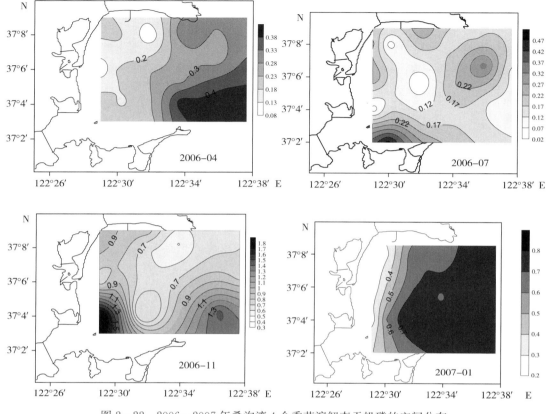

图 2-22　2006—2007 年桑沟湾 4 个季节溶解态无机磷的空间分布

较均匀，中部、北部区域略低。

秋季（11 月）：桑沟湾 DIP 的低值区出现在湾中偏湾口附近，湾底和湾外的浓度较高。10 月底至 11 月初海带开始夹苗，生长旺盛，对 DIP 的吸收能力较强，这可能是影响 DIP 平面分布趋势的主要原因之一。

冬季（1 月）：桑沟湾冬季 DIP、硅酸盐的分布趋势与春季相似，从湾外向湾内呈递减趋势，说明外海水交换可能是冬季 DIP 补充的主要途径。

2. 2011—2012 年桑沟湾 4 个季节 DIP 的空间分布（图 2-23）

春季（4 月）：桑沟湾春季 DIP 块状分布明显，从湾底到湾口呈现出先升高后降低再升高的趋势。高值区出现在贝类区、贝藻综合区和外海区，其中外海区 DIP 浓度较高，该季节藻类区的海带养殖，造成了 DIP 显著低于其他养殖区。

夏季（7 月）：桑沟湾夏季 DIP 块状分布明显，呈现出从湾底西北部向湾口东南部逐渐降低的趋势，高值区出现在贝类区，陆地径流可能是补充该季节 DIP 的一个重要途径。

秋季（10 月）：桑沟湾秋季 DIP 从湾底向湾外呈显著逐渐降低的趋势，除湾底西南部外，其他区域的 DIP 均低于浮游植物生长的最低阈值。陆源输入和海带的筏式养殖是影响该季节 DIP 分布趋势的主要因素。

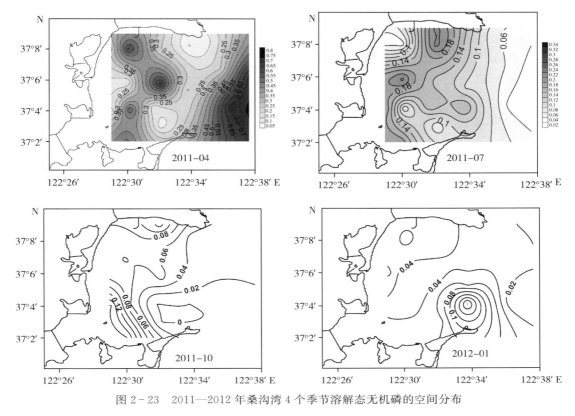

图 2 - 23　2011—2012 年桑沟湾 4 个季节溶解态无机磷的空间分布

冬季（1 月）：桑沟湾冬季 DIP 分布呈现出由湾底向湾口逐渐升高的趋势，该季节 DIP 处于较低水平，均低于浮游植物生长的最低阈值，冬季海带的大规模筏式养殖是影响该季节 DIP 分布趋势的主要因素。

（二）2014—2015 年不同养殖区域磷酸盐的季节变化

1. 春季溶解态总磷（TDP）、溶解态无机磷（DIP）浓度

如图 2 - 24 所示，桑沟湾春季 TDP 表层浓度为 $0.05 \sim 0.93$ $\mu mol/L$，最高值出现在藻类区的 4# 站位，最低值出现在贝类区的 19# 站位；而底层浓度为 $0.15 \sim 0.56$ $\mu mol/L$，最高值出现在贝类区的 14# 站位。DIP 表层浓度为 $0.69 \sim 1.15$ $\mu mol/L$，最高值出现在贝类区的 14# 站位，最低值出现在 19# 站位；而底层 DIP 在 $0.63 \sim 1.06$ $\mu mol/L$，最高值出现在贝藻综合养殖区的 11# 站位，最低值出现在贝类区的 14# 站位，由于测定方法的问题，出现个别站位的总磷低于无机磷。

2. 夏季 TDP、DIP 浓度

如图 2 - 25 所示，桑沟湾夏季底层的 TDP 浓度高于表层（14# 站位和 4＋站位除外）；从湾底到湾口，表层 TDP 变化不大，湾外略有增加，底层 TDP 为 $0.12 \sim 1.39$ $\mu mol/L$。表层的 TDP 以 DIP 为主，底层的 TDP 以 DOP 为主，推测是来源于沉积物释放。DIP 表

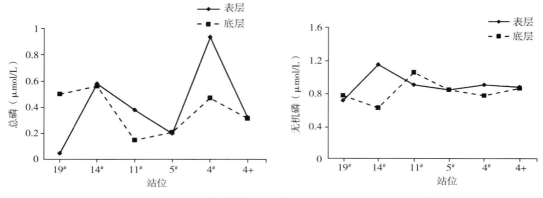

图 2-24　春季溶解态总磷、溶解态无机磷浓度

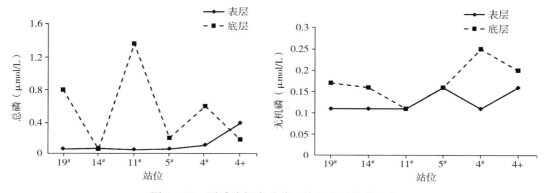

图 2-25　夏季溶解态总磷、溶解态无机磷浓度

层、底层都是湾外高于湾内，底层高于表层（11#站位、5#站位除外）。

3. 秋季 TDP、DIP 浓度

如图 2-26 所示，桑沟湾秋季 TDP 表层、底层没有显著性差异，断面的变化趋势也一致，即湾底的 19#站位浓度最低，14#站位迅速升高，之后基本保持不变，也就是贝藻养殖区、藻类区和湾外非养殖区没有差异。总体来讲，TDP 中以 DOP 为主，DIP 所占的

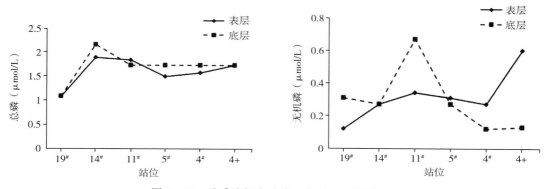

图 2-26　秋季溶解态总磷、溶解态无机磷浓度

比例不大，尤其是贝类区的 19# 站位。贝类区、贝藻综合养殖区的表层 DIP 均低于底层，而藻类区和外海区的表层 DIP 均高于底层。

4. 冬季 TDP、DIP 浓度

如图 2 - 27 所示，桑沟湾冬季表层的 TDP 和 DIP 都是湾内浓度较低，不同养殖区域之间的差异不显著，湾外的 4＋ 站位 DIP 显著高于湾内。底层除在 14# 站位的 DIP 有一个峰值外，其他趋势都与表层一致，也显示了冬季水交换较好、营养盐分布较为均匀的特性。

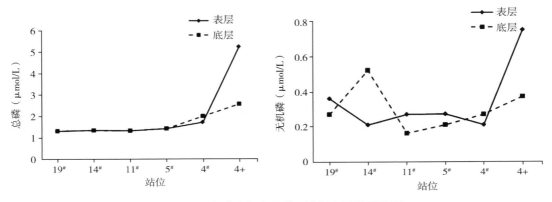

图 2 - 27　冬季溶解态总磷、溶解态无机磷浓度

三、硅酸盐

（一）桑沟湾硅酸盐的空间及季节分布特征

1. 桑沟湾 2006—2007 年 4 个季节硅酸盐的空间分布（图 2 - 28）

春季（4 月）：硅酸盐的分布趋势明显，是从西南部向东北方向呈舌状递增趋势。湾内硅酸盐浓度显著低于湾外，外海水交换和陆地径流是补充湾内硅酸盐的主要途径。

夏季（7 月）：硅酸盐浓度呈块状分布，高值区出现在湾内西北部和湾口东南部。磷酸盐和硅酸盐的平面分布趋势相近，全湾的分布比较均匀，中部、北部区域略低。

秋季（11 月）：硅酸盐的平面分布趋势较为明显，湾外硅酸盐的浓度较低，从湾底向湾口递增。陆源输入是补充湾内硅酸盐浓度的主要途径。

冬季（1 月）：硅酸盐的分布趋势与春季相似，从湾外向湾内呈递减趋势，说明外海水交换可能是冬季硅酸盐补充的主要途径。

2. 桑沟湾 2011—2012 年 4 个季节硅酸盐的空间分布（图 2 - 29）

春季（4 月）：硅酸盐块状分布明显，其中湾口硅酸盐浓度最高，贝藻综合混养区浓度出现次高值，贝类区和藻类区的硅酸盐浓度均处于较低水平，春季外海水交换是补充湾内硅酸盐浓度的一个主要途径。

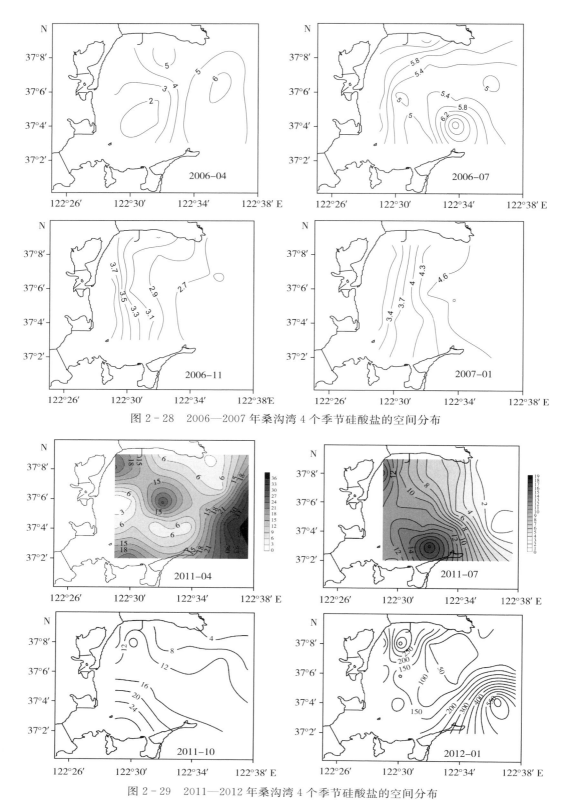

图 2-28　2006—2007 年桑沟湾 4 个季节硅酸盐的空间分布

图 2-29　2011—2012 年桑沟湾 4 个季节硅酸盐的空间分布

夏季（7月）：硅酸盐浓度从湾底西南部向湾口呈现逐渐降低的趋势，说明陆源输入和外海水交换同时补充湾内的硅酸盐。

秋季（10月）：硅酸盐浓度分布趋势与夏季基本一致，均呈现出从湾底西南部向湾口逐渐降低的趋势。秋季海带开始夹苗进行海上筏式养殖，生长旺盛，对硅酸盐的吸收能力较强，这可能是影响硅酸盐平面分布趋势的主要原因之一。

冬季（1月）：硅酸盐浓度呈现出湾底到湾口逐渐升高的趋势，且在湾底西北部存在高值区，桑沟湾冬季硅酸盐浓度均值显著高于其他三个季节，这可能是因为冬季风浪较大，外海水交换使冬季硅酸盐得到补充。

（二）不同养殖区域硅酸盐的变化范围

1. 春季硅酸盐浓度

桑沟湾春季硅酸盐浓度从湾底到湾口呈现出逐渐降低的趋势（图2-30）。该季节表层硅酸盐浓度为 $1.13 \sim 1.92 \ \mu mol/L$，底层硅酸盐浓度为 $0.89 \sim 1.68 \ \mu mol/L$。贝类区表层浓度显著高于底层。硅酸盐的浓度在混养区以及海带区低于浮游植物生长所需硅酸盐浓度的阈值（$2 \ \mu mol/L$）。

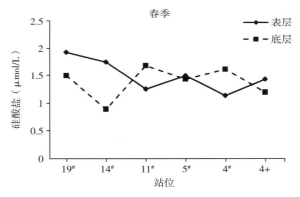

图2-30 桑沟湾春季不同区域硅酸盐浓度的变化

2. 夏季硅酸盐浓度

桑沟湾夏季表层硅酸盐浓度显著高于底层，表层硅酸盐浓度为 $2.78 \sim 4.63 \ \mu mol/L$，表层硅酸盐浓度均高于浮游植物生长的阈值；底层硅酸盐浓度为 $0.92 \sim 2.78 \ \mu mol/L$，而底层贝类区 $14^{\#}$ 站位和藻类区 $4^{\#}$ 站位硅酸盐浓度均低于浮游植物生长所需硅酸盐浓度的阈值（图2-31）。

3. 秋季硅酸盐浓度

桑沟湾秋季硅酸盐浓度均呈现出从湾底向湾口逐渐降低的趋势（图2-32）。表层硅酸盐浓度为 $1.81 \sim 26.16 \ \mu mol/L$，底层硅酸盐的浓度为 $1.81 \sim 19.67 \ \mu mol/L$。表层 $19^{\#}$ 站位硅酸盐浓度显著高于底层，其余站位差异不显著。

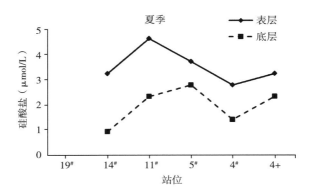

图 2-31　桑沟湾夏季不同区域硅酸盐浓度的变化

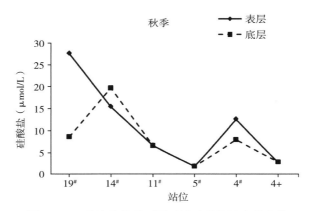

图 2-32　桑沟湾秋季不同区域硅酸盐浓度的变化

4. 冬季硅酸盐浓度

桑沟湾冬季表层、底层硅酸盐浓度分布趋势一致，均呈现出从湾底到湾口逐渐升高的趋势（图 2-33）。表层、底层浓度均为 1.35～1.99 μmol/L，且差异不显著，硅酸盐的浓度在各个养殖区均低于浮游植物生长所需硅酸盐的阈值（2 μmol/L）。

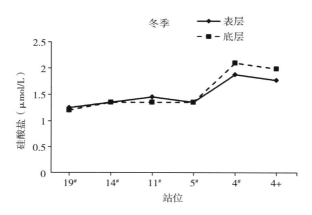

图 2-33　桑沟湾冬季不同区域硅酸盐浓度的变化

四、营养盐限制

（一）桑沟湾 2007—2008 年和 2011—2012 年营养盐平均浓度

表 2-2 给出了 2011—2012 年桑沟湾 4 个季节营养盐浓度的平均值。DIN 的浓度在 10 月最高，平均值为（36.74±37.19）μmol/L，超过国家二级水质标准；4 月、7 月、1 月的平均值在国家二级水质标准范围内。从 4 月至翌年的 1 月，DIP 的浓度表现为降低的趋势；10 月和 1 月，DIP 浓度低于浮游植物生长所需的理论半饱和阈值。硅酸盐浓度较高，并且季节波动较大，尤其是 1 月出现了异常的高值。10 月（秋季）、1 月（冬季）的 DIP 浓度低，而 DIN 的浓度高，使得这两个季节的氮磷比出现了异常的高值，分别为 729.1±1 054.9 和 570.0±475.0，不论是从浓度的绝对计量，还是从氮磷比值的相对计量来看，DIP 都是浮游植物生长的限制因子。4 月和 7 月的 DIP 浓度高于理论上的半饱和阈值，但氮磷比较高，分别为 66.3±47.2 和 237.6±233.5，硅磷比分别为 36.8±52.2 和 105.4±124.7，都大于 22:1。因此，桑沟湾 4 个季节浮游植物生长都为磷限制。4 月和 10 月的硅氮比小于 1，但硅磷比较高，都大于 10:1，并且硅酸盐的浓度也较高，桑沟湾这 4 个季节的浮游植物生长不受硅限制。

表 2-2　桑沟湾海域 4 个季节营养盐平均浓度及比值（2011—2012 年）

季节	DIN (μmol/L)	DIP (μmol/L)	$SiO_3^{2-}-Si$ (μmol/L)	Si/P	N/P	Si/N
春季（4 月）	16.83±8.07	0.34±0.21	12.39±11.23	36.8±52.2	66.3±47.2	0.8±0.8
夏季（7 月）	18.93±13.58	0.12±0.073	8.75±5.08	105.4±124.7	237.6±233.5	1.7±2.3
秋季（10 月）	36.74±37.19	0.056±0.049	13.51±7.33	241.1±149.4	729.1±1 054.9	0.8±0.9
冬季（1 月）	20.30±7.44	0.047±0.036	168.7±159.9	3 562.0±4 380.0	570.0±475.0	9.2±8.8

表 2-3 给出了 2006—2007 年桑沟湾 4 个季节营养盐浓度的平均值。氮、磷浓度基本符合国家一类或二类水质标准。DIN 在 11 月浓度最高，平均为（15.84±6.22）μmol/L，1 月次之，4 月浓度最低，平均为（3.08±1.85）μmol/L，即秋季最高，春季最低；而 DIP 的最高值也是在 11 月，最低值出现在 7 月，平均值为（0.18±0.11）μmol/L，低于浮游植物生长所需的理论半饱和浓度的下限；硅酸盐浓度相对氮磷来讲季节性变化较小，呈现夏高秋低的趋势。

表2-3　桑沟湾海域4个季节营养盐平均浓度及比值（2006—2007年）

季节	DIN（$\mu mol/L$）	DIP（$\mu mol/L$）	$SiO_3^{2-}-Si$（$\mu mol/L$）	Si/P	N/P	Si/N
春季（4月）	3.08±1.85	0.24±0.092	3.87±1.55	17.22±12.75	15.71±14.35	1.96±1.80
夏季（7月）	7.97±4.80	0.18±0.11	5.69±0.88	53.25±51.22	76.99±88.63	0.97±0.58
秋季（11月）	15.84±6.22	0.88±0.37	3.07±0.48	4.06±1.93	19.03±7.06	0.23±0.12
冬季（1月）	11.38±3.87	0.60±0.20	4.10±0.71	7.69±2.55	21.78±12.02	0.39±0.12

（二）2006—2007年的营养限制性情况

为了更直观和清楚，根据化学计量法的原则，将氮、磷、硅之间的摩尔比绘制原子比散点图，分析氮、磷、硅的潜在限制性（图2-34）。

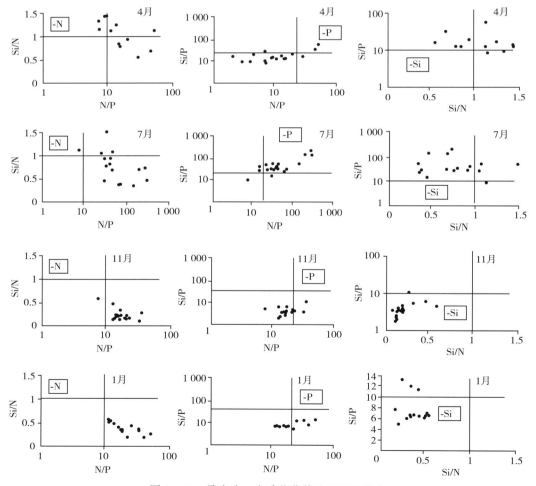

图2-34　桑沟湾4个季节营养盐原子比散点

春季（4月）：氮、磷的浓度较低，DIN和DIP的浓度低于浮游植物生长所需的半饱和阈值（Ks值）的站位分别占44％和39％。其中，14#和15#站位的浮游植物生长受氮、磷的双重限制。氮限制的区域主要分布在湾中部10#～15#站位的贝藻混养区和贝类养殖区；磷限制的区域分布于14#～17#站位的贝类养殖区；硅不是春季桑沟湾浮游植物生长的主要限制因子。

夏季（7月）：氮和硅含量都高于Ks值，68％的站位磷酸盐浓度低于Ks值，表现出较强的磷限制特性，仅在湾底的17#站位和18#站位，以及湾口水交换较好的区域，磷的浓度高于Ks值；化学计量法显示，桑沟湾夏季浮游植物生长受控于单一营养盐限制的概率分别为：氮5％、磷79％、硅0。可见，磷酸盐对浮游植物生长的潜在限制性最大。

秋季（11月）：氮、磷、硅3种营养盐的浓度都高于Ks值。根据化学计量法，桑沟湾秋季浮游植物生长受控于硅的概率为94％，受控于氮、磷的概率都是0。

冬季（1月）：该月的营养盐限制情况与11月非常相似，氮、磷、硅3种营养盐的浓度都高于Ks值。化学计量法显示硅酸盐的潜在限制性较强，14个调查站位中，有11个站位为硅潜在性限制，氮、磷不是浮游植物生长的限制性因子。

综合分析2006—2007年和2011—2012年的营养盐限制情况，我们可以发现，桑沟湾浮游植物生长由2006—2007年的4月以氮限制为主、7月为磷限制、11月和1月为硅限制，转变为2011年的4月、7月、10月和2012年1月都为磷限制。并且，DIN和硅酸盐的浓度显著增加，营养盐比例严重失调。

五、营养盐的长期变化

将2006—2007年，2011—2012年共计8个航次的调查结果与收集的已有桑沟湾历史数据进行了比较（图2-35）。历史数据主要来源于已发表的论文、专集及我们调查收集的数据，取相同月份全湾调查数据的平均值（季如宝 等，1998；宋云利 等，1996）。结果显示，除4月外，其他3个月份的DIN都呈线性增加的趋势。DIN的浓度与时间（年）的关系如下：7月：$DIN = 0.528\ 5T - 2.105\ 1$（$R^2 = 0.695\ 1$）；11月：$DIN = 0.889\ 6T - 0.036\ 1$（$R^2 = 0.643\ 1$）；1月：$DIN = 0.487\ 1T - 0.269\ 8$（$R^2 = 0.612\ 9$）。

桑沟湾DIP浓度的长期变化情况见图2-36。DIP浓度的变化没有规律性，总体来讲，1999年和2004年的浓度较高，2011—2012年的浓度相对较低，尤其是7月、11月和1月为历史最低值。

随着调查和研究手段的发展，在关注溶解性无机盐的同时，也关注溶解态有机磷和颗粒态磷酸盐。例如，在2013—2014年，在中国北方典型的水产养殖区域的桑沟湾研究了磷循环（Xu et al.，2017）。该文章测量磷的形式包括溶解态无机磷（DIP）、溶解态有机磷（DOP）、颗粒态无机磷（PIP）和颗粒态有机磷（POP）。研究结果显示，DIP和PIP

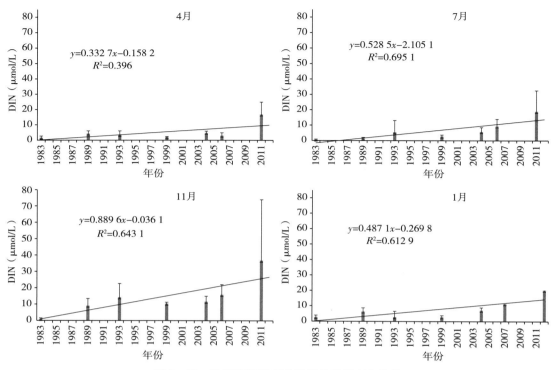

图 2-35　桑沟湾溶解态无机氮的长期变化趋势

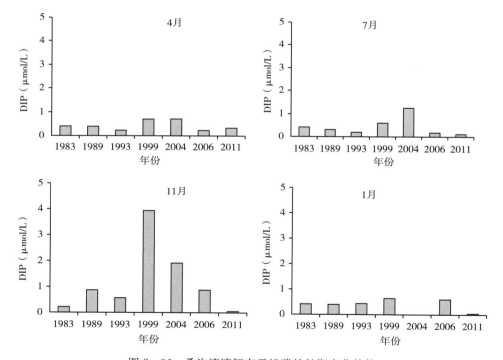

图 2-36　桑沟湾溶解态无机磷的长期变化趋势

是溶解态总磷（TDP）和颗粒态总磷（TPP）的主要形式，分别为51%～75%和53%～80%。相对于水产养殖周期，河流投入和流体动力学条件，磷形态的浓度和分布在4个季节各不相同。秋季，DIP浓度明显高于其他季节（$P<0.01$），海湾西部浓度较高。冬季和春季东部海域的磷浓度高于西部。夏季，磷形态分布均匀。开展磷初步预测，表明桑沟湾是磷的净汇。每年共计1.80×10^7 mol磷运往海湾。黄海是磷的主要来源（占61%），其次是海底地下水排放（SGD）（占27%）、河流输入量（占11%）和大气沉积（占1%）。主要磷汇是海藻（海带和龙须菜）、双壳类（栉孔扇贝）和长牡蛎的收获，每年总共为1.12×10^7 mol。沉积物中的磷沉积物是另一个重要的汇，每年为7.00×10^6 mol。双壳类生物沉积是沉积物磷的主要来源，占总量的54%。

六、水质环境评价

采用营养状态质量指数（NQI）法，评估了2011—2012年桑沟湾海域富营养化状况（图2-37）。8月，桑沟湾处于赤潮衰败期，整个桑沟湾属于富营养化的站位占21%，主要位于湾内的沽河与八河港区域附近的12#站位、14#站位、17#站位和18#站位。10月，桑沟湾分布斑块状明显，属于富营养化的站位达36%，主要位于湾口中部区域和八河港

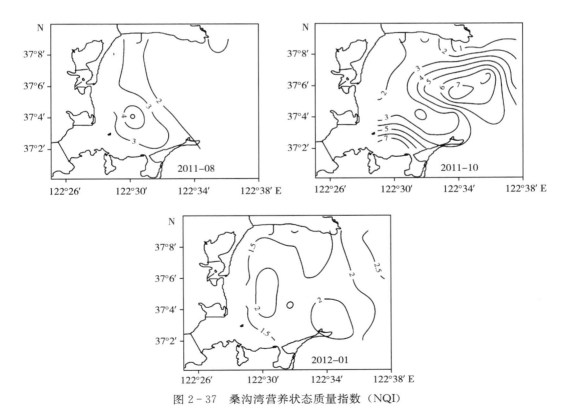

图2-37　桑沟湾营养状态质量指数（NQI）

区域，NQI 的值高达 7.0；属于贫营养的站位也占 36%，主要位于湾的北部和西北部，NQI 的值<1。1 月，整个桑沟湾的 NQI 值较低，为 1.5～2.5，属贫营养的站位高达 68%。

桑沟湾富营养化程度并不是非常严重，但营养盐比例严重失衡（图 2-38）。2011—2012 年，桑沟湾氮磷摩尔比的最低值出现在 4 月，即使是最低值，全湾 N/P 的平均值也高达 66±47，已经远远超过了 Redfield 比值。10 月的 N/P 最高，高达 729±1 055。对于浮游植物的生长，4 个航次都表现为强烈的磷酸盐限制。硅氮摩尔比在 4 月、8 月和 10 月都低于 1，硅成为浮游植物生长的潜在限制因素的可能性较大。但是，1 月硅酸盐浓度出现异常高值，使得 Si/N 异常升高。

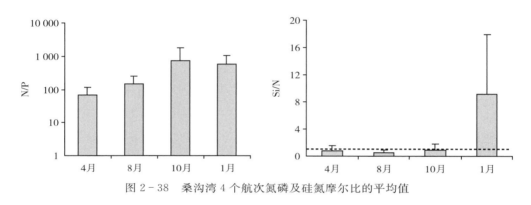

图 2-38　桑沟湾 4 个航次氮磷及硅氮摩尔比的平均值

第五节　底质环境与评价

一、筏式养鲍区底质环境与评价

我国的海水养殖正面临病害与环境质量恶化的问题。种种现象显示，这两者之间有着密切的联系。在长期的养殖过程中，养殖生物产生的生物性沉积物及残饵会聚积在海底，可能会对底质环境及底栖生物产生负面影响。我国尚缺乏完整有效的质量评估技术以准确评价养殖活动对沉积环境的压力，同时，缺少相应的监测、管理体系以指导海水养殖产业的可持续发展。挪威是一个网箱养殖大国，目前，已经建立了较为完整的养殖环境质量评估技术和管理体系——MOM-B 评价系统，以确保养殖场周围的环境质量不恶化，不超过预先确定的水平。MOM-B 系统由生物指标组、化学指标组和感官指标组组成。所有的参数可从现场调查中直接获得，不需要实验室分析样品，具有直接、快速、简便易行的特点，能够在第一时间内了解养殖场周围的环境状况。通过与挪威国家海洋研究所的有关专家的合作研究，改进了MOM-B的评价体系，希望能够通过调整和改进，应用到我国海水养殖的管理中。于2010年5月、7月、8月和10月对桑沟湾筏式养鲍区的沉积环境进行现场调查，采用挪威的MOM-B系统对该区的有机物污染情况进行了综合评价。

桑沟湾皱纹盘鲍筏式养殖情况如下：筏架长100 m，筏间距5 m，4排筏架称为1养殖亩。100 m长的筏架上，悬挂30个鲍笼。大盘方形养殖笼分4层，笼身总高600 mm。鲍的规格2.5~3 cm，每笼养殖410个。根据鲍的生长情况进行分笼。4月底鲍从南方运回，开始养殖。养殖方式采用与海带间养，在平挂养殖的海带中间，悬挂鲍养殖笼。海带的养殖从11月至次年的6月。8月和10月期间，鲍区没有养殖的海带。在5养殖亩内（筏架长100 m，筏间距5 m，共计20排筏架）设置调查站位10个，站位的设置情况见图2-3。

生物指标组：寻山鲍区的底质以黏土质粉沙为主。在所有的沉积物样品中都发现了大型底栖动物，主要优势种为多毛类。

化学指标组：现场测定表层沉积物的pH和Eh，根据底泥的温度校正后的结果见表2-4。10月沉积物的pH较低，为7.0~7.3；8月的Eh较低，都为负值，为-220~-115 mV。

表2-4 桑沟湾不同季节各调查站位沉积物的pH和氧化还原电位Eh（mV）

站位	5月		7月		8月		10月	
	pH	Eh	pH	Eh	pH	Eh	pH	Eh
1	7.4±0.2	64±9	7.3±0.2	-43±12	7.3±0.1	-142±34		
2	7.4±0.09	66±12	7.3±0.1	34±6	7.3±0.2	-152±21	7.1±0.09	-135±26
3	7.5±0.1	8±3	7.2±0.1	91±21	7.4±0.3	-155±43	7.3±0.2	112±8
4	7.5±0.3	61±24	7.1±0.06	124±18	7.4±0.3	-167±44	7.1±0.06	-109±17
5	7.2±0.1	73±16	7.3±0.2	119±34				
6	7.5±0.2	74±12	7.2±0.1	118±11	7.3±0.2	-165±34	7.1±0.05	-109±15
7	7.4±0.2	-34±3	7.2±0.04	121±9	7.2±0.1	-127±12	7.1±0.1	-166±29
8	7.5±0.1	96±22	7.3±0.1	106±22	7.3±0.2	-174±46	7.0±0.03	-109±18
9	7.6±0.3	99±16	7.2±0.2	116±42	7.4±0.08	-134±9	7.2±0.2	71±26
10	7.4±0.09	68±25	7.1±0.1	111±23	7.4±0.2	-134±24		

感官指标组：所取得的沉积物样品都无气泡产生、无臭味及硫化氢气味。其他感官参数见表2-5。

表 2-5　感官指标组各项参数的监测结果

月份	参数	站位									
		1	2	3	4	5	6	7	8	9	10
5	颜色	黄	黄	黄	灰	黄	灰	黄	灰	黄	黄
	黏稠	较软	硬	较软	较软	较软	较软	硬	较软	较软	硬
	体积	小	小	较小	较小	小	小	较小	较小	小	小
	厚度	薄	较薄	较薄	薄	较薄	较薄	薄	薄	薄	薄
7	颜色	黄	黄	黄	灰	黄	灰	黄	灰	黄	褐
	黏稠	硬	硬	硬	硬	硬	硬	硬	硬	硬	硬
	体积	小	较小	较小	较小	小	小	较小	较小	小	小
	厚度	薄	较薄	薄	薄	较薄	较薄	薄	薄	薄	薄
8	颜色	黄	褐	灰	灰		灰	黄	灰	黄	褐
	黏稠	较软	较软	硬	硬		较软	较软	较软	较软	硬
	体积	较小	较小	较小	较小		小	较小	较小	小	小
	厚度	薄	较薄	较薄	薄		较薄	薄	较薄	薄	薄
10	颜色		褐	灰	灰		灰	黄	灰	黄	
	黏稠		硬	较软	硬		硬	较软	较软	较软	
	体积		较小	小	较小		小	较小	较小	较小	
	厚度		较薄	较薄	较薄		较薄	薄	较薄	薄	

（一）MOM-B 评价结果

根据生物指标组的监测结果，各站位都有大型底栖生物的存在，得分为 0，可以判断所调查各站位的底质条件都不处于不可接受的第 4 等级。因此，将以化学指标组和感官指标组来进一步进行等级评价。

根据 MOM-B 的打分规则，计算出化学指标组的得分情况（表 2-6）。5 月和 7 月的分数低，沉积物状态属 1 级；8 月和 10 月的平均得分介于 1.1 和 2.0 之间，沉积物状态属 2 级。

表 2 - 6　化学指标组的得分情况

月份	参数	站位										平均值	等级
		1	2	3	4	5	6	7	8	9	10		
5	得分	1	1	1	1	1	1	2	1	1	1	1.1	
	等级	1	1	1	1	1	1	1	1	1	1		1
7	得分	2	1	1	0	0	1	1	1	1	1	1.1	
	等级	2	1	1	1	1	1	1	1	1	1		1
8	得分	2	2	2	2		2	2	2	2	2	2.0	
	等级	2	2	2	2		2	2	2	2	2		2
10	得分		2	0	2		2	3	2	1		1.8	
	等级		2	1	2		2	3	2	1			2

感官指标组的得分情况见表 2-7。整体来讲，各月份的得分较低，7 月的平均分只有 2 分，10 月的平均分最高，为 4.6 分。关于各调查站位，最高分出现在 8 月的 2 号站位，得 8 分。感官指标组的评价结果与化学指标组的评价结果相一致，都是 5 月和 7 月为 1 级，8 月和 10 月为 2 级。

表 2 - 7　感官指标组的得分情况

月份	参数	站位										平均值	等级
		1	2	3	4	5	6	7	8	9	10		
5	得分	3	3	7	4	5	4	3	4	3	1	3.7±1.6	
	等级	1	1	2	2	2	2	1	2	1	1		1
7	得分	1	5	3	2	3	1	3	1	1	0	2.0±1.5	
	等级	1	2	1	1	1	1	1	1	1	1		1
8	得分	5	8	4	2		4	5	6	2	2	4.2±2.0	
	等级	2	2	2	1		2	2	2	1	1		2
10	得分		6	4	4		2	5	6	5		4.6±1.4	
	等级		2	2	2		1	2	2	2			2

通过对化学指标组和感官指标组的得分情况进行综合分析评价，可以得出桑沟湾筏式养鲍区的沉积环境质量整体状态良好，无有机物污染或污染状况较轻。其中，5 月和 7 月处于 1 级，状态优良；8 月和 10 月处于 2 级，状态良好。

（二）讨论与结论

筏式养鲍是一种投饵型的养殖方式，但 4 个航次的调查结果显示，鲍养殖区的沉积环境状况良好，处于 1 级或 2 级的等级，尚未受到有机污染或污染较轻。筏式养鲍以新鲜或盐渍的海藻作为饵料，同网箱养鱼的饵料相比，有机物及蛋白质的含量较低，有机污染较轻。据报道，每年每生产 1 t 鲑会产生氮 52～78 kg；据估计，每生产 1 t 虹鳟将产生 150～300 kg 的残饵，约占投饵量的 1/3，产生 250～300 kg 的粪便。再者，鲍养殖笼的孔径较小，残饵不易流失，养殖者 3～5 d 投饵 1 次，同时收集清除残饵。另外，鲍的生长速度缓慢，需要的饵料量少，鲍的生物性沉积物数量也比网箱养鱼的少。以上的多种原因使得筏式养鲍对沉积环境的有机污染较轻。

pH 的高低反映介质酸碱性的强弱。Eh 是铂片电极相对于标准氢电极的氧化还原电位，表征介质氧化性或还原性的相对程度。在海洋沉积物中，这两个参数反映了沉积环境的综合性指标。氧化还原电位通常受沉积物中有机质含量及其分解过程中的耗氧量等影响。据报道，沉积环境的 Eh 与有机物含量成反比，与有机质分解时大量耗氧，使沉积环境由氧化性向还原性转变有关（Christensen et al.，2003）。鲍区的 pH 位于 7.0～7.4，总体上表现为中性-弱碱性环境。尽管筏式养鲍对沉积环境的有机污染较轻，需要特别指出的是，8 月和 10 月的 Eh 都为负值，说明表层沉积物均已处于还原环境中。鲍区的 Eh 低于桑沟湾的滤食性贝类养殖区和海带养殖区，也低于其他滤食性贝类养殖的海湾（辛福言 等，2004）。北方筏式养鲍从 4 月底或 5 月初水温回升到 7～8 ℃时开始，持续到 11 月中旬，当水温较低时，运往南方海域越冬。从监测的结果来看，随着养殖活动的持续，5—10 月沉积环境的状态从 1 级向 2 级发展，应给予关注。根据 MOM-B 的评价结果，为了更好地掌握鲍筏式养殖对环境的压力，建立筏式养鲍的管理技术体系，应对鲍区进行每年一次的环境监测评估。从本文的研究结果来看，最好是在 8—10 月开展调查，以便反映鲍对沉积环境的最大可能压力。

二、桑沟湾底质环境与评价

（一）第一组生物参数

在所有的沉积物样品中都发现了大型底栖动物。主要优势种为多毛类。根据该组的参数，可以判断所调查的站位的底质条件都为可接受的。

（二）第二组化学参数

每隔 20 mm 测定沉积物柱状样的 pH 和 Eh。4 个季节的调查结果显示所有样品的 pH 都不低于 7.0（表 2-8）。Eh 的最高值通常出现在沉积物的表层（在此称为 0 mm 深度），随后显著降低（图 2-39）。夏季的 5# 站位、8# 站位、18# 站位以及秋季的 5# 站位和 8# 站位的 Eh 在表层与 20 mm 深度处没有显著的变化。根据 MOM-B 系统的规定，取 20 mm 处的测定结果进行评分，根据图 2-4 的评分规则获得了各季节不同站位的分数

（表 2 - 9），由此得出，所有取样点的底质情况属于 1 级或 2 级。

表 2 - 8　桑沟湾 4 个季节各调查站位沉积物的 pH 和 Eh

站位	春季		夏季		秋季		冬季	
	pH	Eh	pH	Eh	pH	Eh	pH	Eh
1	—	—	7.5±0.05	86±6	7.9±0.1	85±3	8.0±0.1	109±8
5	7.9±0.2	171±80	7.3±0.3	72±4	8.0±0.3	73±1	—	—
8	7.8±0.3	181±32	7.6±0.2	111±21	8.0±0.2	66±6	8.2±0.2	179±16
10	8.1±0.03	119±21	7.6±0.2	79±122	8.0±0.01	89±39	8.1±0.1	153±69
12	7.6±0.1	180±6.8	7.6±0.05	173±83	8.4±0.01	95±3	—	—
13	—	—	7.8±0.01	101±16	—	—	—	—
14	8.1±0.2	143±18	8.2±0.1	153±98	8.1±0.3	91±21	8.1±0.05	112±8
16	7.9±0.2	146±45	7.5±0.02	159±32	7.9±0.02	88±13	8.1±0.1	134±22
18	7.7±0.03	137±7	7.6±0.08	64±6	7.9±0.1	82±16	8.3±0.04	94±21
19	7.5±0.2	109±26	7.5±0.08	92±13	—	—	8.3±0.05	105±15

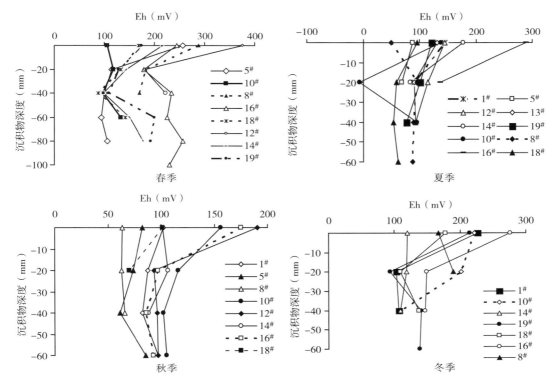

图 2 - 39　桑沟湾各季节沉积物氧化还原电位（Eh）的抛面垂直分布情况

表 2-9   桑沟湾 4 个季节第二组参数的得分及底质状况分级情况

| 季节 | 参数 | 取样站位 | | | | | | | | | | 指数 |
		1	5	8	10	12	13	14	16	18	19	
春季	得分	0	0	0	0			0	0	0	0	0
	采样等级	1	1	1	1	1	1	1	1	1	1	1
夏季	得分	0	1	1	1	0	0	0	1	1	1	0.5
	采样等级	1	1	1	1	1	1	1	1	1	1	
秋季	得分	1	1	1	1	0	1	1	1	1	1	0.9
	采样等级	1	1	1	1	1	1	1	1	1	1	
冬季	得分	0	0	0	0		0	0	0	0	0	0
	采样等级	1	1	1	1	1	1	1	1	1	1	1

(三) 第三组感官参数

第三组参数的打分情况见表 2-10。第三组沉积物的感官参数根据标准数字化,分为 0、1、2 和 4。沉积物被有机质污染的越严重,得分就越高。各站位沉积物样品的感官参数的总分数都在 0~5。据此判定在 4 个季节桑沟湾底质条件都属于 1 级。

表 2-10   第三组沉积物感官参数的得分及底质环境的分级情况

季节	取样站	气泡	颜色	气味	黏稠	体积	厚度	总得分	底质状况等级
春季	5	0	0	0	2	1	0	3	1
	8	0	0	0	2	1	0	3	1
	10	0	0	0	2	1	0	3	1
	12	0	0	0	2	0	0	2	1
	14	0	0	0	2	2	0	4	1
	16	0	0	0	2	1	0	3	1
	18	0	0	0	2	2	0	4	1
夏季	5	0	0	0	2	1	0	3	1
	8	0	0	0	2	1	0	3	1
	10	0	0	0	2	1	0	3	1
	12	0	0	0	2	1	0	3	1
	13	0	0	0	2	1	0	3	1
	14	0	0	0	2	1	0	3	1
	16	0	0	0	2	1	0	3	1
	18	0	0	0	2	1	0	3	1
	19	0	0	0	2	1	0	3	1
	1	0	0	0	2	1	0	3	1

（续）

季节	取样站	气泡	颜色	气味	黏稠	体积	厚度	总得分	底质状况等级
秋季	5	0	0	0	2	2	0	4	1
	8	0	0	0	2	2	0	4	1
	10	0	0	0	2	1	0	3	1
	12	0	0	0	2	2	0	4	1
	14	0	0	0	2	2	0	4	1
	16	0	0	0	2	2	0	4	1
	18	0	0	2	2	1	0	5	2
	1	0	0	0	2	1	0	3	1
冬季	8	0	0	0	2	1	0	3	1
	10	0	0	0	2	1	0	3	1
	14	0	0	0	2	1	0	3	1
	16	0	0	0	2	0	0	2	1
	18	0	0	0	2	1	0	3	1
	19	0	0	0	2	1	0	3	1
	1	0	0	0	0	0	0	0	1

（四）分析与讨论

由于养殖活动直接或间接的影响，浅海生态环境发生了显著的变化。尽管滤食贝类养殖因不需要投饵而被称为绿色养殖，但贝类对浮游生物、悬浮有机碎屑的摄食以及形成生物性沉积物等生理活动，依然会对养殖生态环境产生不同程度的影响。例如，滤食性贝类可能促进沉积物-水界面的耦合作用，加快悬浮颗粒物的沉降速率，使有机物累积在底质中，而沉积物中聚集的大量有机质的腐烂降解，会增加对氧气的消耗，使沉积环境出现缺氧或厌氧的状况，由此，导致底栖生物群落转向以投机型的多毛类为优势群体（Hatcher et al.，1994；Chamberlain et al.，2001；Christensen et al.，2003）。关于桑沟湾大规模筏式贝类养殖的自身污染（生物沉积和氨氮代谢活动等）已有报道，认为生物、化学环境参数已经发生了某种程度的变化。但是，到目前为止，尚不确定这种改变是否为可接受的，是否会影响桑沟湾筏式养殖产业的可持续发展。本文的研究发现，在桑沟湾4个季节的调查中，沉积物中都存在大型底栖动物。尽管耐缺氧的多毛类成为主要的优势种，但发现了其他的种类，这一结果显示了沉积物中有机质的富集并不是非常的严重。沉积物中氧化还原电位的值都不低于+50 mV。夏季和秋季Eh值低于春季和冬季。春季和冬季的Eh除1个站位外，都高于+100 mV。同样，MOM-B其他组参数的结果也显示了桑沟湾贝藻长期大规模的养殖活动对底质环境的压力较低。

桑沟湾的贝藻养殖活动从20世纪80年代就开始了，经历了30年的养殖，底质环境依然属于1级。然而，世界上有些国家报道贝类的养殖活动对底质的环境产生了显著的影响（Kasper et al.，1985）。通过分析，本文认为以下的三点是桑沟湾保持良好底质环境的主要原因。

（1）桑沟湾低密度的养殖活动　根据桑沟湾目前的养殖面积和产量来计算，桑沟湾栉孔扇贝和太平洋牡蛎的单位产量分别为 $1 \ kg/m^2$ 和 $5 \ kg/m^2$。据报道，南非筏排养殖贻贝的单位产量达 $175 \ kg/m^2$，远远高于桑沟湾贝类的单位产量。在瑞典，$2 \ 800 \ m^2$ 的养殖面积可产贻贝 100 t，相当于单位产量 $35.7 \ kg/m^2$。因此，本文认为，尽管桑沟湾贝类的养殖面积较大，但是养殖密度相对来讲还是比较低的，这可能是目前桑沟湾养殖对底质环境压力较小的主要原因。

（2）桑沟湾良好的水动力条件　桑沟湾水域较浅，平均水深约 7.5 m，湾口的宽度有 11.5 km，因此，与外海（黄海）的水交换较好。尽管筏式养殖的设施在某种程度上降低了海水的流速，增加了水交换周期的时间，但全湾海水的平均流速不低于 0.06 m/s。据报道，沉降的颗粒发生再悬浮的流速最低阈值为 0.02 m/s（Duarte et al.，2003），可见桑沟湾沉积物发生再悬浮的概率是相当大的。因此，本文认为，可能是再悬浮过程和水平输运的原因，使贝类的生物沉积发生迁徙而不易沉降累积在湾底。养殖海域的水动力学特性在很大程度上决定着养殖活动对环境的影响状况。通常水交换好的区域中，养殖生物的代谢产物扩散的区域大，被输运到养殖区外的概率高。Chamberlain 等于 2001 年研究发现，在爱尔兰的西北部水动力特性不同区域，养殖贻贝对底栖生物群落的压力存在显著性的差异。

（3）贝藻多元生态养殖模式　研究发现适宜的养殖模式可以显著地降低贝类养殖对环境的压力，贝类养殖对环境的压力程度与养殖规模、养殖方法以及养殖海域的物理特性密切相关。养殖的大型藻类能够吸收贝类释放到水体中的营养盐，在转化为藻类自身生物量的同时，还通过光合作用产生释放氧气，可以支持底栖生物的氧气需求，缓解由于有机质的累积所增加的氧气消耗及由此导致的硫化物的富集，进而发挥了对养殖环境的生物修复和生态调控功能。桑沟湾经过 30 年的大规模贝藻养殖，沉积物环境依然良好，也显示了贝藻多元生态养殖模式是一种可持续发展的养殖模式。

MOM－B 系统是评估养殖对底质环境压力的非常有效的工具，具有操作简便、检测成本低等特点，一般的工作人员经培训后就可以掌握。系统地、定期地监测底质环境，可以弄清养殖场及邻近区域底质环境变化的总体趋势，而且能够及时了解底质环境参数对养殖活动的响应，以便及时发现和纠正不良的养殖活动。当然，应该看到不同海域沉积物的颜色可能存在差异，如在桑沟湾，有的站位沉积物的颜色为棕褐色，在 MOM－B 系统中，没有这种颜色的打分标准。另外，MOM－B 系统在确定底质环境条件根据的是挪威的国家标准，将底质条件分为 4 级，第四级为不可接受状态，如果底质环境达到第四级，网箱养鱼活动将被停止。今后我们将根据我国海域的环境特点和底质环境标准对 MOM－B 系统的有关参数进行修改，以建立适用于我国海域特点的评估技术体系。

第六节　初级生产力

海洋浮游生物的初级生产力是整个海洋生态系统物质能量的基础，其代谢状态是影响海洋生态系统碳循环的重要因子。海洋初级生产力对深刻理解和研究海水养殖生态系统及其环境特征、海洋生物地球化学循环过程以及认识海洋在气候变化中的作用方面都有重要的意义，是实现碳循环定量化的一个基本环境，也是海水养殖质量评价的重要科学基础。

（一）桑沟湾夏季初级生产力分布特征

图 2-40 显示 2014—2015 年桑沟湾夏季的初级生产力断面分布情况。夏季断面 1 初级生产力的变化范围为 337.24~761.11 mgC/(m² · d)，均值为 527.54 mgC/(m² · d)，最高值出现在海带区的 4# 站位，最低值出现在混养区的 11# 站位，整体趋势为海带区＞混养区＞贝类区＞外海区。夏季断面 2 初级生产力的变化范围为 367.59~934.16 mgC/(m² · d)，均值为 644.66 mgC/(m² · d)，最高值出现在贝类区的 18# 站位，最低值出现在贝类区的 15# 站位，整体趋势为外海区＞贝类区＞海带区＞混养区。

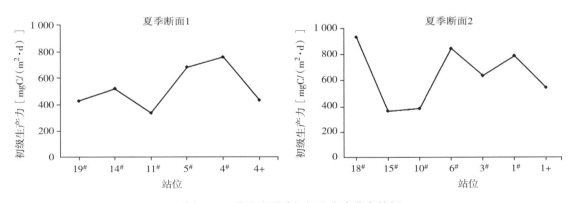

图 2-40　桑沟湾夏季初级生产力分布特征

（二）桑沟湾秋季初级生产力分布特征

2014—2015 年，桑沟湾秋季的初级生产力断面分布情况见图 2-41。除 19# 站位和 3# 站位外，初级生产力均呈现出从湾底向湾口逐渐降低的趋势。秋季断面 1 初级生产力的变化范围为 18.83~110.42 mgC/(m² · d)，均值为 62.23 mgC/(m² · d)，最高值出现在贝类区的 14# 站位，最低值出现在外海区的 4+ 站位，整体趋势为贝类区＞混养区＞海带区＞外海区。断面 2 初级生产力的变化范围为 25.48～148.85 mgC/（m² · d），均值为 65.76 mgC/（m² · d），最高值出现在贝类区的 18# 站位，最低值出现在外海区的 1＋站位，整体趋势为贝类区＞海带区＞混养区＞外海区。

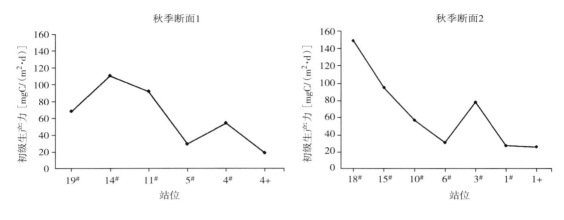

图 2-41　桑沟湾秋季初级生产力分布特征

（三）桑沟湾冬季初级生产力分布特征

2014—2015 年桑沟湾冬季的初级生产力断面分布情况见图 2-42。除 5# 站位外，初级生产力均呈现出从湾底向湾口逐渐降低的趋势。冬季断面 1 初级生产力的变化范围为 15.33～143.61 mgC/（m² · d），均值为 66.42 mg/（m² · d），最高值出现在混养区的 5# 站位，最低值出现在外海区的 4＋站位。整体趋势为混养区＞贝类区＞海带区＞外海区。断面 2 初级生产力的变化范围为 11.48～92.79 mgC/（m² · d），均值为 48.40 mgC/（m² · d），最高值出现在贝类区的 18# 站位，最低值出现在外海区的 1＋站位，整体趋势为贝类区＞混养区＞海带区＞外海区。

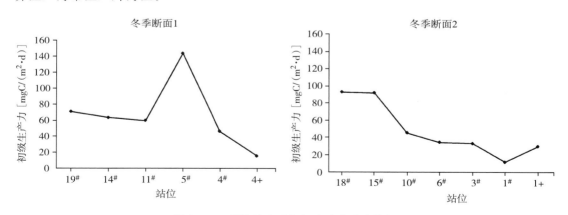

图 2-42　桑沟湾冬季初级生产力分布特征

（四）桑沟湾不同养殖区、不同季节初级生产力比较

2014—2015 年桑沟湾不同养殖区、不同季节初级生产力均值情况见图 2 - 43。从图 2 - 43 中可以看出，桑沟湾夏季、秋季和冬季的初级生产力均值分别为604.21 mgC/（m² · d）、61.83 mgC/（m² · d）和 52.20 mgC/（m² · d），桑沟湾不同季节初级生产力整体趋势为夏季＞秋季＞冬季。桑沟湾夏季不同养殖区的初级生产力整体趋势为海带区＞外海区＞贝类区和混养区，秋季不同养殖区的初级生产力整体趋势为贝类区＞海带区＞混养区＞外海区，而冬季不同养殖区的初级生产力整体趋势为贝类区＞混养区＞海带区＞外海区。

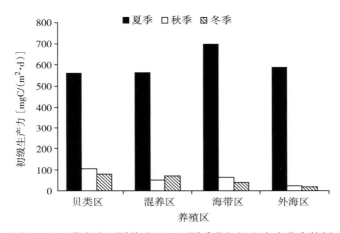

图 2 - 43 桑沟湾不同养殖区、不同季节初级生产力分布特征

第三章
桑沟湾自然生物资源

<h1 style="text-align:center">第一节　浮游植物</h1>

　　海水养殖业作为人类获取海洋生物资源的主要手段，在其迅速发展的同时，对养殖海区及周边海域生态系统的影响也日趋严重。高密度的养殖往往同水域环境的富营养化、外来种和疾病入侵有密切的关系，单品种规模化养殖会降低物种的多样性，从而导致生态系统自我调节和平衡能力的下降，而养殖环境恶化以及生态系统稳定性的降低反过来会对养殖产业的可持续发展产生严重影响。因此，查明养殖活动与海洋生态系统之间的相互作用机理，建立基于生态系统的健康养殖模式，从而实现养殖活动与生态环境能够稳定、协调发展，是我国海水养殖业面临的重要课题。

　　浮游植物作为海洋生态系统的初级生产者，其种类组成及数量变动将直接影响到整个生态系统。养殖活动对浮游植物的影响主要表现在以下几个方面：①海带等海藻养殖与浮游植物竞争营养盐。②贝类等养殖生物会对浮游植物产生巨大的摄食压力，养殖活动产生的生物沉积会影响水体营养盐，进而对浮游植物的生长产生影响等。因此，了解养殖生态系统浮游植物的生态特征对于认识养殖活动对海洋生态系统的影响十分重要。

　　桑沟湾是我国北方重要的贝藻养殖海湾，大规模海水养殖已经有近 30 年的历史，养殖品种主要包括海带、长牡蛎和栉孔扇贝等，是开展筏式养殖活动对海洋生态系统影响研究的理想场所。从 20 世纪 90 年代开始，关于桑沟湾海水养殖容量以及养殖活动对桑沟湾生态系统的影响开展了一系列的研究工作（方建光 等，1996；朱明远 等，2002）。整个桑沟湾经过近 30 年的大规模养殖活动后，浮游植物种类和数量的变动格局发生了哪些变化尚缺乏系统的研究介绍。基于 2006—2007 年对桑沟湾全湾的生态系统综合调查，我们分析了浮游植物种类组成和数量的季节变动特征及其与养殖活动的关系。同时，结合历史数据和最近几年发表的有关文献，阐释桑沟湾浮游植物长期变化的情况，以期为阐明海水养殖对近海生态系统的影响、评估养殖容量和建立科学合理的生态养殖模式提供基本参数和依据。

一、浮游植物种名录

　　2006—2007 年 4 个航次的调查研究，共鉴定浮游植物硅藻类 74 种、甲藻类 11 种、金藻类 1 种及绿藻类 6 种（表 3 - 1 至表 3 - 4）。全湾浮游植物种类组成以硅藻类为主，甲藻类次之。种类多数属暖温带近岸广布种，但是种类组成上存在季节性演替，只有 18 种硅藻和 2 种甲藻在四季都有出现。浮游植物种类数量在春季最高，秋季、冬季次之，夏季最少。

表 3-1　桑沟湾春季各取样区浮游植物种类和数量

单位：$\times 10^3$ 个/m^3

种名	非养殖区	海带区	贝藻区	贝类区
具槽帕拉藻 *Paralia sulcata*	52.6	160.8	210.5	36.4
偏心圆筛藻 *Coscinodiscus exenttricus*	0.8	0.3	0.7	
辐射圆筛藻 *C. radiatus*		0.3	0.5	
琼氏圆筛藻 *C. jonesianus*	0.8	0.7	1.2	0.4
星脐圆筛藻 *C. asteromphalus*	1.5	3.7	2.6	0.7
孔圆筛藻 *C. perforatus*	2.5	5.6	3.4	0.4
多束圆筛藻 *C. divisus*		0.1	0.8	
柔弱角刺藻 *Cos. debilis*		1.2	2.0	
巨圆筛藻 *Cos. gigas*	0.6	0.5	0.5	0.2
格氏圆筛藻 *C. granii*	0.2	0.4	0.6	
威氏圆筛藻 *C. wailesii*	0.2	0.3	0.3	0.5
圆筛藻 *C.* sp.	0.8	0.9	2.0	
波状辐裥藻 *Actinoptichus undulatus*		0.0	0.3	
爱氏辐环藻 *Actinocyclus ehrenbergii*	3.6	3.4	4.1	0.7
圆海链藻 *Thalassiosira rotula*	2.7		5.0	1.1
诺登海链藻 *T. nordenskioldii*	1.1	1.1	2.5	
密联海链藻 *T. condensata*	0.8			
并基海链藻 *T. decipiens*		1.4		
中肋骨条藻 *Skeletonema costatum*		5.7	6.9	4.7
小环毛藻 *Corethron hystrix*	17.5	13.1	4.9	0.2
伯戈根管藻 *Rhizosolenia bergonii*	0.6	0.9	3.6	
翼根管藻印度变型 *R. alata* f. *indica*	21.1	4.9	5.9	0.6
柔弱根管藻 *R. delicatula*	4.2	7.0	1.4	1.3
钝棘根管藻半刺变型 *R. hebetata* f. *semispina*	1.9	3.3	24.1	
刚毛根管藻 *R. setigera*				1.7
斯氏根管藻 *R. stolterforthii*		1.0		
笔尖形根管藻 *R. styliformis*	10.5	5.8	2.3	
窄隙角毛藻 *Chaetoceros affinis*		0.9		
扁面角毛藻 *C. compressus*				7.2
丹麦角毛藻 *C. danicus*				0.3

（续）

种名	非养殖区	海带区	贝藻区	贝类区
柔弱角毛藻 *C. debilis*		1.7	2.0	1.3
密联角毛藻 *C. densus*	141.1	91.2	77.0	1.9
中华盒形藻 *Biddulpha sinensis*	0.2		0.1	
平角盒形藻 *B. laevis*				0.2
Bellerochea malleus			0.4	
短角弯角藻 *Eucampia zoodiacus*	9.5	3.6	7.8	
布氏双尾藻 *Ditylum brightwelli*	9.7	42.8	91.3	59.0
日本星杆藻 *Asteronella japanica*	4.2	6.5		
加拉星杆藻 *A. kariana*			1.2	
菱形海线藻 *Thalassionema nitzschioiddes*				0.5
伏氏海毛藻 *Thalassiothrix frauenfeldii*		1.3	1.8	0.6
短纹楔形藻 *Licomphora abbreviata*	0.2	0.3	0.6	0.7
斜纹藻 *Pleurosigma* sp.	0.6	0.9	0.4	1.8
尖刺菱形藻 *Nitzschia pungens*	204.2	192.1	268.0	14.4
奇异菱形藻 *Nitzschia paradoxa*	71.6	145.8	88.8	61.0
菱形藻 *N.* sp.				1.2
扁平多甲藻 *P. depressum*	0.2	0.5	0.3	
锥状斯氏藻 *Scrippsiella trochoidea*			0.2	
纺锤角藻 *Ceratium fusus*	0.2	0.7	0.6	
柔软角藻 *C. molle*		0.3	0.1	
三角角藻 *C. tripos*		0.8		

表 3-2　桑沟湾夏季各取样区浮游植物种类和数量

单位：$\times 10^3$ 个/m³

种名	非养殖区	海带区	贝藻区	贝类区
具槽帕拉藻 *Paralia sulcata*	12.2	14.3	13.3	
辐射圆筛藻 *C. radiatus*		0.1		
琼氏圆筛藻 *C. jonesianus*		0.2	0.4	
星脐圆筛藻 *C. asteromphalus*	1.8	2.3	1.2	0.2
孔圆筛藻 *C. perforatus*	0.7	1.0	2.1	

（续）

种名	非养殖区	海带区	贝藻区	贝类区
整齐圆筛藻 *C. concinnus*				
格氏圆筛藻 *C. granii*				0.2
威氏圆筛藻 *C. wailesii*		0.3	0.3	
圆筛藻 *C.* sp.		0.7	0.1	0.2
波状辐裥藻 *Actinoptichus undulatus*		0.1	0.1	0.2
爱氏辐环藻 *Actinocyclus ehrenbergii*	1.3	3.0	2.7	0.2
中肋骨条藻 *Skeletonema costatum*				6
柔弱根管藻 *R. delicatula*				0.2
刚毛根管藻 *R. setigera*		0.1		0.2
窄隙角毛藻 *Chaetoceros affinis*			0.4	1.1
扁面角毛藻 *C. compressus*				1.5
柔弱角毛藻 *C. debilis*		0.3	0.6	1.8
旋链角毛藻 *C. curvisetus*		0.7		2.4
中华盒形藻 *Biddulpha sinensis*	0.2		0.1	
美丽盒形藻 *B. pulchella*		0.3		
盒形藻 *Bidd. obtusa*		0.1		
蜂窝三角藻 *Triceratium favus*		0.1	0.1	
布氏双尾藻 *Ditylum brightwelli*	0.2	1.0	1.4	1.9
日本星杆藻 *Asteronella japonica*		1.0		
菱形海线藻 *Thalassionema nitzschioiddes*	0.2	1.9	1.2	1.1
伏氏海毛藻 *Thalassiothrix frauenfeldii*				
舟形藻 *Navicula* sp.	1.1	1.1	1.3	5.4
短纹楔形藻 *Licomphora abbreviata*	0.2	0.1		
斜纹藻 *Pleurosigma* sp.		5.1	0.8	2.3
尖刺菱形藻 *Nitzschia pungens*	1.3	0.7	1.9	
奇异菱形藻 *Nitzschia paradoxa*	3.3	21.9	15.9	25.7
菱形藻 *N.* sp.		10.3	16.8	1.0
平板藻 *Tabellaria* sp.		0.3	0.1	
扁平多甲藻 *P. depressum*	0.7	0.9		
纺锤角藻 *Ceratium fusus*		1.9	0.3	
大角角藻 *C. macroceros*	0.4	0.1		
三角角藻 *C. tripos*	0.7			
角藻 *C.* sp.	2.4	3.5	1.8	0.7

表 3-3 桑沟湾秋季各取样区浮游植物种类和数量

单位：$\times 10^3$ 个/m^3

种名	非养殖区	海带区	贝藻区	贝类区
具槽帕拉藻 *Paralia sulcata*	31.5	35.0	96.5	21.4
偏心圆筛藻 *Coscinodiscus exenttricus*	2.3	1.4	0.5	
辐射圆筛藻 *C. radiatus*	10.4	7.8	0.7	1.4
琼氏圆筛藻 *C. jonesianus*	11.8	4.9	3.6	1.5
星脐圆筛藻 *C. asteromphalus*	1.2	2.7	0.2	0.9
整齐圆筛藻 *C. concinnus*		0.2	4.6	0.2
孔圆筛藻 *C. perforatus*	0.7		5.4	
具边圆筛藻 *C. marginatus*		2.3		0.6
格氏圆筛藻 *C. granii*		0.2	0.3	
细弱圆筛藻 *C. subtilis*	3.0	3.4	0.4	1.5
威氏圆筛藻 *C. wailesii*	6.3	6.0	0.4	1.1
Cos. debilis			1.9	
圆筛藻 *C. sp.*	4.5	1.2	3.2	
波状辐裥藻 *Actinoptichus undulatus*			0.2	
爱氏辐环藻 *Actinocyclus ehrenbergii*	11.8	7.0	8.7	3.3
小环毛藻 *Corethron hystrix*	0.5	0.9		
窄隙角毛藻 *Chaetoceros affinis*	1.0	2.7	4.2	
卡氏角毛藻 *C. castracanei*			0.4	0.5
丹麦角毛藻 *C. danicus*				0.6
洛氏角毛藻 *C. lorenzianus*		2.8	0.8	3.6
密联角毛藻 *C. densus*	0.7			
中华盒形藻 *Biddulpha sinensis*	1.2	0.5	1.4	
蜂窝三角藻 *Triceratium favus*			0.6	0.2
布氏双尾藻 *Ditylum brightwelli*	25.2	10.6	18.0	4.2
扭鞘藻 *Streptothece thamesis*	1.0	1.1	0.7	0.4
菱形海线藻 *Thalassionema nitzschioiddes*			0.1	
伏氏海毛藻 *Thalassiothrix frauenfeldii*	1.0			
舟形藻 *Navicula* sp.		35.4	0.6	4.2
短纹楔形藻 *Licomphora abbreviata*				3.0
卵形双眉藻 *Amphora ovalis*	0.2			

（续）

种名	非养殖区	海带区	贝藻区	贝类区
斜纹藻 *Pleurosigma* sp.	0.9	1.2	0.2	
柔弱菱形藻 *Nitzschi delicatissima*				0.8
洛氏菱形藻 *N. lorenziana*				0.2
尖刺菱形藻 *Nitzschia pungens*		1.3	1.3	
奇异菱形藻 *Nitzschia paradoxa*	13.6	24.3	9.4	31.3
新月菱形藻 *N. closterium*		0.1	1.0	2.8
扁平多甲藻 *P. depressum*	1.7	0.9	0.5	
纺锤角藻 *Ceratium fusus*	3.0	1.2	0.6	0.2
弯顶角藻 *C. longipes*	0.7	0.2		
短角角藻 *C. breve*	1.2			
柔软角藻 *C. molle*	0.2			
三角角藻 *C. tripos*	0.9	0.7	0.3	
夜光藻 *Noctiluca scintillancs*	0.9	0.6		

表 3-4　桑沟湾冬季各取样区浮游植物种类和数量

单位：$\times 10^3$ 个/m³

种名	非养殖区	海带区	贝藻区	贝类区
具槽帕拉藻 *Paralia sulcata*	439.5	544.4	161.0	4.3
念珠直链藻 *M. moniliformis*	7.1	24.2	35.4	600.4
偏心圆筛藻 *Coscinodiscus exenttricus*	17.7	14.3	19.1	1.3
辐射圆筛藻 *C. radiatus*	18.8	14.2	7.4	
琼氏圆筛藻 *C. jonesianus*	1.9	2.8	1.3	
星脐圆筛藻 *C. asteromphalus*	5.7	7.2	2.3	
孔圆筛藻 *C. perforatus*	1.6	1.4	0.4	
具边圆筛藻 *C. marginatus*			3.5	0.4
细弱圆筛藻 *C. subtilis*	1.4	1.2	0.9	
威氏圆筛藻 *C. wailesii*	3.3	4.4	2.0	0.3
圆筛藻 *C.* sp.		0.1		
波状辐裥藻 *Actinoptichus undulatus*		1.2	0.4	
爱氏辐环藻 *Actinocyclus ehrenbergii*	25.4	16.8	17.7	2.1
诺登海链藻 *T. nordenskioldii*			3.3	540.3

（续）

种名	非养殖区	海带区	贝藻区	贝类区
太平洋海链藻 *T. pacifica*				13.6
中肋骨条藻 *Skeletonema costatum*		2.2	2.0	61.6
小环毛藻 *Corethron hystrix*	0.8	0.9	0.5	
翼根管藻印度变型 *R. alata* f. *indica*	0.8	0.2		
柔弱根管藻 *R. delicatula*		4.0		
斯氏根管藻 *R. stolterforthii*			0.4	
卡氏角毛藻 *C. castracanei*		6.0	10.8	
丹麦角毛藻 *C. danicus*		2.0	2.1	
柔弱角毛藻 *C. debilis*	3.3		5.4	
密联角毛藻 *C. densus*	1.1	0.8	1.5	
洛氏角毛藻 *C. lorenzianus*	1.6	1.3	1.4	
中华盒形藻 *Biddulpha sinensis*	1.1	1.0	1.1	
长耳盒形藻 *B. aurita*		0.4	0.8	
美丽盒形藻 *B. pulchella*		0.1		
盒形藻 *Bidd. obtusa*		1.5		64.1
布氏双尾藻 *Ditylum brightwelli*	34.9	18.2	17.9	1.9
扭鞘藻 *Streptothece thamesis*		0.2		
菱形海线藻 *Thalassionema nitzschioiddes*		3.0		
伏氏海毛藻 *Thalassiothrix frauenfeldii*	4.4	6.3	1.7	
舟形藻 *Navicula* sp.		0.7	1.2	3.7
卵形双眉藻 *Amphora ovalis*		0.1	0.3	
短纹楔形藻 *Licomphora abbreviata*		0.2	0.3	3.0
斜纹藻 *Pleurosigma* sp.	4.9	9.0	2.0	0.3
洛氏菱形藻 *N. lorenziana*			0.5	
奇异菱形藻 *Nitzschia paradoxa*	2.2	6.3		
新月菱形藻 *N. closterium*		0.3	1.1	1.2
亚得里亚杆线藻 *Rhabdonema adriaticum*		0.3		
纺锤角藻 *Ceratium fusus*	4.1	3.3	3.5	0.4
弯顶角藻 *C. longipes*	1.6	0.7	0.5	
三角角藻 *C. tripos*	1.9	1.0	1.4	0.3
夜光藻 *Noctiluca scintillancs*	0.8	0.3		
硅鞭藻 *Dictyocha* sp.	0.5	0.4	0.4	

二、优势种及季节变化

桑沟湾浮游植物优势种明显，不同季节优势种的组成有所变化，但就单个季节来看，通常有4～6种硅藻是浮游植物的主要组成部分，其细胞数量百分比可以占到总数量的70%以上（表3-5）。其中，具槽帕拉藻在4个调查航次中都是优势种，尖刺菱形藻虽然只在春季航次期间是优势种，但是其占到浮游植物总数量的30%以上。另外，中肋骨条藻在夏季、冬季形成桑沟湾浮游植物的优势类群，特别是夏季航次期间，全湾平均占到浮游植物总数量的22.0%，是湾西北部近岸浮游植物高值区的主要贡献者。

表3-5　桑沟湾浮游植物优势种季节组成

调查时间	优势种	优势度	数量百分比（%）	
			单种	合计
2006年4月	尖刺菱形藻 *Nitzschia pungens*	0.327	32.7	
	具槽帕拉藻 *Paralia sulcata*	0.157	16.7	
	布氏双尾藻 *Ditylum brightwelli*	0.162	16.2	89.4
	派格棍形藻 *Bacillaria paxillifera*	0.155	15.5	
	密联角毛藻 *Chaetoceros densus*	0.078	8.3	
2006年7月	尖刺拟菱形藻 *Pseudonitzschia pungens*	0.286	30.2	
	具槽直链藻 *Melosira sulcata*	0.074	11.7	
	奇异菱形藻 *Nitzschia paradoxa*	0.068	10.0	73.9
	中肋骨条藻 *Skeletonema costatum*	0.058	22.0	
2006年11月	具槽帕拉藻 *Paralia sulcata*	0.154	25.1	
	派格棍形藻 *Bacillaria paxillifera*	0.122	15.7	
	布氏双尾藻 *Ditylum brightwelli*	0.073	7.7	
	短纹楔形藻 *Licomphora abbreviata*	0.058	14.8	74.3
	爱氏辐环藻 *Actinocyclus ehrenbergii*	0.040	4.5	
	舟形藻 *Navicula* sp.	0.029	6.5	
2007年1月	念珠直链藻 *M. moniliformis*	0.314	31.4	
	诺登海链藻 *Thalassiosira nordenskioldii*	0.217	46.5	
	具槽帕拉藻 *Paralia sulcata*	0.075	10.2	94.8
	中肋骨条藻 *Skeletonema costatum*	0.031	6.7	

（一）春季（4 月）不同养殖区浮游植物优势种

以优势度 Y＞0.02 的标准来确定优势种类，春季浮游植物的主要优势种在各区都为硅藻，优势种数分别为非养殖区 5 种、海带区 5 种、贝藻区 6 种、贝类区 6 种。非养殖区前三位的优势种分别为尖刺菱形藻、密联角毛藻和奇异菱形藻；海带区的优势种为尖刺菱形藻、具槽帕拉藻和奇异菱形藻；贝藻区的优势种为尖刺菱形藻、具槽帕拉藻和布氏双尾藻；贝类区的优势种为奇异菱形藻、布氏双尾藻和具槽帕拉藻（图 3-1）。非养殖区、海带区和贝藻区的第一位优势种都为尖刺菱形藻，而贝类区的第一位优势种为奇异菱形藻。非养殖区和海带区之间，海带区和贝藻区之间，以及贝藻区和贝类区之间的前三位优势种中都有两种是相同的。相比较而言，贝藻区和贝类区的前三位优势种只有 1 种与非养殖区相同。

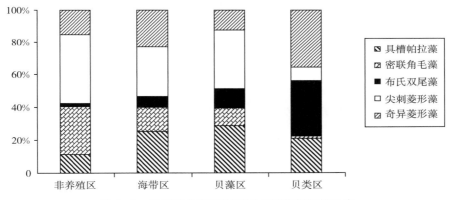

图 3-1 春季桑沟湾各取样区主要优势种的组成

（二）夏季（7 月）不同养殖区浮游植物优势种

夏季非养殖区和海带区的主要优势种是硅藻和甲藻类，而贝藻区和贝类区的主要优势种为硅藻。各区的优势种数分别为非养殖区 9 种，海带区和贝藻区都是 6 种，贝类区 8 种。非养殖区前三位的优势种为具槽帕拉藻、奇异菱形藻和角藻；海带区为尖刺菱形藻、短纹楔形藻及具槽帕拉藻；贝藻区的优势种为奇异菱形藻、尖刺菱形藻和具槽帕拉藻；贝类区的优势种为尖刺菱形藻、中肋骨条藻及伏氏海毛藻。从图 3-2 可见，贝类区的主要优势种与非养殖区的差异较大，在非养殖区、海带区和贝藻区都是优势种的具槽帕拉藻，在贝类区却没有发现；而贝类区的优势种中肋骨条藻，在其他 3 个区却没有出现；贝类区的前三位优势种与非养殖区的完全不同。

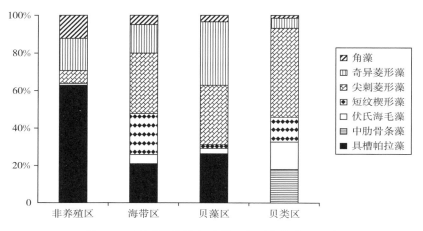

图 3-2　夏季桑沟湾各取样区主要优势种的组成

(三) 秋季 (11 月) 不同养殖区浮游植物优势种

不论是浮游植物种类数还是丰度, 秋季都略高于夏季。各区的优势种类分别为非养殖区 10 种, 海带区 9 种, 贝藻区 6 种, 贝类区 7 种; 其中有 4 种为 4 个区所共有的优势种。秋季桑沟湾浮游植物的优势种以硅藻为主, 但在非养殖区和贝类区各有 1 种甲藻成为优势种, 优势度较低。各区前三位的优势种都包括具槽帕拉藻和奇异菱形藻。各区优势种的相似性较大。海带区出现了大量的舟形藻, 丰度平均为 35.4×10^3 个/m^3, 成为该区的第一优势种, 而舟形藻在非养殖区却没有出现 (图 3-3)。

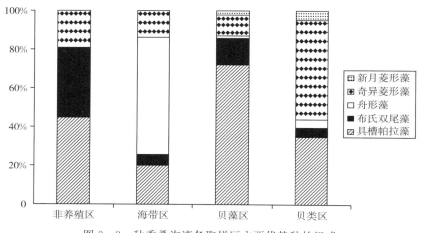

图 3-3　秋季桑沟湾各取样区主要优势种的组成

(四) 冬季 (1 月) 不同养殖区浮游植物优势种

冬季各区的主要优势种都是硅藻。各区的优势种数分别为非养殖区 5 种, 海带区 6

种，贝藻区 7 种，贝类区 4 种；其中非养殖区、海带区和贝藻区的优势种有 4 种相同，具槽帕拉藻成为这三个区的第一优势种，但是，该种在贝类区却没有发现。贝类区的主要优势种与非养殖区完全不同（图 3-4），念珠直链藻和诺登海链藻，成为贝类区的主要优势种，也使贝类区的网采浮游植物的丰度显著高于其他区域。

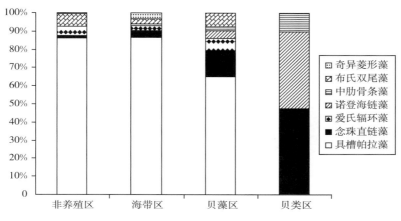

图 3-4　冬季桑沟湾各取样区主要优势种的组成

桑沟湾贝类养殖区的主要优势种已经发生了较大的改变，尤其是在 7 月和 1 月，前三位的优势种完全不同。

三、生物多样性

多样性指数分析表明，从季节变化上看，桑沟湾浮游植物春季多样性指数最高，夏季和秋季次之，冬季最低。从空间分布格局来看，春季、夏季和秋季多样性指数由湾外向湾内逐渐降低（图 3-5a、b、c），冬季（图 3-5d）多样性指数最高值出现在靠近湾口的西部水域，而外海和内湾水域多样性指数均较低。

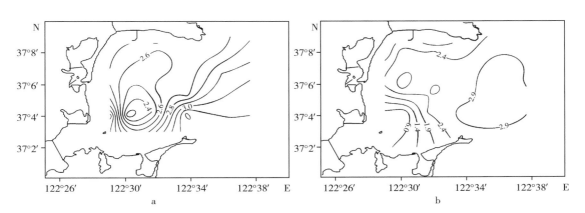

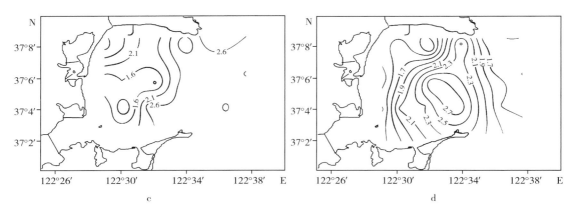

图 3-5　桑沟湾浮游植物多样性指数（Shannon-Wiener 指数）季节分布

a. 春季　b. 夏季　c. 秋季　d. 冬季

四、密度分布及水平等级评价

（一）浮游植物密度分布的季节变化特征

桑沟湾浮游植物数量季节变化较大。浮游植物细胞密度最大值出现在冬季，调查海域平均细胞密度达到 188.4×10^4 个/m³，分布特征表现为从湾外向湾内逐渐增加，诺登海链藻和中肋骨条藻在湾西部近岸形成密集区。春季浮游植物细胞密度下降到平均为 63.0×10^4 个/m³，分布格局也发生变化，最大密度出现在湾中部贝藻养殖区，主要由布氏双尾藻、尖刺菱形藻和奇异菱形藻形成，并且向东北部呈扇形扩展至湾外，并且念珠直链藻的数量逐渐增多。夏季浮游植物细胞密度最低，除了在桑沟湾西北角靠近河口的 $17^\#$ 站位出现由中肋骨条藻形成的小高值区以外，大部分调查海域的浮游植物细胞密度均低于 10×10^4 个/m³。秋季浮游植物细胞密度虽然比夏季略有增加，但是总体上依然处于较低的水平（平均为 11.7×10^4 个/m³），相对高值区出现在湾中部贝藻养殖区（图 3-6）。

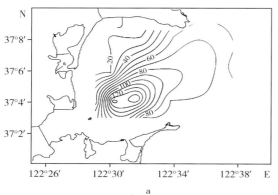

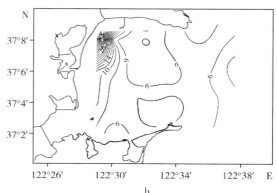

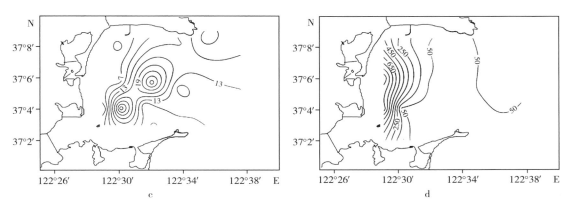

图 3-6 桑沟湾浮游植物细胞密度（×10⁴ 个/m³）分布的季节变化

a. 春季 b. 夏季 c. 秋季 d. 冬季

（二）浮游植物水平分级评价

按照贾晓平等（2003）提出的饵料生物（浮游植物）水平分级评价标准（表 3-6），根据桑沟湾不同季节、不同养殖区域浮游植物细胞密度（表 3-7），评价桑沟湾浮游植物密度水平分级（表 3-8）。

表 3-6 浮游植物水平分级评价标准

项目	浮游植物密度（×10³ 个/m³）				
	>1 000	<200	200～500	500～750	750～1 000
分级描述	低	较低	较丰富	丰富	最丰富

表 3-7 桑沟湾不同季节不同区域浮游植物细胞密度

单位：×10³ 个/m³

季节	非养殖区	海带区	贝藻区	贝类区
春季	565.7	711.8	826.7	199.5
夏季	26.7	73.4	62.9	52.3
秋季	137.4	156.6	166.7	83.9
冬季	586.4	702.9	311.5	1 299.2

评价结果显示，桑沟湾夏季、秋季各个区的浮游植物细胞密度都小于 $200×10^3$ 个/m³，处于低水平；冬季只有贝藻区的浮游植物细胞密度较低，处于较低水平，其他区域为较丰富或最丰富等级；春季贝类区为低水平，其他区域为较丰富或丰富等级。可见，不同区域浮游植物细胞密度存在较大的差异，并且存在较大的季节变化。

表 3-8　桑沟湾浮游植物水平分级评价结果

季节	非养殖区	海带区	贝藻区	贝类区
春季	较丰富	较丰富	丰富	低
夏季	低	低	低	低
秋季	低	低	低	低
冬季	较丰富	较丰富	较低	最丰富

综合分析四季的浮游植物种类数、生物量、多样性、优势度和均匀度 5 个指标，海带区、贝藻区和贝类区呈现显著性变异的频率分别 50％、35％和 55％。可见，桑沟湾内大规模的贝藻养殖已经对浮游植物群落结构产生显著的影响，尤其是在贝类生长的旺季（4 月和 11 月），以上指标 80％发生了显著性的改变（表 3-9）。

表 3-9　四个季节不同区域的浮游植物种类数、生物量、多样性、优势度和均匀度变异情况

	指标	海带区		贝藻区		贝类区	
		RM	95％CI	RM	95％CI	RM	95％CI
4 月	种类数	−0.027	[−0.081～0.027]	0.013	[−0.013～0.040]	−0.54	[−0.61～(−0.47)]*
	丰度	0.43	[0.20～0.66]*	0.78	[0.40～1.16]*	−1.13	[−1.32～(−0.94)]*
	多样性指数	−0.037	[−0.13～0.056]	−0.036	[−0.060～0.086]	−0.14	[−0.17～(−0.11)]*
	均匀度指数	−0.022	[−0.097～0.054]	−0.029	[−0.14～0.086]	0.036	[−0.060～0.13]
	优势度	−0.011	[−0.091～0.068]	−0.030	[−0.15～0.091]	0.13	[0.087～0.17]*
7 月	种类数	0.15	[0.077～0.22]*	−0.067	[−0.30～0.17]	−0.26	[−0.44～(−0.067)]*
	丰度	0.15	[0.094～0.20]*	0.11	[0.027～0.19]*	0.079	[−0.007 2～0.16]
	多样性指数	−0.002 1	[−0.15～0.15]	−0.095	[−0.23～0.044]	−0.30	[−0.60～0.002 4]
	均匀度指数	−0.093	[−0.27～0.082]	−0.020	[−0.097～0.057]	−0.093	[−0.18～(−0.007 2)]*
	优势度	−0.042	[−0.29～0.21]	0.057	[−0.14～0.25]	0.26	[−0.067～0.58]
11 月	种类数	−0.19	[−0.22～(−0.16)]*	−0.40	[−0.45～(−0.36)]*	−0.65	[−0.44～(−0.067)]*
	丰度	0.057	[−0.092～0.21]	0.086	[−0.31～0.48]	−0.17	[−0.34～0.001 3]
	多样性指数	−0.21	[−0.37～(−0.041)]*	−0.34	[−0.80～0.12]	−0.40	[−0.48～(−0.32)]*
	均匀度指数	−0.13	[−0.31～0.040]	−0.19	[−0.68～0.29]	−0.19	[−0.25～(−0.14)]*
	优势度	0.31	[0.11～0.50]*	0.27	[−0.24～0.78]	0.42	[0.19～0.66]*
1 月	种类数	0.18	[0.15～0.20]*	0.027	[−0.20～0.26]	−0.70	[−1.01～(−0.39)]*
	丰度	0.35	[0.026～0.67]*	−0.83	[−1.24～(−0.42)]*	0.85	[−3.36～5.06]
	多样性指数	−0.031	[−0.068～(−0.055)]*	0.37	[0.31～0.42]*	−0.27	[−0.60～0.057]
	均匀度指数	−0.061	[−0.084～(−0.037)]*	0.35	[0.24～0.46]*	0.030	[−0.17～0.23]
	优势度	0.025	[−0.016～0.066]	−0.31	[−0.35～(−0.26)]*	−0.37	[−1.35～0.61]

注：* 表示变异显著（$P<0.05$）。

五、长期变化

（一）桑沟湾浮游植物优势种的长期变化情况

物种是生态系统的基本组成部分，其种类组成和多样性是生态系统功能和结构的决定因素。浮游植物作为海洋生态系统初级生产的承担者，无论其数量还是种类发生变化，都将对生态系统的稳定性产生影响。桑沟湾作为温带海湾，浮游植物种类结构表现出以近岸广温广布种和近岸暖温种为主的生态类型，硅藻和甲藻是浮游植物的主要类群，这与以前在桑沟湾的调查结果基本相同。其中硅藻由于具有硅质的细胞壁且对水温和光照具有很好的适应能力从而占据了绝对的优势地位。

但是通过对比已有的研究结果可以看出，浮游植物的种类数量发生了明显变化（表3-10）。与桑沟湾养殖活动刚刚开始的1983—1984年调查结果相比，浮游植物种类数呈显著下降的趋势，由1983—1984年的181种，下降至2015年的70种，降低了61%。另外，浮游植物优势种类的组成也存在一定的演替（表3-11），1983—1984年调查中浮游植物的优势种类主要包括骨条藻、圆筛藻、尖刺菱形藻等，其中，骨条藻全年平均占浮游植物总量的27.1%，在夏季（7月）更高，占浮游植物总量的95%。而2003—2004年度4个航次调查优势种主要为旋链角毛藻、尖刺菱形藻等。2006—2007年的研究结果表明，占有绝对优势的中肋骨条藻只在夏季（7月）、冬季（1月）成为优势种，并且7月圆筛藻已经不能形成原有的优势，而底栖性的具槽帕拉藻和奇异菱形藻成为桑沟湾重要的优势类群。2011—2012年的结果显示，底栖性的硅藻具槽帕拉藻为主要优势种，夏季占浮游植物总量的36.6%，其他季节占50%，尤其是冬季，达到72.01%；其他优势种还包括海链藻和菱形藻，主要出现在春季、秋季和冬季；甲藻中的细弱原甲藻和东海三叶原甲藻为夏季的主要优势种。2015年的结果再次显示，底栖性浮游植物具槽帕拉藻成为桑沟湾的主要优势种。

表3-10　桑沟湾浮游植物物种组成的长期变化

调查时间	浮游植物种类组成（包括变种）			
	总数（种）	硅藻（种）	甲藻（种）	其他（种）
1983—1984年	181	145	34	2
1989—1990年	118	103	14	1
1999—2000年	148	117	25	6
2003—2004年	75	65	9	1
2006—2007年	92	74	11	7
2011—2012年	80	64	13	3
2015年	70	60	7	3

虽然关于桑沟湾养殖活动对浮游植物组成变动尚未见系统报道，但是大量研究证实，桑沟湾筏式贝类养殖主要品种（栉孔扇贝、牡蛎等）对浮游植物存在选择性摄食，因此，如此大规模的贝类养殖活动势必对浮游植物的种类组成产生影响（季如宝 等，1998）。另外，桑沟湾大规模的海带养殖吸收大量的营养盐，尤其是氮盐，在海带的生长季节桑沟湾溶解无机氮的含量明显下降（方建光 等，1996）。由此造成的营养盐浓度和结构的变化，也将影响浮游植物的种类演替（Newell，2004）。再者，大量养殖筏架和网笼为具有附着习性的底栖硅藻提供了更多的生境，也是引起底栖性硅藻数量比例上升的原因之一。

表 3-11　桑沟湾浮游植物优势种的长期变化

调查时间	春季	夏季	秋季	冬季
1983—1984 年	中肋骨条藻、圆筛藻、尖刺菱形藻	梭角藻、中角藻、三角角藻、中肋骨条藻	中肋骨条藻、拟弯角刺藻、丹麦细柱藻、窄隙角刺藻、尖刺菱形藻	中肋骨条藻、短楔形藻、圆筛藻、具槽帕拉藻
2003—2004 年	海链藻、中肋骨条藻、加氏星杆藻、尖刺菱形藻		旋链角毛藻、柔弱菱形藻、奇异菱形藻	
2006—2007 年	尖刺拟菱形藻、具槽帕拉藻、布氏双尾藻、奇异菱形藻、密链角毛藻	尖刺拟菱形藻、具槽帕拉藻、奇异菱形藻、中肋骨条藻	具槽帕拉藻、奇异菱形藻、布氏双尾藻、舟形藻	中肋骨条藻、念珠直链藻、诺登海链藻、具槽帕拉藻
2011—2012 年	具槽帕拉藻、虹彩圆筛藻、威氏海链藻、矮小短棘藻	细弱原甲藻、东海三叶原甲藻、具槽帕拉藻、虹彩圆筛藻	具槽帕拉藻、虹彩圆筛藻、海链藻、菱形藻	具槽帕拉藻、虹彩圆筛藻、海链藻、菱形藻
2015 年	具槽帕拉藻、离心列海链藻			

（二）桑沟湾浮游植物细胞密度的长期变化情况

桑沟湾及邻近海域浮游植物细胞密度季节变化见表 3-12。2006—2007 年的研究调查结果显示，桑沟湾冬季浮游植物细胞密度最高。导致浮游植物数量季节格局变化的原因可能与桑沟湾的养殖活动密切相关。

1983—1984 年调查期间，桑沟湾的大规模海水养殖刚刚起步，浮游植物的季节变动与毗邻的黄海海域基本同步，而且当时主要以海带养殖为主，2—6 月是海带的主要生长期，海带的快速生长与浮游植物形成营养盐竞争，同时海带养殖影响海水的光照条件，因此春季浮游植物高峰被海带养殖所抑制，而海带收获后的秋季高峰依然存在。20 世纪 90 年代中期桑沟湾贝类养殖已经形成一定的规模，贝类摄食与温度呈正相关，而贝类的高摄食压力压制了秋季浮游植物高峰的形成（方建光 等，1996）。桑沟湾养殖活动发展至今，湾内海水养殖品种、规模和方式都发生了较大变化，海水养殖年总产量从 20 世纪

80 年代中期的 4 万～5 万 t（主要是海带），90 年代中期的 14 万～16 万 t（海带和贝类大约各占一半），到目前超过 24 万 t（海带 8 万 t 左右，贝类约 16 万 t，其中主要是牡蛎养殖）。由此可见，海带养殖从 20 世纪 90 年代以来基本保持稳定，而贝类养殖增加了 1 倍。贝类对水体中的有机颗粒具有很强的滤食能力，依据室内实验结果推算，在桑沟湾主要养殖种类长牡蛎、栉孔扇贝、紫贻贝的主要生长季节为 4—10 月，只需要 3～4 d，养殖的贝类就能够将整个湾的海水（约 1.3×10^9 m³）滤过一遍。因此，浮游植物细胞密度已经难以在这一时期形成高峰，与邻近海域及其他海湾相比，浮游植物细胞数量明显偏低，也说明桑沟湾长期的大规模养殖抑制了浮游植物的生长。

表 3-12　桑沟湾与邻近海域和胶州湾浮游植物细胞密度季节变化

单位：$\times 10^4$ 个/m³

海区	季节			
	春季	夏季	秋季	冬季
桑沟湾（2006—2007 年）	63	10	12	188
桑沟湾（1983—1984 年）	60	535	1 001	42
胶州湾	1 666	896	87	516
山东半岛南岸	300	200	400	1 600
黄海	577	28	254	111
桑沟湾及邻近海域（2011—2012 年）	51 750	60 903	1 669	1 191
桑沟湾（2015 年）	11 100			

　　但是，从最近 2011—2012 年和 2015 年春季的研究报道来看，桑沟湾及其邻近海域的浮游植物的平均细胞密度非常高，远高于桑沟湾历史、胶州湾及黄海海域的结果。一方面，如前面所述，2011 年桑沟湾出现了大规模的赤潮，是导致春、夏季浮游植物的细胞密度显著增加的原因之一；另一方面，与采样方法不同有一定的关系。测定浮游植物细胞密度的方法主要有 2 种，利用网采浮游植物进行计量和采用取水样进行分析。通常浮游植物拖网的网衣孔径为 77 μm，造成小于该孔径的浮游植物的缺失，而使细胞密度的值偏低；同为取水样分析，因取水体积的不同，也会造成一定的误差。通常，取水体积少会使细胞密度的值偏高。2011—2012 年和 2015 年春季的调查方法都是取 250 mL 水样进行分析，而本文是采用取 1 L 水样进行定量分析。目前的调查规范在不断地完善和改进，但如何对数据进行归一化处理，以便与历史数据进行对比，真实地反映浮游植物细胞密度长期变化的情况，需要进一步的研究探讨。

（三）桑沟湾浮游植物生物多样性的长期变化情况

　　生物多样性指数的高低反映生物群落结构的复杂程度，通常指数越大，群落越复杂，对环境的反馈和适应功能越强，从而群落的结构较为稳定。本次研究结果显示，桑沟湾浮游植物生物多样性指数均值为 1.91～2.74，处于已有研究结果变化范围之内，甚至比养殖初期（1993—1984 年）年平均多样性指数还略有增加，说明 2006—2007 年调查期间桑沟湾浮游植物群落尚处于较为稳定的状态。从最近的调查结果来看，2011—2012 年桑沟湾及邻近海域浮游植物生物多样性指数在 1.17～1.78，2015 年春季，桑沟湾浮游植物生物多样性指数平均为 1.25。可见，近年来桑沟湾浮游植物的生物多样性指数呈现下降的趋势。

桑沟湾大规模海水养殖已经对浮游植物的群落结构产生影响。因此，如何建立合理科学的养殖模式，开展基于生态系统水平的海水养殖是保证桑沟湾海水养殖产业可持续发展的重要课题。对比不同养殖区浮游植物群落特征可以看出，贝藻混养区浮游植物的多样性指数相对高于贝类和藻类养殖区，从而支持合理科学的多营养层综合养殖模式对于生态系统的压力较小，有利于维护养殖生态系统的稳定性，为推动基于生态系统的多营养层综合养殖模式提供了科学例证。

第二节　叶绿素 a

一、周日变化

浮游植物作为海洋初级生产力的主要贡献者，是海洋生态系统的能量流动和物质流动的关键环节，它是海水养殖活动的重要支撑，是滤食性贝类的主要食物之一（郝林华等，2012）。叶绿素 a 浓度是表征海洋中浮游植物现存生物量和光合作用有机碳同化能力的重要指标，是海域肥瘠程度和评价海域生态环境的重要依据。有关养殖海域叶绿素 a 浓度分布及其变化的研究已有报道，叶绿素 a 浓度的高低在一定程度上能反映海水质量状况，同时也是评价水体理化性质动态变化的综合反映指标之一。桑沟湾是中国最为著名的天然养殖良港之一，海产品产量高、品质佳，其环境特点、养殖品种、养殖规模和养殖模式等均具有代表性。养殖的主要种类包括栉孔扇贝、长牡蛎、虾夷扇贝、海带、海参、龙须菜等，养殖方式以筏式养殖为主，网箱养殖和底播养殖为辅。因此，该海域是研究养殖活动与叶绿素 a 相互关系的理想海域。自 20 世纪 80 年代以来，已有专家学者对桑沟湾的浮游植物、营养盐和海水二氧化碳分压等进行了深入的研究，对桑沟湾主要养殖区表底层叶绿素 a 及其定点连续监测的研究报道较少。

叶绿素 a 浓度的分布变化受水温、养殖活动、营养盐、昼夜节律和潮汐等因素的影响，海水营养盐是海洋浮游植物生长和繁殖的关键因子，是海洋初级生产力和食物链的基础。氮、磷、硅是海洋浮游植物必不可少的营养盐，由于不同海区的状况不同，以上几项营养盐都有可能成为浮游植物生长的限制因子。在海水营养盐充足的情况下，叶绿素a浓度随温度升高而增大，温度是叶绿素a浓度增长的限制因子（郝林华 等，2012）。不同的海水养殖模式、养殖品种和养殖水域等均能引起叶绿素a浓度的改变，但不同海域的叶绿素a浓度的变化及其影响因素不尽相同，尤其养殖海域的特定地理位置及独特的养殖模式，均会对叶绿素a浓度产生影响。桑沟湾是山东省海水养殖业的重点海湾，近年来逐渐形成了由湾内向湾外依次排列的贝类养殖区、海带和贝类混养区、海带养殖区的多元养殖模式，这种模式就必然会对该海域叶绿素a的分布产生影响。研究特定养殖海域叶绿素a的分布及其影响因素有助于掌握不同养殖模式、养殖品种和养殖水域等环境下浮游植物生物量和水质状况，从而为指导生产提供数据支持。

2014—2015年在桑沟湾主要养殖区进行表底层海水叶绿素a浓度的调查，并对其4个不同养殖区进行24 h定点连续观测，分析研究叶绿素a浓度垂直分布及昼夜变化，并探讨了叶绿素a浓度与营养盐的关系，有助于掌握该海域不同养殖区对叶绿素a的分布特征及其变化的影响机制。

桑沟湾春季主要养殖区叶绿素a浓度24 h定点连续监测见图3-7。从图3-7中可以

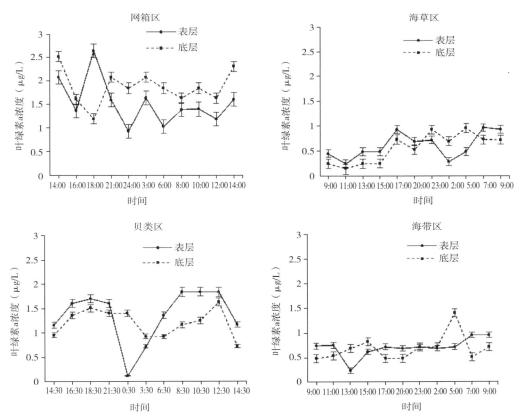

图3-7　桑沟湾春季主要养殖区叶绿素a浓度24 h定点连续监测

看出，网箱区叶绿素 a 浓度变化范围在 0.92～2.65 $\mu g/L$，除 18：00 外，网箱区叶绿素 a 浓度底层均高于表层（$P<0.05$）；海草区叶绿素 a 浓度变化范围在 0.14～0.95 $\mu g/L$，09：00—20：00 叶绿素 a 浓度表层高于底层，23：00 至翌日 05：00 叶绿素 a 浓度底层高于表层，07：00—09：00 则变为表层高于底层（$P<0.05$）。贝类区叶绿素 a 浓度变化范围在 0.12～1.84 $\mu g/L$，白天高于夜间（$P<0.05$），其中 00：00—04：00，底层高于表层；海带区叶绿素 a 浓度变化范围在 0.24～1.40 $\mu g/L$，海带区叶绿素 a 浓度上午表层高于底层，下午底层高于表层，夜间先是表层高于底层，然后底层高于表层（$P<0.05$），表底层叶绿素 a 浓度呈现出升降交替的现象。

桑沟湾夏季主要养殖区叶绿素 a 浓度 24 h 定点连续监测见图 3-8。从图 3-8 中可以看出，网箱区叶绿素 a 浓度变化范围在 1.74～9.28 $\mu g/L$，表底层叶绿素 a 浓度变化幅度较大，呈现出升降交替的现象；海草区叶绿素 a 浓度变化范围在 2.30～8.99 $\mu g/L$，表底层叶绿素 a 浓度变化幅度较小，同样也呈现出升降交替的现象；贝类区叶绿素 a 浓度变化范围在 1.53～7.28 $\mu g/L$，在 10：00—22：00 表底层叶绿素 a 值呈现出交替上升的趋势，但在翌日 01：00—10：00，底层叶绿素 a 浓度显著高于表层；海带区叶绿素 a 浓度变化范围在 0.61～4.66 $\mu g/L$，表层叶绿素 a 浓度呈现出先下降后上升而后又缓慢下降的趋势。

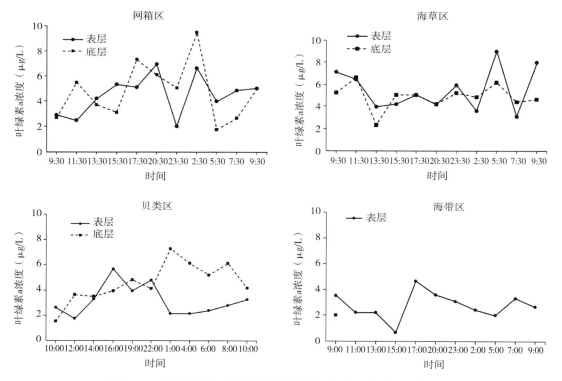

图 3-8　桑沟湾夏季主要养殖区叶绿素 a 浓度 24 h 定点连续监测

桑沟湾秋季主要养殖区叶绿素 a 浓度 24 h 定点连续监测见图 3-9。从图 3-9 中可以看出，网箱区叶绿素 a 浓度变化范围在 0.22~1.11 μg/L，表底层叶绿素 a 浓度变化幅度较大，09：00—20：00 均呈现出逐渐上升的现象，而后呈现出升降交替的现象；海草区叶绿素 a 浓度变化范围在 0.43~1.11 μg/L，表底层叶绿素 a 浓度变化幅度较小，均呈现出先缓慢下降后缓慢上升的现象；贝类区叶绿素 a 浓度变化范围在 0.44~1.20 μg/L，除 16：00 和翌日 8：00—10：00 外，秋季贝类区底层叶绿素 a 浓度均显著高于表层；海带区叶绿素 a 浓度变化范围在 0.20~0.87 μg/L，表底层叶绿素 a 浓度差异不显著，呈现出升降交替的现象。

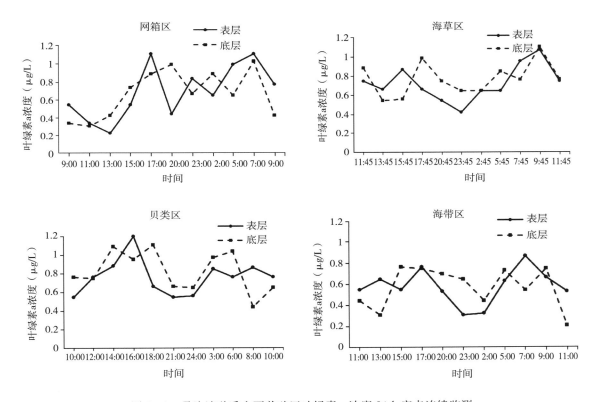

图 3-9　桑沟湾秋季主要养殖区叶绿素 a 浓度 24 h 定点连续监测

桑沟湾冬季主要养殖区叶绿素 a 浓度 24 h 定点连续监测见图 3-10。从图 3-10 中可以看出，网箱区叶绿素 a 浓度变化范围在 0~5.24 μg/L，表底层叶绿素 a 浓度变化幅度较大，均呈现出升降交替的现象；海草区叶绿素 a 浓度变化范围在 0.22~1.00 μg/L，表底层叶绿素 a 浓度变化幅度较小，均呈现出升降交替的现象；贝类区叶绿素 a 浓度变化范围在 0.78~3.17 μg/L，表底层叶绿素 a 浓度均呈显著上升后下降的趋势；海带区叶绿素 a 浓度变化范围在 0.24~1.34 μg/L，表底层叶绿素 a 浓度变化幅度较小，呈现出升降交替的现象。

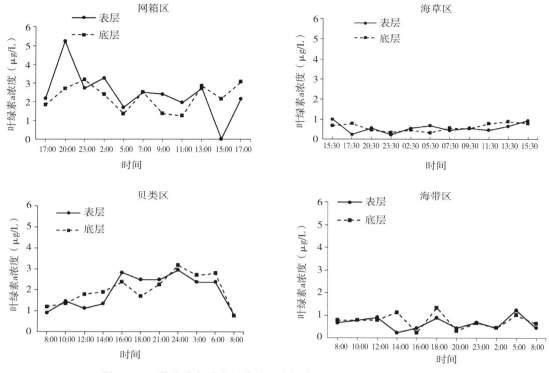

图 3-10　桑沟湾冬季主要养殖区叶绿素 a 浓度 24 h 定点连续监测

　　桑沟湾不同季节连续监测区表底层叶绿素 a 浓度均值比较见表 3-13。从表 3-13 中可以看出，桑沟湾春季 4 个监测区叶绿素 a 浓度趋势为网箱区＞贝类区＞海带区和海草区（$P<0.05$），除网箱区外，叶绿素 a 浓度均为表层略高于底层；夏季 4 个监测区叶绿素 a 浓度趋势为海草区＞网箱区＞贝类区＞海带区；秋季 4 个监测区叶绿素 a 浓度趋势为贝类区＞海草区＞网箱区＞海带区；冬季 4 个监测区叶绿素 a 浓度趋势为网箱区＞贝类区＞

表 3-13　桑沟湾不同季节连续监测区叶绿素 a 浓度均值比较

单位：$\mu g/L$

季节	连续监测区	海草区	贝类区	海带区	网箱区
春季	表层	0.60±0.25	1.31±0.45	0.70±0.18	1.53±0.48
	底层	0.55±0.29	1.16±0.32	0.68±0.26	1.87±0.36
夏季	表层	5.49±1.94	3.17±1.22	2.76±1.05	4.47±1.59
	底层	4.88±1.11	4.59±1.57	2.01±0.00	4.73±2.30
秋季	表层	0.73±0.18	0.77±0.19	0.58±0.17	0.69±0.30
	底层	0.77±0.17	0.83±0.22	0.57±0.20	0.67±0.26
冬季	表层	0.57±0.25	1.92±0.80	0.66±0.29	2.44±1.25
	底层	0.60±0.20	2.00±0.74	0.75±0.34	2.25±0.70

海带区＞海草区。而海草区 4 个季节叶绿素 a 浓度趋势为夏季＞秋季＞春季和冬季；贝类区 4 个季节叶绿素 a 浓度趋势为夏季＞冬季＞春季＞秋季；海带区 4 个季节叶绿素 a 浓度趋势为夏季＞春季和冬季＞秋季；网箱区 4 个季节叶绿素 a 浓度趋势为夏季＞冬季＞春季＞秋季。桑沟湾 4 个季节叶绿素 a 浓度整体水平为夏季最高，冬季和春季次之，秋季最低。

二、断面分布

桑沟湾春季 2 条断面表层、底层叶绿素 a 浓度如图 3-11 所示。从图 3-11 中可以看出，断面 1 叶绿素 a 浓度范围在 0.14～1.40 μg/L，均值为 0.68 μg/L，除 1＋站位叶绿素 a 浓度底层高于表层外，其余站位叶绿素 a 浓度表层均高于底层，即外海区底层叶绿素 a 高于表层，贝类区、混养区和藻类区表层叶绿素 a 高于底层（$P < 0.05$）。断面 1 叶绿素 a 浓度分布趋势为贝类区＞混养区＞海带区＞外海区（$P < 0.05$）。断面 2 底层叶绿素 a 浓度范围在 0.11～0.92 μg/L，均值为 0.73 μg/L，贝类区、混养区及藻类区表层叶绿素 a 高于底层，外海区则相反（$P < 0.05$）。断面 2 叶绿素 a 浓度分布趋势为贝类区＞混养区和外海区＞海带区（$P < 0.05$）。

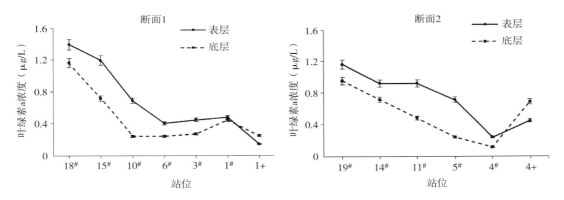

图 3-11　桑沟湾春季断面表层、底层的叶绿素 a 浓度

桑沟湾夏季 2 条断面表层、底层叶绿素 a 浓度如图 3-12 所示。从图 3-12 中可以看出，断面 1 叶绿素 a 浓度范围在 0.65～5.72 μg/L，均值为 3.25 μg/L，贝类区底层叶绿素 a 高于表层，除 10$^{\#}$ 站位外，混养区、外海区和藻类区表层叶绿素 a 高于底层（$P < 0.05$）。断面 1 叶绿素 a 浓度表层分布趋势为海带区＞外海区＞混养区＞贝类区，底层分布趋势为贝类区＞海带区＞混养区＞外海区。断面 2 叶绿素 a 浓度范围在 1.30～5.69 μg/L，均值为 3.27 μg/L，除 4$^{\#}$ 站位和 5$^{\#}$ 站位外，表层叶绿素 a 浓度均低于底层，断面 2 叶绿素 a 浓度表层分布趋势为海带区＞混养区＞贝类区＞外海区，底层分布趋势为贝类区和海带区＞混养区＞外海区。

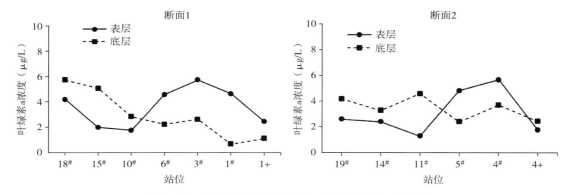

图 3-12　桑沟湾夏季断面表层、底层叶绿素 a 的浓度

　　桑沟湾秋季 2 条断面表层、底层叶绿素 a 浓度如图 3-13 所示。从图 3-13 中可以看出，断面 1 叶绿素 a 浓度范围在 0.10~0.77 $\mu g/L$，均值为 0.41 $\mu g/L$，除 15# 站位和 1+ 站位外，混养区、外海区和藻类区表层叶绿素 a 高于底层（$P<0.05$）。断面 1 叶绿素 a 浓度表层分布趋势为海带区＞贝类区＞外海区＞混养区，底层分布趋势为贝类区＞海带区＞混养区＞外海区。断面 2 叶绿素 a 浓度范围在 0.22~0.99 $\mu g/L$，均值为 0.54 $\mu g/L$，贝类区表层叶绿素 a 浓度均低于底层，而海带区和外海区表层高于底层，断面 2 叶绿素 a 浓度表层分布趋势为海带区＝混养区＞贝类区＞外海区，底层分布趋势为贝类区＞混养区＞海带区＞外海区。

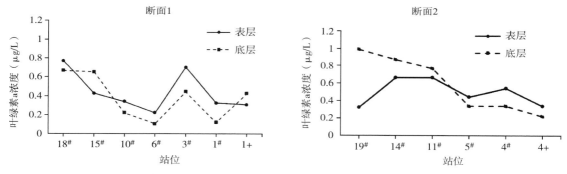

图 3-13　桑沟湾秋季断面表层、底层叶绿素 a 的浓度

　　桑沟湾冬季 2 条断面表层、底层叶绿素 a 浓度如图 3-14 所示。从图 3-14 中可以看出，断面 1 叶绿素 a 浓度范围在 0.32~1.53 $\mu g/L$，均值为 0.82 $\mu g/L$，该季节表层叶绿素 a 浓度整体水平低于底层。断面 1 叶绿素 a 浓度表层分布趋势为外海区＞贝类区＞混养区＞海带区，底层分布趋势为外海区＞混养区＞海带区＞贝类区。断面 2 叶绿素 a 浓度范围在 0.44~2.94 $\mu g/L$，均值为 1.09 $\mu g/L$，贝类区表层叶绿素 a 浓度均低于底层，而海带区表层高于底层，断面 2 叶绿素 a 浓度表层分布趋势为混养区＞海带区＞贝类区＞外海区，底层分布趋势为外海区＞贝类区＞混养区＞海带区。

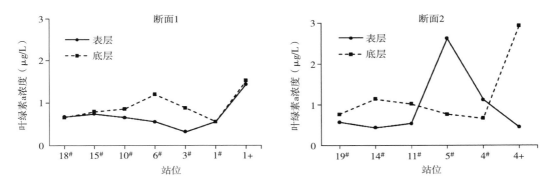

图 3-14　桑沟湾冬季断面表层、底层叶绿素 a 的浓度

三、与其他环境因素的相关性

桑沟湾春季叶绿素 a 浓度与营养盐、温度以及盐度的关系，显示出春季主要养殖区叶绿素 a 浓度与硅酸盐、温度呈较显著的正相关关系（图 3-15），与盐度、氨氮、硝酸盐、

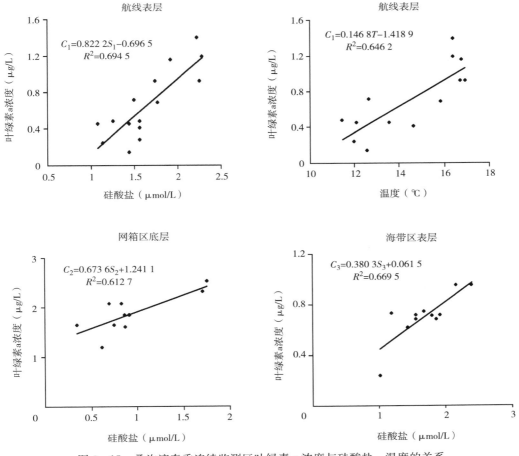

图 3-15　桑沟湾春季连续监测区叶绿素 a 浓度与硅酸盐、温度的关系

亚硝酸等无明显相关性。航线表层叶绿素 a 浓度（C_1）与硅酸盐浓度（S_1）、温度（T）均呈较显著的正相关关系；网箱区底层叶绿素 a 浓度（C_2）与硅酸盐浓度（S_2）呈较显著的正相关关系；海带区表层叶绿素 a 浓度（C_3）与硅酸盐浓度（S_3）呈较显著的正相关关系。表 3-14 为 2014 年桑沟湾春季不同养殖区营养盐平均浓度及氮磷比、硅氮比数据（数据来源：张义涛、陈洁待发表数据），从表 3-14 中看出，航线调查及 4 个海区氮磷比范围在 15～57.33，硅氮比范围在 0.11～0.32。

表 3-14　2014 年桑沟湾春季不同养殖区营养盐平均浓度与摩尔比

调查站位		总氮 （μmol/L）	溶解无机氮 （μmol/L）	磷酸盐 （μmol/L）	硅酸盐 （μmol/L）	氮磷比 （N/P）	硅氮比 （Si/N）
航线	S	278.47±148.21[ab]	12.84±1.12[a]	0.41±0.12[a]	1.66±0.15[b]	31.32	0.13
	B	242.03±114.99[ab]	11.80±1.03[a]	0.50±0.14[a]	1.29±0.11[b]	23.60	0.11
网箱区	S	119.79±42.25[b]	6.41±1.25[c]	0.18±0.14[b]	1.08±0.48[c]	35.61	0.17
	B	148.40±47.52[b]	5.34±0.87[c]	0.18±0.1[b]	0.93±0.41[c]	29.67	0.17
海草区	S	335.47±79.34[a]	8.60±1.64[b]	0.15±0.13[b]	1.35±0.27[b]	57.33	0.16
	B	341.05±97.93[a]	8.23±1.41[b]	0.19±0.13[b]	1.34±0.18[b]	43.32	0.16
贝类区	S	119.54±75.24[b]	8.33±2.13[b]	0.47±0.23[a]	2.70±0.69[a]	17.72	0.32
	B	142.67±84.13[b]	7.64±2.22[bc]	0.40±0.18[a]	2.43±0.55[a]	19.10	0.32
海带区	S	26.71±11.18[c]	7.35±2.08[bc]	0.49±0.17[a]	1.69±0.40[b]	15.00	0.23
	B	33.28±18.14[c]	7.96±2.16[b]	0.44±0.23[a]	1.79±0.45[b]	18.09	0.22

注：S 为表层，B 为底层；表中不同处理之间带有不同字母的数据，表示相互之间差异显著（$P<0.05$）。

桑沟湾春季主要养殖区表、底层叶绿素 a 浓度与潮汐作用的关系见图 3-16。从图 3-16 中可以看出，海草区表层叶绿素 a 浓度低潮时大于高潮（$P<0.05$），而其他 3 个连续监测区叶绿素 a 浓度变化不明显；海带区底层叶绿素 a 浓度高潮时大于低潮（$P<0.05$），而其他 3 个连续监测区叶绿素 a 浓度变化不明显。

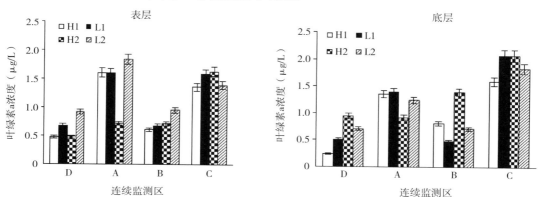

图 3-16　桑沟湾春季主要养殖区表、底层叶绿素 a 浓度与潮汐作用的关系

（注：A 为贝类区，B 为海带区，C 为网箱区，D 为海草区；H1 表示第一次高潮期，L1 表示第一次低潮期，
H2 表示第二次高潮期，L2 表示第二次低潮期）

桑沟湾春季叶绿素 a 浓度的整体趋势是从湾内向湾外逐渐递减的，与郝林华等研究结果相吻合。桑沟湾春季牡蛎、扇贝等高密度的养殖，其摄食压力并未明显降低该区域叶绿素 a 的浓度，而混养区和海带区的海带处于高速生长阶段，吸收大量的营养盐，限制了该区域浮游植物对营养盐的吸收，使该区叶绿素 a 浓度降低，这说明桑沟湾春季营养盐的限制作用较贝类的摄食压力强，即上行控制＞下行控制。此外，在大面走航时，早出晚归，从而造成取样时间上的差异，可能会给监测带来误差。误差范围因不同养殖区而异，所以，在对桑沟湾未来监测时需要加强长期、连续数据的获取。

本次桑沟湾航线调查结果表明叶绿素 a 浓度平均值为 0.70 $\mu g/L$，低于历史同期叶绿素 a 浓度均值（表 3-15），并且与其他养殖海湾相比，桑沟湾海域春季叶绿素 a 浓度均值也处于较低水平。桑沟湾春季表层叶绿素 a 浓度＜1$\mu g/L$，浮游植物已经成为滤食性贝类生长的限制因子。

表 3-15　桑沟湾春季海域叶绿素 a 浓度与其他海湾均值比较

项目	桑沟湾	桑沟湾	桑沟湾	大窑湾	小窑湾	獐子岛	四十里湾	胶州湾
年份	2014	2011	2009	2002	2003	2008	2012	2011
叶绿素 a 浓度（$\mu g/L$）	0.70	1.01	1.96	0.91	1.51	1.42	3.94	1.54

对桑沟湾主要养殖区进行 24 h 定点连续监测，能够使我们掌握不同养殖环境下叶绿素 a 浓度的昼夜变化规律，从而分析不同养殖活动对该养殖地点水质的影响状况。本研究表明，海草区叶绿素 a 浓度白天表层高于底层，而夜间则相反；网箱区叶绿素 a 浓度底层均高于表层；贝类区叶绿素 a 浓度表层均高于底层；海带区叶绿素 a 浓度表层和底层呈现出升降交替的规律。4 个连续监测站点的叶绿素 a 浓度昼夜变化规律各不相同，说明不同养殖活动影响叶绿素 a 浓度的升降。海草区叶绿素 a 浓度昼夜的改变，可能是受到潮汐作用以及浮游植物光合作用周期的共同影响（宋云利 等，1996）。网箱养殖底部沉积物中富含无机氮、无机磷和硫化物，使微生物活动增强，加速沉积物中氮、磷等营养盐的释放，使水体碳、氮、磷负荷升高。桑沟湾春季网箱区内大量养殖鲆鲽类，以及投饵使用冻杂鱼和肉食性饲料，鲆鲽类等均属于底栖鱼类，在网箱中大都处于底层，所以高密度的网箱鱼类的生理代谢活动产生的代谢废物，再加上残饵、粪便等均沉降到底层，为该养殖区底层浮游植物提供了充足的营养盐，使网箱区叶绿素 a 浓度底层高于表层。滤食性贝类主要是通过选择性摄食周围海水中以浮游植物为主的悬浮有机物颗粒。桑沟湾浮游植物摄食者主要有养殖贝类和浮游动物，而贝类的摄食可显著改变浮游植物生物量的分布（Nunes et al.，1997）。而本研究中贝类养殖区的表层叶绿素 a 浓度白天高于夜间，说明叶绿素 a 浓度受滤食性贝类摄食活动和浮游植物光合作用周期的共同影响，即高密度贝类养殖区夜间的摄食活动能

有效降低叶绿素 a 浓度。另外，水体混浊度也是影响浮游植物的重要因素，尤其是底层的叶绿素 a 浓度变化，所以在今后的研究中应增加对桑沟湾海域水体混浊度数据的监测。

桑沟湾 4 个主要养殖区叶绿素 a 浓度整体趋势为网箱区＞贝类区＞海带区和海草区。大型海藻养殖可以净化养殖废水、控制水域富营养化、调控水域生态平衡，而桑沟湾海草区也有较高密度的野生大叶藻，海草床可以加速悬浮颗粒物的沉降，增加水体透明度，净化水质，加速滨海生态系统中的营养循环等，所以桑沟湾春季海草区和海带区的海草和海带生长可能与浮游植物形成竞争，导致这两个海区的叶绿素 a 浓度显著低于网箱区和贝类区，这也说明了海草区和海带区在桑沟湾养殖系统中起着净化水质、调控水域生态平衡的重要作用。

营养盐对于浮游植物生长的影响是迅速的、灵敏的（Uye et al.，1994）。本研究表明，桑沟湾春季航线表层、海带区表层以及网箱区底层叶绿素 a 浓度均与硅酸盐浓度呈较显著的正相关关系。Redfield 定律认为，藻类健康生长及生理平衡所需的氮磷比为 16∶1，硅氮比为 1。当氮磷比超过 16∶1，磷被认为是限制性因素；硅氮比低于 1 时，硅被认为是限制性因素。从表 3-14 中看出，航线调查及 4 个海区氮磷比值均大于 16（海带区表层除外），硅氮比则小于 1。但网箱区和海草区浮游植物存在磷限制程度要强于贝类区和海带区，4 个不同养殖区浮游植物均存在硅限制，且活性硅酸盐的浓度也低于浮游植物生长的阈值（2 μmol/L），这说明磷元素和硅元素是影响桑沟湾春季浮游植物生长繁殖的限制性因素。从图 3-17 和图 3-18 中可以看出，2014 年桑沟湾春季溶解无机氮低于国家一类水质标准，与历史同期相比处于中等水平；溶解无机磷则处于国家一类水质标准和二类水质标准之间，高于历史同期水平；但活性硅酸盐与历史同期相比则处于较低水平，这也从一定程度上反映出硅酸盐是影响桑沟湾春季浮游植物生长的限制性因素。

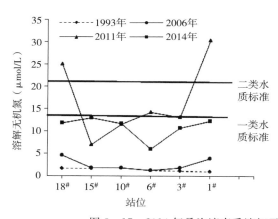
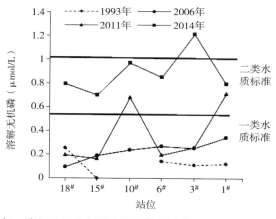

图 3-17　2014 年桑沟湾春季溶解无机氮、溶解无机磷与历史同期数据比较

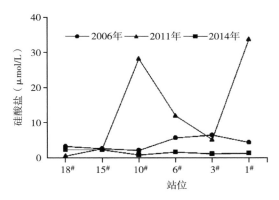

图3-18　2014年桑沟湾春季活性硅酸盐与历史同期数据比较

桑沟湾浮游植物种类主要由硅藻类和甲藻类组成，硅藻是绝对优势种（春季平均为 63.0×10^4 个/m²），而硅酸盐是硅藻的必需营养元素，除了作为细胞壁结构成分外，还参与光合色素合成、蛋白质合成、DNA 合成和细胞分裂等多种代谢和生长过程。研究表明春季硅浓度低于浮游植物生长的最低阈值，也是一个潜在的限制因素。另外还有研究表明，由于硅结合于硅藻壳中很难再生，并且在水体中的再循环速率比氮和磷慢得多，研究结果说明桑沟湾春季海区硅酸盐和温度成为该海域浮游植物主要生长限制因子。

桑沟湾春季航线调查显示（图3-19），春季湾内水温比湾口回升快，从湾底到湾口，水温逐渐降低，湾外1＋站位水温高于1#站位，而盐度变化较小。本研究结果表明，航线表层叶绿素 a 浓度与温度呈较显著的正相关关系。硅藻喜低温，最适合的温度通常低于18 ℃，而桑沟湾春季水温在 11～18 ℃，是硅藻生长的理想温度，能促进其大量繁殖，形成明显的优势种。

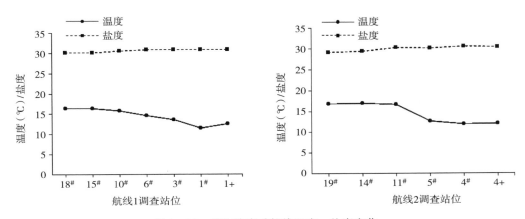

图 3-19　桑沟湾春季航线温度、盐度变化

潮汐作用是影响沿岸海域水交换的主要因素，同时也是影响叶绿素 a 浓度变化的因素

之一，但在不同海域所表现的叶绿素 a 变化特征也不尽相同。彭安国等研究厦门湾叶绿素 a 随潮汐的变化表明，该海区表底层叶绿素 a 浓度均为高潮＞低潮。本研究表明，海带区表层叶绿素 a 浓度高潮时大于低潮，可能是由于桑沟湾大面积海带和贝类养殖等筏式养殖的影响，阻碍了海水流速，降低了桑沟湾内的水交换能力，而海带区处于桑沟湾湾口附近，海水交换能力较强，从而导致了海带区叶绿素 a 浓度高潮时大于低潮，这与彭安国等研究相一致。研究还表明，海草区表层叶绿素 a 浓度低潮时大于高潮，可能是海水涨潮时，大量密集的海草床具有缓冲减弱水流并且加速悬浮颗粒物的沉降、增加水体透明度以及净化水质等功能，从而加速浮游植物等颗粒物的沉降，导致表层叶绿素 a 浓度低潮时大于高潮。

四、时空分布特征

2011—2012 年 4 个季节叶绿素 a 浓度的时空分布特性见图 3 - 20。

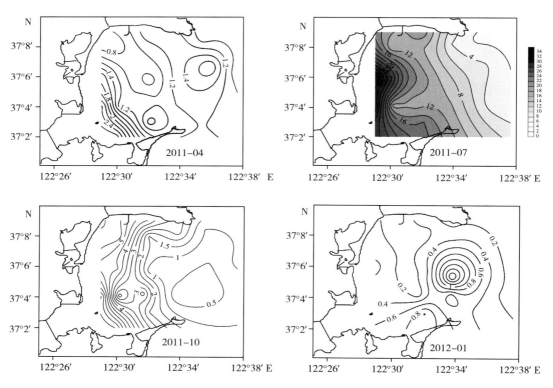

图 3 - 20　桑沟湾 2011—2012 年 4 个季节叶绿素 a 浓度的时空分布特性

春季（4月）：桑沟湾叶绿素 a 浓度分布趋势较为明显，叶绿素 a 浓度从湾底西南部向湾中部逐渐降低，湾中部和湾口海域叶绿素 a 浓度差异不显著。

夏季（7月）：桑沟湾叶绿素 a 浓度分布趋势较为明显，叶绿素 a 浓度由湾底向湾口呈现出逐渐降低的趋势。该季节叶绿素 a 浓度显著高于其余 3 个季节。

秋季（10月）：桑沟湾叶绿素 a 浓度分布趋势与夏季相似，均从湾底向湾口逐渐降低。该季节叶绿素 a 浓度水平低于夏季，但显著高于春、冬两季。

冬季（11月）：桑沟湾叶绿素 a 浓度整体处于较低水平，高值区出现在湾口海带养殖区，低值区出现在湾底贝类养殖区。

第三节　浮游动物

一、小型浮游动物

（一）小型浮游动物种类组成、优势种及季节变化

1. 春季（4月）

小型浮游动物的种类共计 24 种，包括 6 类生物的幼体（表 3-16）。以优势度（Y）＞0.02的标准来确定优势种类，非养殖区、海带区、贝藻区及贝类区的优势种分别有 3 种、4 种、3 种和 2 种。夜光虫和双毛纺锤水蚤成为非养殖区、海带区和贝藻区的第一和第二位优势种（图 3-21）。贝类区的夜光虫的丰度较低，未能成为优势种，该区的主要优势种为双毛纺锤水蚤和拟长腹剑水蚤；并且，双毛纺锤水蚤成为贝类区的主要组成部分（图 3-21），其优势度达 0.898。主要优势种类，贝类区与海带区和贝藻区相近，但与非养殖区仅有一种相同。

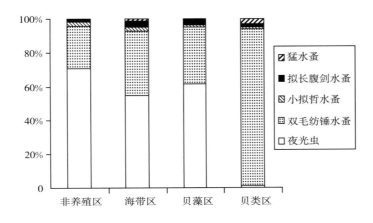

图 3-21　春季桑沟湾各调查海区浮游动物主要优势种类的相对丰度

表 3 - 16　桑沟湾春季小型浮游动物的群落结构特征

单位：个/m³

种名	非养殖区	海带区	贝藻区	贝类区
夜光虫 Noctiluca scientillans	5 500.0	3 205.6	5 048.6	8.3
中华哲水蚤 Calanus sinicus	53.3	111.1	69.8	5.5
双毛纺锤水蚤 Acartia bifilosa	1 934.2	2 244.7	2 756.3	619.7
墨氏胸刺水蚤 Centropages mcmurrichi	17.1	24.7	72.2	0.6
小拟哲水蚤 Paracalanus parvus	190.8	150.3	120.5	8.0
近缘大眼剑水蚤 Corycaeus affinis	32.9	18.9	19.1	
拟长腹剑水蚤 Oithona similis	111.8	206.3	269.0	21.8
太平真宽水蚤 Eurytemora pacifica		2.4	2.1	3.7
猛水蚤 Harpacticoida spp.	17.8	64.4	28.6	12.4
强额拟哲水蚤 Paracalanus crassirostris		9.3		
无节幼体 Nauplius	52.6	6.9	39.4	
长额刺糠虾 Acanthomysis longirostris				2.3
漂浮囊糠虾 Gastrosaccus pelagicus		1.6		
日本新糠虾 Neomysis japonicus		0.2		
强壮箭虫 Sagitta crassa	39.5	31.9	39.6	5.7
长尾类幼体 Macrurna larva				0.8
薮枝螅水母 Obelia spp.			0.5	
日本长管水母 Sarsia nipponica			1.6	
球形侧腕水母 Pleurobrachia globosa		1.7	0.5	
端足类幼体 Gammaridae larva				1.5
多毛类幼体 Polychaeta larva		6.8	0.5	
腹足类幼体 Gastropoda larva	27.6	42.8	41.7	
棘皮动物幼体 Ophioplutous larva			0.5	
细长脚绒 Themisto gracilipes		0.3	0.5	
种类数（种）	11	18	18	12
总个体数（个/m³）	7 977.6	6 129.9	8 511	690.3

2. 夏季（7月）

各区的优势种类较多，非养殖区出现了 8 种；贝类区的优势种类有 6 种；海带区和贝藻区各 4 种。小拟哲水蚤和拟长腹剑水蚤成为非养殖区、海带区和贝藻区的第一位和第二位优势种类。贝类区的前三位优势种类与非养殖区完全不同，为双毛纺锤水蚤、短尾类幼体和仔鱼。贝类区的优势种类短尾类幼体和仔鱼，在非养殖区没有出现（图 3 - 22）。

尽管贝类区的优势种有6种，但是双毛纺锤水蚤占绝对优势，优势度达0.76。海带区与贝藻区优势种类完全相同。夏季共鉴定出小型浮游动物30种，其中，包括11种生物的幼体（表3-17）。夏季是桑沟湾动物繁殖的盛季。

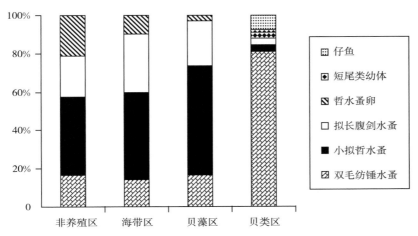

图3-22 夏季桑沟湾各调查海区浮游动物主要优势种类的相对丰度

表3-17 桑沟湾夏季小型浮游动物的群落结构特征

单位：个/m³

种名	非养殖区	海带区	贝藻区	贝类区
中华哲水蚤 Calanus sinicus	138.9	65.2	27.8	0.6
双毛纺锤水蚤 Acartia bifilosa	430.6	779.6	514.7	179.4
太平洋纺锤水蚤 Acartia pacifica				5.0
墨氏胸刺水蚤 Centropages mcmurrichi		3.9		
小拟哲水蚤 Paracalanus parvus	1 069.4	2 522.0	1 785.6	7.4
真刺唇角水蚤 Labidocera euchaeta	7.6			
近缘大眼剑水蚤 Corycaeus affinis	97.2	47.4	13.6	
拟长腹剑水蚤 Oithona similis	562.5	1 683.0	747.2	7.2
猛水蚤 Harpacticoida spp.			8.3	4.1
无节幼体 Nauplius	13.9	28.9	13.9	
哲水蚤卵 Calanus egg	555.6	545.9	88.0	
漂浮囊糠虾 Gastrosaccus pelagicus			1.1	
日本新糠虾 Neomysis japonicus	9.7			
糠虾幼体 Mysis larva	6.9			
虾卵 Shrimp larva	111.1	19.4	4.6	
强壮箭虫 Sagitta crassa	83.3	95.2	39.8	

（续）

种名	非养殖区	海带区	贝藻区	贝类区
长尾类幼体 Macrurna larva		0.6	1.5	1.2
短尾类幼体 Brachyura larva				10.5
异体住囊虫 Oikopleura dioica		6.0	1.7	
阿利玛幼虫 Alima larva			0.6	
日本长管水母 Sarsia nipponica			0.6	
乘山杯水母 Phiahldium chengshanense		0.3		
仔鱼 fish larva		0.6		16.4
端足类幼体 Gammaridae larva		5.2	1.0	0.8
多毛类幼体 Polychaeta larva				0.8
双壳类幼体 Lamellibranchiata larva		11.4		
腹足类幼体 Gastropoda larva		83.3	14.9	1.3
涟虫 Cumacea spp.		0.3		
细螯虾 Leptochela gracilis		0.3		
短尾类大眼幼体 Megalops larva				0.6
种类数（种）	12	19	17	13
总个体数（个/m³）	3 086.7	5 898.5	3 264.9	235.3

3. 秋季（11月）

共鉴定出小型浮游动物 28 种（表 3-18）。各区的优势种数分布为：非养殖区 7 种，海带区 7 种，贝藻区 3 种和贝类区 6 种。小拟哲水蚤成为各区的第一位优势种。非养殖区第二位、第三位优势种分别为拟长腹剑水蚤和夜光虫；其他区的第二位、第三位优势种的优势度很低，小拟哲水蚤占绝对优势。11 月各区之间浮游动物的主要优势种相似性较高。非常有趣的现象是，在各区都出现了双壳类幼体，非养殖区的丰度最高（141.3 个/m³），其次是贝藻区（64.8 个/m³），贝类区最低，丰度仅为 0.6 个/m³。

表 3-18　桑沟湾秋季小型浮游动物的群落结构特征

单位：个/m³

种名	非养殖区	海带区	贝藻区	贝类区
夜光虫 Noctiluca scientillans	304.3	24.5		
中华哲水蚤 Calanus sinicus	16.8	50.3	23.2	6.6
双毛纺锤水蚤 Acartia bifilosa	43.5	19.2	11.4	15.0
太平洋纺锤水蚤 Acartia pacifica				1.7
小拟哲水蚤 Paracalanus parvus	587.0	689.4	394.1	140.6

（续）

种名	非养殖区	海带区	贝藻区	贝类区
钳形歪水蚤 *Tortanus forcipatus*			1.1	
瘦歪水蚤 *Tortanus gracilis*	3.3			
捷氏歪水蚤 *Tortanus derjugini*			0.5	
背针胸刺水蚤 *Centropages dorsispinatus*			0.6	
真刺唇角水蚤 *Labidocera euchaeta*	4.3	0.3	0.5	
双刺唇角水蚤 *Labidocera bipinnata*		0.3		
近缘大眼剑水蚤 *Corycaeus affinis*	32.6		4.5	0.6
拟长腹剑水蚤 *Oithona similis*	369.6	52.7	59.8	20.4
太平真宽水蚤 *Eurytemora pacifica*				0.6
强额拟哲水蚤 *Paracalanus crassirostris*				1.5
无节幼体 Nauplius	1.1			
长额刺糠虾 *Acanthomysis longirostris*				1.2
强壮箭虫 *Sagitta crassa*	92.4	67.1	67.7	22.5
肥胖箭虫 *Sagitta enflata*	0.5	0.2		
异体住囊虫 *Oikopleura dioica*	10.9	5.8	8.3	5.2
薮枝螅水母 *Obelia* sp.		0.8		
半球杯水母 *Phialidium hemisphaericum*		0.8		
球形侧腕水母 *Pleurobrachia globosa*	0.5			
瓜水母 *Beroe cucumis*	3.3	8.5	4.3	
四辐枝管水母 *Proboscidactyla flavicirra*		0.3		
四手触丝水母 *Lovenella assimilis*		0.2		
端足类幼体 Gammaridae larva			0.6	7.9
瓣鳃类幼体 Lamellibranchiata larva	141.3	19.6	64.8	0.6
种类数（种）	15	16	14	13
总个体数（个/m³）	1 611.4	940.0	641.4	224.4

4. 冬季（1月）

各区的种类数较少，共有小型浮游动物 14 种（表 3 - 19）。优势种类相似度高，非养殖区和贝类区的主要优势种完全相同，都为小拟哲水蚤、强壮箭虫和中华哲水蚤。而且，小拟哲水蚤和强壮箭虫也是海带区和贝藻区的主要优势种类。

表 3-19　桑沟湾冬季小型浮游动物的群落结构特征

单位：个/m³

种名	非养殖区	海带区	贝藻区	贝类区
夜光虫 *Noctiluca scientillans*	8.0	3.7		
中华哲水蚤 *Calanus sinicus*	18.2	2.9	5.1	13.3
双毛纺锤水蚤 *Acartia bifilosa*	5.7	4.6	13.9	5.1
墨氏胸刺水蚤 *Centropages mcmurrichi*	1.7	0.7		
小拟哲水蚤 *Paracalanus parvus*	229.0	86.4	208.1	29.1
真刺唇角水蚤 *Labidocera euchaeta*			0.6	
近缘大眼剑水蚤 *Corycaeus affinis*	7.4	2.3	6.7	
拟长腹剑水蚤 *Oithona similis*	17.0	11.2	31.8	3.8
猛水蚤 *Harpacticoida* spp.		0.7	1.7	6.3
长额刺糠虾 *Acanthomysis longirostris*	0.6			
强壮箭虫 *Sagitta crassa*	35.8	13.0	49.1	5.4
端足类幼体 *Gammaridae larva*	1.7	0.7	56.5	1.3
腹足类幼体 *Gastropoda larva*		0.2	0.5	
棘皮动物幼体 *Ophioplutous larva*	0.6			
种类数（种）	11	11	10	7
总个体数（个/m³）	325.7	126.4	374.0	64.3

从 4 个季节的数据来看，常见种类的变化不大，小拟哲水蚤、拟长腹剑水蚤、强壮箭虫等在四季都出现，丰度较高。夜光虫也被称为夜光藻，是近岸低盐赤潮种。在桑沟湾春季达到数量高峰（丰度达 5.5×10^3 个/m³），密集区主要分布在非养殖区和贝藻区，其次在海带区，贝类区最低；夏季该种类数量急剧下降，在各区都没有检测到；秋季和冬季丰度略有回升。

小型浮游动物的种类数在非养殖区与贝类区的季节变化趋势相同，都呈现秋高冬低的特点（图 3-23）。尽管如此，贝类区的种类数显著低于非养殖区（4 个航次的 RM 值都为负值，并且差异性显著）。海带区和贝藻区的小型浮游动物的种类数，在秋季和冬季显著低于非养殖区。

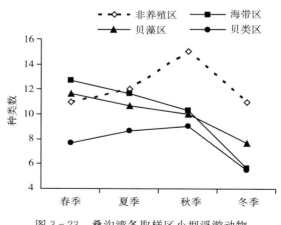

图 3-23　桑沟湾各取样区小型浮游动物种类数的季节变化

（二）小型浮游动物的丰度变化

各取样区小型浮游动物丰度的季节变化趋势一致，春季的丰度最高，随后开始降低，直至冬季达最低值（图3-24）。贝类区的丰度显著低于非养殖区，4个航次的RM值都为负值，并且差异显著；秋季和冬季，海带区的小型浮游动物的丰度也显著低于非养殖区。

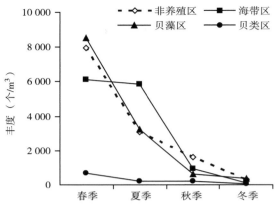

图3-24　桑沟湾小型浮游动物丰度的季节变化

（三）小型浮游动物生物多样性的季节变化

如图3-25所示，春季小型浮游动物的生物多样性指数平均为0.875。其中，贝类区的生物多样性指数最低，平均为0.5±0.1；海带区的生物多样性指数最高，平均为1.1±0.02。夏季全湾小型浮游动物的生物多样性指数平均为1.25，其中，贝类区最低，非养殖区最高，相差1倍，分别为0.9±0.2和1.8。秋季的生物多样性指数平均为1.35，其中，海带区最低，为1.0±0.2；非养殖区最高，为1.7。冬季桑沟湾小型浮游动物的生物多样性指数平均为1.15，其中，海带区最低，为0.8±0.6；贝类区最高，平均为1.4±0.05。总体来讲，季节变化特征是秋季＞夏季＞冬季＞春季；区域变化特征为非养殖区＞贝藻区＞海带区＝贝类区。在贝类生长的旺季（春季和夏季），贝类区的小型浮游动物生物多样性较低；在

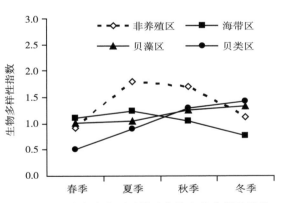

图3-25　桑沟湾小型浮游动物的生物多样性指数

大型藻类海带生长的旺季（秋季和冬季），海带区小型浮游动物的生物多样性指数最低。桑沟湾小型浮游动物的均匀度指数为0.3～0.8（表3-20）。

表3-20　桑沟湾小型浮游动物的群落结构特征

季节	群落结构	非养殖区	海带区	贝藻区	贝类区	全湾平均
春季	多样性指数	0.9	1.1±0.10	1.0±0.01	0.5±0.51	0.88±0.26
	均匀度指数	0.4	0.4±0.40	0.4±0.41	0.3±0.31	0.38±0.08
	优势度指数	0.9	0.9±0.90	0.9±0.90	0.9±0.90	0.9±0.9

（续）

季节	群落结构	非养殖区	海带区	贝藻区	贝类区	全湾平均
夏季	多样性指数	1.8	1.2±0.22	1.1±0.13	0.9±0.92	1.25±0.23
	均匀度指数	0.7	0.5±0.51	0.4±0.41	0.4±0.41	0.5±0.51
	优势度指数	0.5	0.8±0.81	0.6±0.64	0.8±0.81	0.68±0.19
秋季	多样性指数	1.7	1.0±0.02	1.3±0.32	1.3±0.32	1.33±0.29
	均匀度指数	0.6	0.5±0.08	0.61±0.29	0.61±0.29	0.58±0.18
	优势度指数	0.6	0.8±0.80	0.8±0.81	0.8±0.81	0.75±0.09
冬季	多样性指数	1.1	0.8±0.86	1.3±0.31	1.4±0.41	1.15±0.05
	均匀度指数	0.5	0.4±0.42	0.7±0.71	0.8±0.80	0.6±0.60
	优势度指数	0.8	0.9±0.91	0.7±0.70	0.7±0.70	0.78±0.04

夏季养殖区的均匀度指标各区比较接近；冬季各区的差异较大，贝类区和贝藻区的均匀度指数达 0.8±0.80 和 0.7±0.71，而非养殖区和海带区仅为 0.5 和 0.4±0.42。春季各区的优势度完全一致，秋季湾内的养殖区较接近，夏季非养殖区的优势度最低，冬季各区略有差异。

统计分析小型浮游动物的种类数、丰度、生物多样性指数、均匀度及优势度 5 个参数的变异情况（表 3-21），海带区、贝藻区及贝类区显著变异的频率分别为 60%、45% 和 75%。贝类区各项指标发生显著性变化的概率较高，尤其是在春季和夏季，贝类区的几乎所有指标（4 月份的优势度除外）都与非养殖区之间存在显著性差异。

表 3-21　桑沟湾调查海区小型浮游动物种类数、丰度、多样性等参数变异情况

参数		海带区		贝藻区		贝类区	
		RM	95%CI	RM	95%CI	RM	95%CI
4月	种类数	0.14	[−0.14～0.41]	0.054	[0～0.11]	−0.27	[−0.49～(−0.054)]*
	丰度	−0.57	[−1.27～0.14]	0.16	[−1.30～1.63]	−2.24	[−2.34～(−2.14)]*
	多样性指数	0.14	[0.12～0.15]*	0.077	[−0.039～0.19]	−0.30	[−0.40～(−0.20)]*
	均匀度指数	0.11	[0.026～0.19]*	0.063	[−0.069～0.20]	−0.23	[−0.40～(−0.051)]*
	优势度指数	−0.059	[−0.078～(−0.041)]*	−0.028	[−0.074～0.018]	0.013	[−0.031～0.058]
7月	种类数	−0.027	[−0.46～0.41]	−0.11	[−0.41～0.19]	−0.27	[−0.38～(−0.16)]
	丰度	0.85	[−0.25～1.94]	0.055	[−0.56～0.67]	−0.88	[−0.89～(−0.86)]*
	多样性指数	−0.40	[−0.56～(−0.25)]*	−0.54	[−0.81～(−0.27)]*	−0.066	[−0.83～(−0.48)]*
	均匀度指数	−0.37	[−0.53～(−0.21)]	−0.50	[−0.69～(−0.32)]*	−0.56	[−0.75～(−0.36)]*
	优势度指数	0.44	[0.30～0.58]*	0.16	[−0.47～0.79]	0.47	[0.29～0.64]*
11月	种类数	−0.38	[−0.52～(−0.24)]*	−0.41	[−0.60～(−0.22)]*	−0.49	[−0.65～(−0.33)]*
	丰度	−0.21	[−0.37～(−0.042)]*	−0.30	[−0.36～(−0.24)]*	−0.43	[−0.45～(−0.40)]*
	多样性指数	−0.48	[−0.62～(−0.34)]*	−0.33	[−0.54～(−0.13)]*	−0.30	[−0.46～(−0.14)]*
	均匀度指数	−0.32	[−0.49～(−0.16)]*	−0.14	[−0.41～0.12]	−0.055	[−0.33～0.22]
	优势度指数	0.34	[0.27～0.40]*	0.23	[0.054～0.41]*	0.24	[0.091～0.39]*

（续）

参数		海带区		贝藻区		贝类区	
		RM	95%CI	RM	95%CI	RM	95%CI
1月	种类数	−0.44	［−0.77～（−0.10）］*	−0.27	［−0.33～（−0.22）］*	−0.60	［−0.90～（−0.30）］*
	丰度	−0.061	［−0.10～（−0.021）］*	0.015	［−0.012～0.041］	−0.087	［−0.10～（−0.074）］*
	多样性指数	−0.25	［−0.75～0.24］	0.16	［0.082～0.24］*	−0.12	［−0.81～0.57］
	均匀度指数	−0.089	［−0.54～0.36］	0.34	［0.24～0.45］*	0.17	［−0.86～1.19］
	优势度指数	0.13	［−0.060～0.30］	−0.11	［−0.18～（−0.038）］*	−0.52	［−1.14～0.10］

注：＊表示变异显著（$P<0.05$）。

二、大型浮游动物

（一）大型浮游动物的种类组成及季节变化

4个航次调查共计鉴定出大型浮游动物50种（包括浮游幼体和仔鱼10类）。单航次调查物种数为16～34种，其中，夏季的种类数最多，冬季最少。各季节的详细情况如下。

1. 春季

春季共计鉴定出大型浮游动物24种（表3-22）。各区大型浮游动物的主要优势种类组成基本相同，在海带区和贝藻区占绝对优势的夜光虫，在贝类区的优势度较低。强壮箭虫成为非养殖区和贝类区的第一优势种。贝类区的种类数和丰度都显著低于非养殖区；海带区和贝藻区尽管大型浮游动物的种类数显著低于非养殖区，但是丰度却显著高于非养殖区，主要是由于夜光虫的丰度较高，因此，也导致了这两个区的生物多样性显著低于非养殖区。

表3-22　桑沟湾春季大型浮游动物的群落结构特征

单位：个/m³

种名	非养殖区	海带区	贝藻区	贝类区
夜光虫 *Noctiluca scientillans*	57.1	280.7	314.3	3.3
中华哲水蚤 *Calanus sinicus*	32.9	65.4	63.6	4.6
双毛纺锤水蚤 *Acartia bifilosa*	2.1	9.7	19.7	6.1
墨氏胸刺水蚤 *Centropages mcmurrichi*	16.1	7.5	21.5	
小拟哲水蚤 *Paracalanus parvus*		0.2		
真刺唇角水蚤 *Labidocera euchaeta*			0.4	
近缘大眼剑水蚤 *Corycaeus affinis*		0.1		
拟长腹剑水蚤 *Oithona similis*	0.3			

（续）

种名	非养殖区	海带区	贝藻区	贝类区
太平真宽水蚤 *Eurytemora pacifica*	0.5		3.0	0.3
猛水蚤 *Harpacticoida* spp.	13.2	36.0	33.2	5.9
鼓虾 *Alpheidae* spp.		0.1		2.0
长额刺糠虾 *Acanthomysis longirostris*		0.1		0.3
漂浮囊糠虾 *Gastrosaccus pelagicus*	0.3	0.6		
东方新糠虾 *Neomysis orientalis*	0.3	1.0		
强壮箭虫 *Sagitta crassa*	81.8	59.4	36.7	11.4
长尾类幼体 *Macrurna larva*	0.3	0.6	2.7	1.3
薮枝螅水母 *Obelia* sp.	0.8		0.8	
日本长管水母 *Sarsia nipponica*				
仔鱼 fish larva				0.3
端足类幼体 *Gammaridae larva*	1.1	1.2	0.8	6.1
棘皮动物幼体 *Ophioplutous larva*	0.5			
糠虾幼体 *Mysis larva*				
涟虫 *Cumacea* spp.				
细长脚绒 *Themisto gracilipes*	0.3	0.7	0.4	
种类数（种）	15	15	12	11
总个体数（个/m³）	207.6	463.3	497.1	41.6

2. 夏季

夏季共计鉴定出大型浮游动物 34 种（表 3-23）。非养殖区和海带区的优势种各有 3 种，中华哲水蚤成为非养殖区的第一优势种，优势度 $Y=0.63$；贝藻区的优势种有 5 种，同海带区一样，强壮箭虫为第一优势种。海带区和贝藻区的丰度却显著低于非养殖区；贝类区的种类组成平均仅为 4 种，主要优势种与非养殖区完全不同，不论是种类数和丰度都显著低于非养殖区。同春季相比，除非养殖区的丰度略有提高外，其他各区的种类数和丰度都低于春季的同类指标。

表 3-23　桑沟湾夏季大型浮游动物的群落结构特征

单位：个/m³

种名	非养殖区	海带区	贝藻区	贝类区
中华哲水蚤 *Calanus sinicus*	151.9	54.4	7.1	
双毛纺锤水蚤 *Acartia bifilosa*		0.1		

（续）

种名	非养殖区	海带区	贝藻区	贝类区
太平洋纺锤水蚤 *Acartia pacifica*				0.3
墨氏胸刺水蚤 *Centropages mcmurrichi*	3.1	4.9	0.2	
小拟哲水蚤 *Paracalanus parvus*		0.2	8.8	
真刺唇角水蚤 *Labidocera euchaeta*	0.3			
双刺唇角水蚤 *Labidocera bipinnata*	0.6	0.4	0.4	
近缘大眼剑水蚤 *Corycaeus affinis*		0.3		
猛水蚤 *Harpacticoida* spp.		0.1		0.2
长臂虾 *Palaemon* spp.		0.3	0.5	
鼓虾 Alpheidae spp.	0.3			
太平洋磷虾 *Euphausia pacifica*		0.2	0.2	
长额刺糠虾 *Acanthomysis longirostris*	6.4	0.9	0.6	
粗糙刺糠虾 *Acanthacuysis aspera*			0.2	
漂浮囊糠虾 *Gastrosaccus pelagicus*	0.8	0.1		
日本新糠虾 *Neomysis japonicus*				
小红糠虾 *Erythrops minuta*			0.2	
强壮箭虫 *Sagitta crassa*	72.2	76.0	25.1	
长尾类幼体 Macrurna larva	2.8	1.2	2.2	1.5
短尾类幼体 Brachyura larva		0.7		5.3
阿利玛幼虫 Alima larva				
海月水母 *Aurelia aurita*				0.2
日本长管水母 *Sarsia nipponica*			0.2	
半球杯水母 *Phialidium hemisphaericum*		0.2		
乘山杯水母 *Phiahldium chengshanense*			0.2	
小介穗水母 *Podocoryne minima*			0.4	
仔鱼 fish larva	0.4	0.6		1.7
端足类幼体 Gammaridae larva	0.3	1.3	6.8	
腹足类幼体 Gastropoda larva		0.1		
糠虾幼体 Mysis larva				0.6
涟虫 Cumacea spp.	0.3	0.3	0.2	
细螯虾 *Leptochela gracilis*	0.3	0.4		
细长脚绒 *Themisto gracilipes*	2.5			
短尾类大眼幼体 Megalops larva		0.2		
种类数（种）	14	21	16	7
总个体数（个/m³）	242.2	142.9	53.3	9.8

3. 秋季

秋季共计鉴定出大型浮游动物 25 种（表 3 - 24）。强壮箭虫成为各区的第一优势种。大型浮游动物的种类数和丰度都低于夏季。各区的主要优势种类组成相似，海带区的种类数略低于非养殖区，而贝藻区和贝类区的种类数显著低于非养殖区。海带区和贝藻区的大型浮游动物丰度略高于非养殖区，差异不显著；但贝类区的丰度却显著低于非养殖区，其他群落结构指标基本相同。

表 3 - 24　桑沟湾秋季大型浮游动物的群落结构特征

单位：个/m³

种名	非养殖区	海带区	贝藻区	贝类区
夜光虫 *Noctiluca scientillans*		0.6	17.8	
中华哲水蚤 *Calanus sinicus*	18.3	26.8	26.9	2.6
墨氏胸刺水蚤 *Centropages mcmurrichi*			0.2	
小拟哲水蚤 *Paracalanus parvus*		0.2	1.2	0.8
钳形歪水蚤 *Tortanus forcipatus*	0.2	0.4		
背针胸刺水蚤 *Centropages dorsispinatus*				0.2
汤氏长足水蚤 *Calanopia thompsoni*	0.7			
真刺唇角水蚤 *Labidocera euchaeta*	0.7	0.8	0.7	0.2
双刺唇角水蚤 *Labidocera bipinnata*		0.1		
近缘大眼剑水蚤 *Corycaeus affinis*	0.2			
猛水蚤 *Harpacticoida* spp.	0.2	0.4		0.4
长额刺糠虾 *Acanthomysis longirostris*			0.6	
漂浮囊糠虾 *Gastrosaccus pelagicus*	2.8	0.3		
拿卡箭虫 *Sagitta nagae*	1.3	0.1		
强壮箭虫 *Sagitta crassa*	31.3	34.1	45.9	24.7
肥胖箭虫 *Sagitta enflata*		0.2		
长尾类幼体 *Macrurna larva*				0.4
异体住囊虫 *Oikopleura dioica*			1.1	0.9
半球杯水母 *Phialidium hemisphaericum*		0.2		
球形侧腕水母 *Pleurobrachia globosa*			0.2	
瓜水母 *Beroe cucumis*	0.9	1.3	0.6	
四辐枝管水母 *Proboscidactyla flavicirra*	0.4		0.2	
端足类幼体 *Gammaridae larva*		1.5	0.4	1.4
多毛类幼体 *Polychaeta larva*	0.2	0.1		
细长脚绒 *Themisto gracilipes*		0.1	0.2	
种类数（种）	12	16	13	9
总个体数（个/m³）	57.2	67.2	96	31.6

4. 冬季

冬季共计鉴定出大型浮游动物 16 种（表 3-25）。大型浮游动物的种类数和丰度进一步降低，为 4 个航次的最低值。强壮箭虫依然是各区的第一优势种，并且优势度 Y＞0.7，占绝对优势。贝类区的种类数和丰度都显著低于非养殖区；海带区和贝藻区的种类数和丰度，与非养殖区之间没有显著性差异。由于海带区的强壮箭虫的丰度较高，使该区的生物多样性指数显著低于非养殖区。

表 3-25 桑沟湾冬季大型浮游动物的群落结构特征

单位：个/m³

种名	非养殖区	海带区	贝藻区	贝类区
夜光虫 Noctiluca scientillans		0.8		
中华哲水蚤 Calanus sinicus		0.2	0.3	0.3
双毛纺锤水蚤 Acartia bifilosa		0.1		
墨氏胸刺水蚤 Centropages mcmurrichi	0.7	0.2	0.2	
真刺唇角水蚤 Labidocera euchaeta	1.8	0.6	2.1	1.3
近缘大眼剑水蚤 Corycaeus affinis	0.2	0.3	1.1	
猛水蚤 Harpacticoida spp.	0.2	1.7	2.1	0.4
长额刺糠虾 Acanthomysis longirostris	0.5	0.1		
漂浮囊糠虾 Gastrosaccus pelagicus		0.6		
强壮箭虫 Sagitta crassa	18.6	32.9	22.9	7.8
球形侧腕水母 Pleurobrachia globosa		0.2		
瓜水母 Beroe cucumis		0.1		
仔鱼 fish larva	1.6	0.5	0.6	
端足类幼体 Gammaridae larva	1.4	7.8	1.0	0.9
多毛类幼体 Polychaeta larva			0.2	
细长脚绒 Themisto gracilipes	0.2			
种类数（种）	9	14	9	5
总个体数（个/m³）	25.2	46.1	30.5	10.7

强壮箭虫和中华哲水蚤在 4 个航次的各区都成为主要优势种，桑沟湾大型浮游动物的群落演替季节性和区域性不明显。尽管主要优势种类相近，但是，大型浮游动物的群落结构还是存在一定的区域性。在种类数上，4 个航次各个区由大到小的顺序都是非养殖区＞海带区＞贝藻区＞贝类区；也就是种类数有从湾口向湾内递减的趋势。在丰度上，4月和 11 月的贝藻区高于同比的其他区域，贝类区的丰度在 4 个航次都很低，低于所有其他区域（图 3-26）。

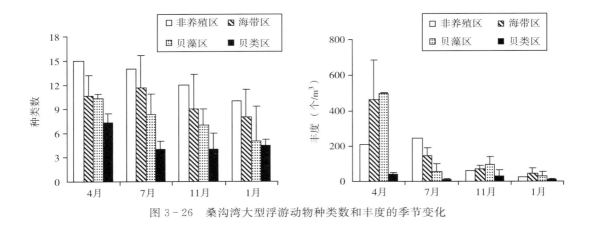

图 3 - 26　桑沟湾大型浮游动物种类数和丰度的季节变化

（二）大型浮游动物数量及丰度的季节变化

从个体的数量来看，目前桑沟湾调查海区大型浮游动物的优势种以中华哲水蚤、强壮箭虫、小拟哲水蚤、拟长腹剑水蚤为主。

从数量丰度来看，季节变化和区域分布方面有一定的差异（图 3 - 27）。2006—2007 年的高值出现在 4 月，低值在 1 月；非养殖区、海带区、贝藻区及贝类区大型浮游动物丰度的年平均值分别为 132 个/m³、179 个/m³、169 个/m³ 及 23 个/m³，贝类区的丰度在四季都是最低的，4 月海带区和贝藻区的丰度较高，7 月以非养殖区为最高，从湾口向湾内递减。

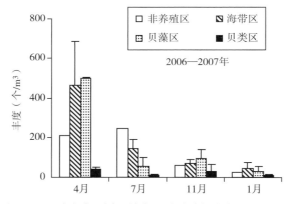

图 3 - 27　桑沟湾不同区域大型浮游动物丰度的季节变化

（三）大型浮游动物的群落结构

大型浮游动物的生物多样性指数，季节变化从大到小为春季＞夏季＞秋季＞冬季；区域分布的趋势存在季节性差异，春季为非养殖区＞贝类区＞贝藻区＞海带区；夏季为贝藻区＞贝类区＞非养殖区＞海带区；秋季为非养殖区＞贝藻区＝海带区＞贝类区；冬季为非养殖区＞贝类区＞海带区＞贝藻区。总体上，非养殖区的生物多样性指数较高

（四季的平均值为 1.23），海带区最低（平均为 0.97），如表 3-26 所示。

表 3-26　桑沟湾大型浮游动物的群落结构特性

季节	群落结构	非养殖区	海带区	贝藻区	贝类区	全湾平均
春季	多样性指数	1.6	1.2±0.3	1.3±0.2	1.4±0.2	1.37±0.17
	均匀度指数	0.6	0.5±0.09	0.5±0.08	0.7±0.2	0.58±0.096
	优势度指数	0.7	0.8±0.08	0.8±0.06	0.7±0.1	0.75±0.058
夏季	多样性指数	1.0	0.8±0.1	1.4±0.2	1.1±0.4	1.08±0.25
	均匀度指数	0.4	0.4±0.06	0.7±0.1	0.8±0.2	0.57±0.21
	优势度指数	0.9	0.9±0.03	0.7±0.1	0.8±0.2	0.83±0.096
秋季	多样性指数	1.2	1.1±0.2	1.1±0.1	0.8±0.3	1.05±0.17
	均匀度指数	0.5	0.5±0.02	0.6±0.07	0.6±0.2	0.55±0.058
	优势度指数	0.9	0.9±0.03	0.8±0.1	0.9±0.1	0.88±0.05
冬季	多样性指数	1.1	0.8±0.2	0.6±0.5	0.9±0.05	0.85±0.21
	均匀度指数	0.5	0.4±0.2	0.3±0.3	0.6±0.1	0.45±0.13
	优势度指数	0.8	0.9±0.03	0.6±0.5	0.8±0.03	0.78±0.13

4 个季节贝类区大型浮游动物的种类数都显著低于非养殖区（表 3-27），丰度的 RM 值都为负值，4 月、7 月和 1 月贝类区的丰度都显著低于非养殖区。大型浮游动物群落各项指标的变异性频率，海带区在 4 月变异性频率最高，7 月和 11 月较低；贝藻区在 7 月的变异性频率最高，1 月最低；贝类区在各季的变异性频率相近，7 月略高。

表 3-27　桑沟湾调查海区大型浮游动物种类数、丰度、多样性、均匀度及

优势度指数的相对变异指数平均值（RM）及 95% 置信区间（CI）

参数		海带区		贝藻区		贝类区	
		RM	95%CI	RM	95%CI	RM	95%CI
4 月	种类数	−0.34	[−0.57~(−0.11)]*	−0.37	[−0.42~(−0.32)]*	−0.60	[−0.71~(−0.50)]*
	丰度	1.93	[0.007 8~3.85]*	2.18	[2.12~2.24]*	−1.25	[−1.33~(−1.18)]*
	多样性指数	−0.32	[−0.64~(−0.006 4)]*	−0.25	[−0.45~(−0.044)]*	−0.092	[−0.26~0.073]
	均匀度指数	−0.18	[−0.40~(−0.046)]	−0.075	[−0.27~0.12]	0.34	[−0.034~0.72]
	优势度指数	0.15	[0.032~0.26]*	0.11	[0.019~0.20]	0.036	[−0.15~0.22]
7 月	种类数	−0.18	[−0.55~0.18]	−0.44	[−0.67~(−0.22)]*	−0.78	[−0.87~(−0.69)]*
	丰度	−0.75	[−1.16~(−0.34)]*	−1.42	[−1.84~(−1.00)]*	−1.75	[−1.78~(−1.72)]*
	多样性指数	−0.12	[−0.25~0.010]	0.33	[0.16~0.50]*	0.11	[−0.27~0.49]
	均匀度指数	−0.046	[−0.19~0.10]	0.64	[0.28~0.99]*	0.90	[0.489~1.33]*
	优势度指数	−0.015	[−0.065~0.035]	−0.26	[−0.40~(−0.12)]*	−0.21	[−0.43~0.000 16]

（续）

参数		海带区		贝藻区		贝类区	
		RM	95%CI	RM	95%CI	RM	95%CI
11月	种类数	−0.24	[−0.63~0.16]	−0.39	[−0.57~(−0.21)]*	0.63	[0.81~(−0.45)]*
	丰度	0.079	[−0.13~0.29]	0.29	[−0.077~0.67]	−0.19	[−0.48~0.10]
	多样性指数	−0.14	[−0.31~0.034]	−0.086	[−0.22~0.050]	−0.38	[−0.68~(−0.072)]*
	均匀度指数	0.015	[−0.033~0.063]	0.20	[0.038~0.36]*	0.26	[−0.15~0.68]
	优势度指数	0.042	[0.004 3~0.081]*	−0.033	[−0.17~0.11]	0.015	[−0.16~0.19]
1月	种类数	−0.16	[−0.47~0.16]	−0.39	[−0.79~0.002 6]	−0.55	[−0.79~(−0.31)]*
	丰度	0.15	[−0.11~0.42]	0.039	[−0.19~0.27]	−0.14	[−0.20~(−0.069)]*
	多样性指数	−0.18	[−0.35~(−0.017)]*	−0.37	[−0.883~0.15]	−0.39	[−0.87~0.10]
	均匀度指数	−0.032	[−0.42~0.35]	−0.33	[−0.97~0.31]	−0.13	[−0.98~0.72]
	优势度指数	0.12	[0.084~0.16]*	−0.30	[−0.99~0.40]	−0.30	[−0.99~0.39]

注：＊表示变异显著（$P<0.05$）。

三、桑沟湾浮游动物的长期变化特征

（一）桑沟湾浮游动物优势种的长期变化特征

浮游动物是海洋生态系统中承上启下的重要的次级生产力，作为海洋生态系统物质循环和能量流动的关键环节，对初级生产和上层鱼类资源起着重要的调控作用。浮游动物的种类组成、数量和丰度的分布、变动都会对海洋生产力和食物产出功能产生重要的影响。目前，除本文外，未见关于桑沟湾小型浮游动物（Ⅱ型网）的调查和报道。对于大型浮游动物（Ⅰ型网），综合分析 1982 年全国海岸带和滩涂资源综合调查及 1983—1984 年、2006—2007 年、2009—2010 年的报道结果，我们发现，1982 年桑沟湾发现浮游动物 31 种，1983—1984 年调查鉴定到种的浮游动物共计 45 种，2006—2007 年共鉴定出浮游动物 40 种，2009—2010 年 6 个航次鉴定浮游动物 40 种。虽然由于调查站位、种类鉴定人员等方面的误差，种类数上可能存在一定的误差，不能从单一物种数这一指标来确定浮游动物的变化特征，但是，总体上，桑沟湾大型浮游动物的种类数为 30~50 种。

从优势种来看，1982 年大型浮游动物优势种主要为中华哲水蚤、强壮箭虫、鸟喙尖头蚤等；1983—1984 年的结果显示，桑沟湾浮游动物的种类组成与外海区有较大的差别，组成比较单纯，多数为近岸低盐种类，优势种为强壮箭虫、中华哲水蚤、克氏纺锤水蚤、拟长腹剑水蚤、近缘大眼水蚤、鸟喙尖头蚤等。本文调查的优势种主要为强壮箭虫、中华哲水蚤等；2009—2010 年的优势种为强壮箭虫、中华哲水蚤、小拟哲水蚤、洪氏纺锤水蚤（原名双刺纺锤水蚤）和拟长腹剑水蚤。总体来讲，桑沟湾浮游动物优势种的类群比较稳定，强壮箭虫是 4 个季节的优势种，中华哲水蚤和小拟哲水蚤为第二优势类群。

（二）桑沟湾浮游生物群落结构变化及养殖对其的影响

多样性指数能够反映群落结构的复杂程度，关系到生态系统的结构与功能。通常环境条件越稳定，浮游生物的多样性指数越高。生物多样性指数越高，浮游生物群落对环境的反馈功能越强，使群落结构得到较大的缓冲，群落的稳定性越好。本研究结果显示，不论是浮游植物还是浮游动物的生物多样性指数，都是非养殖区最高，其次是贝藻区，贝类区的生物多样性指数较低。反映了非养殖区的浮游生物群落结构相比较而言更为稳定，贝类区浮游生物的群落结构稳定性较差。贝类区靠近桑沟湾的岸边，受陆地径流等的影响较大，环境稳定性相对较差，这可能是导致其多样性指数较低的原因之一。贝类的养殖活动可能是更为主要的原因。许多的研究结果显示，滤食性贝类具有一定的食物选择性，由于贝类长期摄食的影响，海区的浮游植物趋向小型化。室内的研究结果也证实，贝类通过对颗粒物质的选择性摄食，倾向于摄食直径大于 3 μm 的颗粒，使得浮游植物优势种向微型（包括蓝细菌）浮游植物转移（Newell，2004）。贝类养殖区微型浮游动物的丰度显著低于非养殖区，这种现象可能与贝类及附着生物的摄食压力有关，该结果与国外的一些研究相一致。据报道，尽管浮游植物是贝类的主要食物来源，但是，贝类也摄食细菌（Langdon & Newell，1990；Kreeger & Newell，2001）或不同大小的浮游动物，在某些季节，浮游动物可能成为贝类能量的主要来源（Davenport et al.，2000；Zeldis et al.，2004）。在实验室内测定的结果显示，壳长 30～35 mm 的紫贻贝能够摄食直径 300 μm 的卤虫无节幼体和 1～1.2 mm 桡足类。滤食性贝类还同浮游动物存在食物竞争的关系，在浮游植物成为限制因子时，影响浮游动物种群的生长。

桑沟湾贝类区的浮游生物的种类数少，优势种单一且优势度较大，因此，长期的贝类养殖活动，引起贝类区的浮游植物群落结构的变化，浮游植物生物多样性降低，水域食物链趋向简单化，生态系统进行自我调节和抵御外界扰动的能力减弱，因而更易引发赤潮。2006 年 7 月，桑沟湾的贝类区曾发生中肋骨条藻赤潮，尽管发生的面积较小，危害较轻，但是，这也可能是生态系统结构与功能变化的信号，应引起关注。

第四节　大型底栖动物

大型底栖动物作为海洋生态系统的重要组成部分，是海洋动物中种类最多、生态关系最为复杂的类群，在海洋生态系统物质循环和能量流动中起着举足轻重的作用。由于其生活相对稳定（固定底内或短距离移动），区域性强，回避环境恶化的能力较弱，且不同种类对环境胁迫承受能力具有差异性，因此其种群数量变化对环境污染的指示作用具有综合性和持续性。目前，国外对大型底栖动物群落的研究也多用来反映海洋底质环境的变化。因此，对大型底栖动物群落特征的研究，不仅可以为海湾渔业资源变化提供基础资料，也可以反映海洋生态环境质量状况。我国对海洋大型底栖动物的研究始于20世纪50年代的全国海洋调查，而与养殖活动有关的大型底栖动物群落特征研究较少，主要在象山港、乐清湾、大亚湾和福建的三都澳有过研究报道。桑沟湾是我国北方海水养殖的典型海湾，养殖规模大，养殖面积达到全湾的70%。

一、调查与分析方法

于2016年9月1—2日在桑沟湾大规模筏式贝藻养殖区进行一个航次的采样，调查站位覆盖藻类养殖区（Y3）、贝藻混养区（Y5、Y8、Y10、Y12）及贝类养殖区（Y13、Y14、Y16、Y18、Y19），站位设置见图3-28（左）。贝类养殖周期在4—11月，藻类养殖周期在10月至次年6月。于2016年9月1—2日和11月16日在网箱养殖区分别进行两个航次的采样，采样站位分布见图3-28（右）。网箱养殖周期为5—11月初。

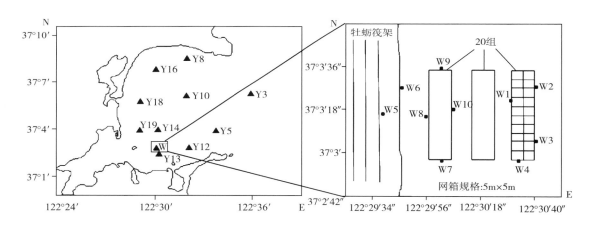

图3-28 桑沟湾底栖动物采样调查站位

同时，采用美国YSI-6600多参数水质分析仪同步测定底层水体的温度、盐度、溶氧、pH等环境参数。另外，再用采泥器采集一个表层沉积物样，将0～2cm表层沉积物分离出来，密封低温带回实验室冰冻保存。湿泥样用来测定硫化物含量和粒径分析。硫化物含量用微电极法测定；粒径组成用英国的Malvern Marstersizer 3000激光粒度仪测定。干泥样用来测定有机质、有机碳、总氮、总磷含量。有机质含量通过灰化法测定；有机碳、总氮通过将干泥样酸化并洗涤后用Isoprime-100同位素质谱仪测定；总磷用灰化法测定。

二、种类组成

桑沟湾各航次大型底栖动物种名录见表3-28。

表3-28 桑沟湾各航次大型底栖动物种名录

中文名	拉丁文名	9月贝藻区	9月网箱区	11月网箱区
多毛类（Polychaetes）				
西方似蛰虫	*Amaeana occidentalis*	＋	＋	＋
指节扇毛虫	*Ampharete anobothrusiformis*	＋	＋	＋
独指虫	*Aricidea fragilis*	＋＋	＋	＋
小头虫	*Capitella capitata*	＋	＋	＋
刚鳃虫	*Chaetozone setosa*	＋＋＋	＋＋	
足刺拟单指虫	*Cossurella aciculata*	＋		
智利巢沙蚕	*Diopatra chiliensis*	＋	＋	
伪豆维虫	*Dorvillea* cf. *pseudorubrovittata*	＋		
锥唇吻沙蚕	*Glycera onomichinensis*	＋		
寡节甘吻沙蚕	*Glycinde gurjanovae*	＋	＋	＋＋
异足索沙蚕	*Lumbrineris heteropoda*	＋	＋＋＋	＋＋＋
长叶索沙蚕	*Lumbrineris longiforlia*	＋＋＋	＋＋	
中蚓虫	*Mediomastus* sp.	＋＋	＋	＋
寡鳃齿吻沙蚕	*Nephtys oligobranchia*	＋		＋
狭细蛇潜虫	*Ophiodromus angustifrons*	＋	＋	＋
拟特须虫	*Paralacydonia paradoxa*	＋		
副栉虫	*Paramphicteis* sp.	＋		
尖刺缨虫	*Potamilla acuminata*	＋	＋	＋
稚齿虫	*Prionospio* sp.	＋	＋	
尖锥虫	*Scoloplos armiger*	＋＋	＋	＋
深钩毛虫	*Sigambra bassi*	＋		
不倒翁虫	*Sternaspis scutata*	＋		
梳鳃虫	*Terebellides stroemii*		＋	
模裂虫	*Typosyllis* sp.	＋	＋	＋
双栉虫	*Ampharete* sp.		＋	＋
乳突半突虫	*Anaitides papillosa*		＋	＋

（续）

中文名	拉丁文名	9月贝藻区	9月网箱区	11月网箱区
蜈蚣欧努菲虫	*Onuphis geophiliformis*		+	+ +
角海蛹	*Ophelina acuminata*		+	+
才女虫	*Polydora* sp.		+	
背褶沙蚕	*Tambalagamia fauveli*		+	+
多丝独毛虫	*Tharyx multifilis*		+ + +	+ + +
丝鳃虫	*Cirratulus cirratus*		+	
渤海格鳞虫	*Gattyana pohailnsis*			+
背鳞虫	*Lepidonotus* sp.			+
沙蚕科一种	*Nereidae* sp.			+
叶须虫科一种	*Phyllodocidae* sp.			+
软体动物（Mollusca）				
双壳类幼体	Bivalvia larva	+		+
腰带螺	*Cingulina cingulata*	+	+	+
微型小海螂	*Leptomya minuta*	+		
江户明樱蛤	*Moerella jedoensis*	+	+	+ +
吻状蛤	*Nuculana* sp.	+		
金星蝶铰蛤	*Trigonothracia jinxingae*	+		
鸟蛤科一种	*Cardiidae* sp.	+	+	
经氏壳蛞蝓	*Philine kinglippini*		+	+
菲律宾蛤仔	*Ruditapes philippinarum*		+	+
脆壳理蛤	*Theora fragilis*		+	
凸壳肌蛤	*Musculus senhousei*			+
滩栖螺科一种	*Batillaria* sp.			+
节肢动物（Arthropoda）				
日本鼓虾	*Alpheus japonicus*	+		
轮双眼钩虾	*Ampelisca cyclops*	+	+	+
强壮藻钩虾	*Ampithoe valida*	+		
日本美人虾	*Callianasa japonica*	+	+	
麦秆虫	*Caprella* sp.	+		
塞切尔泥钩虾	*Eriopisella sechellensis*	+		
滩拟猛钩虾	*Harpiniopsis vadiculus*	+	+	

（续）

中文名	拉丁文名	9月贝藻区	9月网箱区	11月网箱区
日本游泳水虱	*Natatolana japonensis*	+	+	
日本拟背尾水虱	*Paranthura japonica*	+	++	+
镰形叶钩虾	*Jassa falcata*		+	+
日本浪漂水虱	*Cirolana japonensis*		+	+
蜾蠃蜚	*Corophium* sp.		+	+
寄居蟹	*Pagurus* sp.		+	
鲜明鼓虾	*Alpheus heterocarpus*			+
短角双眼钩虾	*Ampelisca brevicornis*			+
全足类（Pycnogonida）				
海蜘蛛	*Pycnogonida*		+	+
棘皮动物（Echinodermata）				
蛇尾幼体	Ophiuroidea larva	+	+	+
滩栖阳遂足	*Amphiura vadicola*	+	+	
中华倍棘蛇尾	*Amphioplus sinicus*		+	+

共鉴定出大型底栖动物 67 种，种类最多的是环节动物门多毛类，共 36 种，占总数的 54%；其次为节肢动物门甲壳类 15 种和全足类 1 种，占 24%；软体动物门 12 种，占 18%；种类最少的是棘皮动物门，仅出现 3 种，占 4%。贝藻养殖区共鉴定出 41 种，9 月和 11 月网箱区分别鉴定出 43 种和 33 种。各个门类种数分布见图 3-29，不同养殖区大型底栖动物种数分布差异较小。

9 月，在种类数量上，筏式贝藻养殖区和网箱区各站位的总种数及各门类种数基本一致（图 3-29），即环节动物多毛类均为 24 种，软体动物均为 6 种，节肢动物门和棘皮动物门在网箱区的总种数均比贝藻区多 1 种。在种类组成上，大型底栖动物存在区域差异，

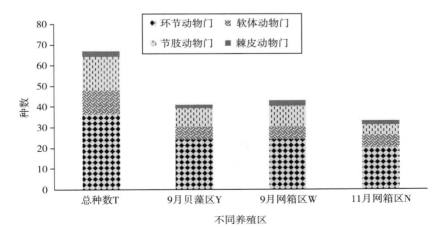

图 3-29　不同养殖区各门类大型底栖动物种数分布

贝藻区和网箱区各站位共有种 26 种；除棘皮动物在贝藻区未出现特有种外，其他各门类在贝藻区和网箱区均有独有种出现。

对网箱养殖区，在种类数量上，9 月和 11 月两次调查各站位的总种数及各门类种数有差异。环节动物多毛类、节肢动物甲壳类及棘皮动物均在 9 月较 11 月分别多 4 种、5 种、1 种，而软体动物种数相同，均为 6 种。在种类组成上，相同区域大型底栖动物又存在季节性差异，9 月和 11 月各站位共有种 23 种；11 月网箱区无特有棘皮动物，其他各门类在这两个时间均有独有种出现。

三、优势种

9 月贝藻区和网箱区及 11 月网箱区的优势种均为 5 种（表 3–29）。

表 3–29 桑沟湾大型底栖动物优势种及其优势度

优势种	优势度		
	9 月贝藻区	9 月网箱区	11 月网箱区
独指虫 *Aricidea fragilis*	0.021	—	—
中蚓虫 *Mediomastus sp.*	0.032	—	—
尖锥虫 *Scoloplos armiger*	0.099	—	—
刚鳃虫 *Chaetozone setosa*	0.409	0.026	—
长叶索沙蚕 *Lumbrineris longiforlia*	0.106	0.025	—
日本拟背尾水虱 *Paranthura japonica*	—	0.022	—
异足索沙蚕 *Lumbrineris heteropoda*	—	0.254	0.470
多丝独毛虫 *Tharyx multifilis*	—	0.230	0.224
寡节甘吻沙蚕 *Glycinde gurjanovae*	—	—	0.022
蜈蚣欧努菲虫 *Onuphis geophiliformis*	—	—	0.032
江户明樱蛤 *Moerella jedoensis*	—	—	0.025

相同季节，优势种存在区域上的差异，贝藻区与网箱区共有优势种只有 2 种，分别为刚鳃虫和长叶索沙蚕，并且，在贝藻养殖区刚鳃虫的优势度达 0.409，明显大于其在网箱区的优势度。同为网箱区，不同季节大型底栖动物的优势种存在差异，在 9 月与 11 月的共有优势种仅有 2 种，为异足索沙蚕和多丝独毛虫，这两个种也都是网箱养殖区在这两个月份的绝对优势种（$Y > 0.2$）；但异足索沙蚕在 11 月的优势度较 9 月有所增加，且较多丝独毛虫优势明显。

四、生物量及丰度

从区域来看，贝藻区大型底栖动物的生物量和丰度均低于网箱区；从季节来看，网箱区秋季的生物量和丰度均低于夏季（图3-30）。

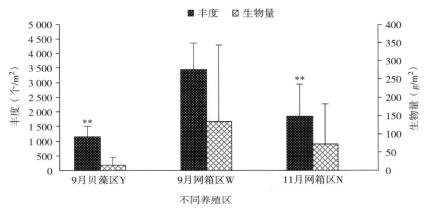

图3-30 不同养殖区大型底栖动物平均丰度和生物量

其中，丰度的差异达到极显著水平（$P < 0.01$）。9月贝藻区、网箱区及11月网箱区各站位的平均生物量分别为（14.66 ± 21.21）g/m^2、（132.79 ± 210.69）g/m^2、（72.30 ± 110.30）g/m^2；其平均丰度分别为（$1\,142 \pm 372.79$）个/m^2、（$3\,444 \pm 911.94$）个/m^2、（$1\,854 \pm 1\,092.28$）个/m^2。多毛类为贝藻区生物量的主要组成部分；软体动物为网箱区生物量的主要组成部分（表3-30），其中起主导作用的是菲律宾蛤仔和江户明樱蛤。

表3-30 各门类大型底栖动物生物量和丰度比重

类别	生物量比重（%）			丰度比重（%）		
	9月贝藻区Y	9月网箱区W	11月网箱区N	9月贝藻区Y	9月网箱区W	11月网箱区N
多毛类	65.26	20.81	26.21	89.81	92.97	90.08
软体动物	1.66	77.98	72.88	2.81	3.60	5.07
节肢动物	23.03	0.95	0.50	5.98	3.08	4.64
棘皮动物	10.04	0.25	0.40	1.41	0.35	0.22

五、群落多样性特征

大型底栖动物群落生物多样性指数见图3-31。对于相同季节，贝藻区的多样性、丰富度和均匀度指数都高于网箱区，其中，均匀度指数差异极显著（$P<0.01$）；对于网箱区，不同季节大型底栖动物的群落特性不同，其中，生物多样性指数和均匀度指数都是11月高于9月，均匀度指数差异显著（$P<0.05$）。

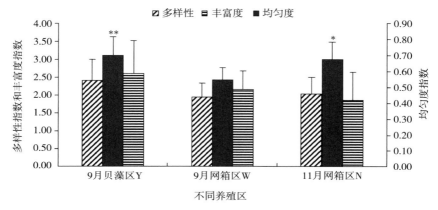

图3-31　不同养殖区大型底栖动物群落多样性特征

六、群落特征与生态环境的关系

同步测定的各区域表层沉积物的理化特征见表3-31。同一季节，pH和Eh在贝藻区较网箱区高，总有机碳、硫化物、总磷在网箱区较贝藻区高；同一区域，与9月相比，Eh在11月（养殖鱼类收获后）有所回升，而有机质及总磷的积累量随养殖时间的增加而增加。底质中值粒径（ϕ）均为中粉沙。

表3-31　各区域表层沉积物理化特征（平均值±标准差）

环境因子	9月贝藻区	N	9月网箱区	N	11月网箱区	N
温度（℃）	23.28±0.21	10	23.87±0.56	10	11.21±0.16	9
pH	8.07±0.16	10	7.91±0.13	10	7.74±0.06	9
氧化还原电位（Eh）	130.12±39.30**	10	69.31±30.78	10	131.22±39.70**	9
有机质（%）	3.76±1.42	10	3.37±0.82	10	3.88±1.62	9
硫化物（×10⁻⁶mg/kg）	16.52±24.05**	10	99.06±97.13	10	83.05±81.43	9
总有机碳（%）	0.35±0.16	10	0.40±0.13	10	—	
总磷（mg/kg）	475.59±55.23**	10	574.63±48.25	10	590.48±35.89*	9
中值粒径 ϕ	22.87±14.11	10	26.41±10.86	10	28.20±11.21	9

注：**表示差异极显著；*表示差异显著。下同。

对桑沟湾两个航次30个站位环境因子与大型底栖动物的相关性分析结果显示，本文的研究发现大型底栖动物生物量与总有机碳（TOC）含量呈显著正相关（$P<0.05$），与

硫化物浓度有极显著的正相关关系（$P<0.01$）。丰度与总磷（TP）含量呈显著正相关（$P<0.05$），与氧化还原电位值（Eh）呈极显著负相关（$P<0.01$）。均匀度指数与硫化物含量呈极显著负相关（$P<0.01$），与 Eh 极呈显著正相关（$P<0.01$）（表 3 - 32）。

表 3 - 32　大型底栖动物群落特征与环境因子的相关关系

指数	相关系数 R^2			
	总磷	总有机碳	硫化物	氧化还原电位
生物量	0.301	0.436*	0.648**	−0.307
丰度	0.350*	0.148	0.567**	−0.665**
多样性	−0.196	−0.317	−0.331	0.340
丰富度	−0.275	−0.185	−0.209	0.006
均匀度	−0.132	−0.332	−0.463**	0.701**

注：＊＊表示极显著相关；＊表示显著相关。

另外，本文的研究发现底栖动物的生物量和硫化物含量有明显的正相关，多样性与硫化物含量呈负相关。王宗兴等 2009 年对桑沟湾底栖动物的研究也证明底栖动物多样性与硫化物含量呈负相关。本文调查的桑沟湾沉积环境中有机碳和硫化物含量很低，均低于国家沉积物质量一类标准（有机碳$<2\%$，硫化物$<300\times10^{-6}$ mg/kg），且丰度与氧化还原电位呈显著负相关。而黄洪辉等调查得知，大亚湾网箱养殖海域沉积物中有机碳和硫化物的超标率分别为88%和100%（黄洪辉 等，2005），说明桑沟湾养殖区底质中的有机碳和硫化物含量，仅对底质中一些敏感种有影响，但对索沙蚕、刚鳃虫、独毛虫等少数优势度明显的耐受种还未能产生负面影响。随着有机质含量的增加，机会种大量繁殖，使大型底栖动物的生物量和丰度增加，高密度的底栖动物和微动物对有机质的矿化分解作用增强，降低了氧化还原电势，进而引起环境中硫化物含量升高，生物多样性和均匀度指数降低（Tomassetti et al.，2016）。

从大型底栖动物的种类来看，本次调查桑沟湾大型底栖动物共 67 种，远低于毛兴华等 1983—1984 年的调查结果（215 种）。以上结果的差异，与取样站位不同有一定的关系。毛兴华等底栖动物调查的站位较多，包括 116 个主站位和 56 个辅助站位，调查区域涵盖了潮间带、潮下带以及浅海区域。因此，分布于潮间带、潮下带的很多经济种类，如泥蚶、刺参、扇贝等，本文并未发现。本文的结果种类数比调查站位相近的王宗兴等 2009 年的调查结果略少（83 种），但是，优势种都是以多毛类为主，尤其是耐污种索沙蚕、刚鳃虫和独毛虫为主要优势种（王宗兴 等，2011）。从生物量来看，贝藻区的生物量低于 2009 年的调查结果，网箱区的生物量高于 2009 年的结果，但是，丰度却显著地提高，主要与多毛类个体的栖息密度大幅度增高有关，同时，也反映了桑沟湾大型底栖动物有小型化的趋势。隋吉星等2009年曾对石岛湾和桑沟湾的大型底栖动物做调查，也发现石岛湾的大型底栖动物以大个体的保守种占优势，而桑沟湾的则以小个体的机会种占优势（隋吉星 等，2013）。从物种组成优势度来看，本次调查桑沟湾优势种多毛类的优势度多在0.2以上，高于隋吉星等2009年的调查结果。通常，受养殖活动影响的特征之一是底栖动物优势种单一，即优势度高；而物种优势度越高，说明群落内物种的生态地位越不平衡，动物群落越不稳定。可见，桑沟湾的养殖活动对底栖动物已经造成一定的影响，大型底栖动物群落稳定性降低。

与同为养殖区的其他海湾相比，本次调查桑沟湾大型底栖动物的生物量、丰度以及多样性指数都高于大亚湾、乐清湾、象山港等养殖区。与三都澳网箱养殖区和宁津近岸海域的生物多样性调查结果接近（表3-33）。

表3-33　桑沟湾不同时间大型底栖动物群落特征与其他调查的比较

养殖区	总种数	生物量（g/m²）	丰度（个/m²）	多样性	丰富度	均匀度	调查时间
桑沟湾	67	75.89	2 199.78	2.17	2.26	0.64	2016 年
桑沟湾	215	105	—	—	—	—	1983—1984 年
桑沟湾	83	20.12	1 162	1.78			2009 年
桑沟湾	—	5.92	1 605				2008—2009 年
大亚湾	64	11.8	53	—	—		2001—2002 年
乐清湾	124	41.95	85	1.55	0.47	0.92	2002—2003 年
象山港	73	62.78	145.33				2009 年
象山港	—	—	—	1.34	0.58	0.86	2006—2008 年
三都澳	—	—	—	2.4	1.68	0.88	2009—2010 年
北黄海		50.6	1 405.75	3.79	4.0	0.75	2006—2007 年
宁津海域	243	9.5	219.6	2.95	2.28	0.84	2007 年

桑沟湾大型底栖动物群落状况较好，可能与海湾的自然条件和水动力状况以及养殖活动的不同有关。桑沟湾以筏式贝藻养殖为主，而大亚湾、乐清湾、象山港等网箱养殖规模较大。但桑沟湾大型底栖动物的多样性、丰富度、均匀度均比北黄海非养殖的自然海区低（表3-33）。虽然同网箱养殖为主的大亚湾、象山港相比，桑沟湾的养殖模式对底栖环境的影响相对较小；但是与自然海域相比，大型底栖动物有小型化倾向，群落稳定性降低，需要予以关注。另外，桑沟湾网箱养殖结束之后，经过生态系统的自我修复和贝藻综合养殖，网箱养殖区底栖动物群落状况有所好转，贝藻综合养殖模式有助于生态环境的改善。

第五节　附着生物

海洋污损生物（fouling organism）也称海洋附着生物，是生长在船底或者海中一切设施表面的动物、植物和微生物的总称。人们从事海上活动后才引起生物污损这一生物学现象，一般都是有害的。污损生物的附着会增加船舶阻力，导致航速降低及燃料消耗增加，加速材料腐蚀速度。污损生物附着在网箱和扇贝笼上，会阻塞网孔，严重影响网箱和扇贝笼内外水体交换，使网箱和扇贝内的溶解氧含量及饵料浓度降低，氨氮等代谢废物不能及时排出而升高，导致养殖生物的生长速度降低，甚至死亡。进入21世纪，世界水产养殖技术迅速发展，污损生物对水产养殖的影响，已受到广泛关注。

桑沟湾是中国北方重要的贝藻养殖基地，对桑沟湾的贝类生理和养殖容量等已有很多研究（方建光 等，1996），但对于附着生物的研究却相对较少，仅方建光等（1996）对桑沟湾浮筏上附着生物对栉孔扇贝养殖容量进行了研究；蒋增杰等于2012关于附着生物对扇贝夏季大规模死亡的影响进行了探讨；齐占会等研究了桑沟湾扇贝网笼上的污损生物；高亚平等曾报道2008—2009年大叶藻上附着生物的群落结构特征。本文于2012年9月到2013年9月对山东桑沟湾附近海域进行了污损生物周年挂网试验，模拟实际生产当中所用的扇贝笼，研究该海域污损生物不同养殖区、表底水层扇贝笼上污损生物的种类组成、优势种、附着季节和生物量分布特征；同时，与2007—2008年试网结果、扇贝笼上的污损生物以及2008—2009年大叶藻体上的污损生物进行比较分析，旨在阐明桑沟湾污损生物的群落演替规律，为进一步研究污损生物对养殖生物与养殖环境的影响提供基础依据。

一、污损生物

（一）试网上大型污损生物的种类组成及季节变化

试网悬挂的站位如图3-32所示。

试网上能够鉴定的大型污损生物28种，隶属8个动物门，包括藻类8种、海绵动物1种、腔肠动物1种、环节动物2种、软体动物3种、苔藓动物5种、甲壳动物5种、尾索动物3种（具体种类见表3-34）。不同月份、不同养殖区污损生物优势种差异较大，各个月份污损生物优势种具体种类见表3-35。

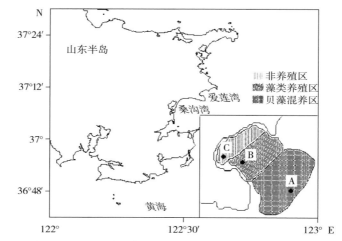

图 3-32　桑沟湾毗邻海域（爱莲湾）采样站位分布示意

表 3-34　桑沟湾海域污损生物种名录

种名	站位					
	As	Ab	Bs	Bb	Cs	Cb
藻类 Algae						
孔石莼 *Ulva pertusa*	++	+	++	+	—	—
长石莼 *Ulva linza*	++	+	++	+	—	—
刺松藻 *Codium fragile*	+	+	+	+	+	—
软丝藻 *Ulothrix flacca*	++	+	+	+	—	—
刚毛藻 *Cladophora* sp.	+	+	+	—	—	—
小石花菜 *Gelidium divaricatum*	+		++	+	+	—
江蓠 *Gracilaria lemaneiformis*	++	+	—	+	+	—
海带 *Laminaria japonica*	—	—	—	—	++	++
海绵动物 Spongia						
皮海绵 *Subeerites* sp.	—	+	—	++	++	+
腔肠动物 Coelenterate						
薮枝螅水母 *Obelia* sp.	+	+	+	+	+	+
环节动物 Annelida						
索沙蚕 *Lumbrineris japonica*	+	+	+	+	+	+

（续）

种名	站位					
	As	Ab	Bs	Bb	Cs	Cb
华美盘管虫 *Hydroides elegans*	－	－	－	＋	＋	＋
软体动物 Mollusca						
牡蛎 *Ostrea gigas*	＋	－	＋	＋	－	＋
紫贻贝 *Mytilus edulis*	＋	＋	＋	＋	－	－
栉孔扇贝 *Chlamys farreri*	＋	－	＋	－	＋	＋
苔藓动物 Bryozoa						
萨氏膜孔苔虫 *Membranipora savartii*	＋＋	＋＋	＋＋	＋＋	＋	＋
大室膜孔苔虫 *Membranipora grandicella*	＋＋	＋＋	＋＋	＋	＋	＋
美丽琥珀苔虫 *Electra tenella*	＋＋	＋＋	＋＋	＋	＋	＋
多室草苔虫 *Bugula neritina*	＋＋	＋＋	＋＋	＋＋	＋	＋
裂孔苔虫 *Schizoporella* sp.	＋	＋	＋	＋	－	－
甲壳动物 Crustacea						
钩虾 *Gammarus* sp.	＋＋	＋＋	＋	＋	＋	－
藻钩虾 *Ampithoe* sp.	＋＋	＋＋	＋	＋	＋	－
团水虱 *Sphaeroma* sp.	＋	＋	＋	＋	＋	＋
螺蠃蜚 *Corophium* sp.	＋	＋	＋	＋	＋	＋
多棘麦秆虫 *Caprrella acanthogaster*	＋＋	＋＋	＋	＋	＋	＋
尾索动物 Urochordata						
柄海鞘 *Styela clava*	－	－	＋	＋	－	－
玻璃海鞘 *Ciona intestestinlis*	－	－	＋	＋	＋＋	＋
冠瘤海鞘 *Styela canopus*	＋	＋	－	＋	＋＋	＋＋

注："＋"表示出现；"－"表示没有出现；"＋＋"表示生物量较大。As、Bs、Cs 分别代表各站位表层，Ab、Bb、Cb 分别代表各站位低层，下同。

表 3 - 35　桑沟湾海域污损生物优势种种名录

时间	站位					
	As	Ab	Bs	Bb	Cs	Cb
2012 年 9 月	江蓠、麦秆虫、钩虾	江蓠、麦秆虫、钩虾	苔藓虫、白脊藤壶、石莼、麦秆虫	白脊藤壶、石莼、麦秆虫	海带、玻璃海鞘	海带、玻璃海鞘
2012 年 10 月	苔藓虫、麦秆虫、钩虾、海绵、石灰虫	苔藓虫、麦秆虫、石灰虫	苔藓虫、石花菜、石莼、白脊藤壶	苔藓虫、石花菜、石莼、白脊藤壶	海带、玻璃海鞘、瘤海鞘	海带、玻璃海鞘、瘤海鞘
2012 年 11 月	苔藓虫、藤壶	苔藓虫、藤壶	苔藓虫、石花菜、藤壶	苔藓虫、石花菜、藤壶	海带、玻璃海鞘、瘤海鞘	海带、玻璃海鞘、瘤海鞘
2012 年 12 月	藤壶	藤壶	藤壶	藤壶	海带、藤壶	藤壶
2013 年 1 月	藤壶	藤壶	藤壶	藤壶	藤壶	藤壶
2013 年 2 月	藤壶	藤壶	藤壶	藤壶	藤壶	藤壶
2013 年 3 月	麦秆虫、钩虾	麦秆虫	藤壶、钩虾	藤壶	海带、藤壶、钩虾	藤壶、钩虾
2013 年 4 月	麦秆虫、钩虾、江蓠	钩虾、刚毛藻	刚毛藻	藤壶、刚毛藻	浒苔、刚毛藻	刚毛藻
2013 年 5 月	麦秆虫、钩虾、江蓠、藤壶	藤壶、钩虾	石莼、藤壶	藤壶、钩虾	石莼	海绵、藤壶
2013 年 6 月	石莼、麦秆虫	孔石莼、麦秆虫	石莼、麦秆虫	刚毛藻、刺松藻	刺松藻、海带、钩虾、石莼	海绵、海带
2013 年 7 月	石莼、软珊瑚、江蓠、麦秆虫	江蓠、麦秆虫	石莼、软珊瑚	软珊瑚、刺松藻、钩虾	海带、石莼	藤壶
2013 年 8 月	团丝藻、软松藻、麦秆虫、苔藓虫	麦秆虫、苔藓虫	石莼、苔藓虫、玻璃海鞘	苔藓虫、团丝藻、刚毛藻	海带、玻璃海鞘	海带、玻璃海鞘

（二）扇贝养殖笼上的附着生物种类

栉孔扇贝养殖笼上的附着生物群落由复杂的种类组成，包括藻类、海鞘类、苔藓虫类、环节动物、腔肠动物、软体动物、甲壳动物和海绵动物，鉴定了大型附着生物 23 种。海鞘类是夏季附着生物群落中的优势种，主要种类为玻璃海鞘和柄海鞘（表 3-36）。随水温逐渐降低，海鞘迅速消退，紫贻贝成为附着生物群落中的优势种。

表 3－36　栉孔扇贝养殖笼上 9—11 月的大型附着生物种类

种类	9 月	10 月	11 月	种类	9 月	10 月	11 月
江蓠	＋	＋	－	刺麦秆虫	＋＋	－	－
马尾藻	＋	＋	＋	玻璃海鞘	＋＋＋＋	＋＋＋	＋
海带	＋	＋	＋	柄海鞘	＋＋	＋	＋
刺松藻	＋	＋	－	日本拟背尾水虱	＋	＋	＋
软丝藻	＋＋	－	＋	华美盘管虫	＋	＋	＋
石莼	＋	＋	＋	索沙蚕	＋	＋	＋
孔石莼	＋＋	＋	＋	鲍枝螅	＋＋	＋＋	＋
长石莼	＋＋	＋	＋	龙介虫	＋＋	＋	＋
紫贻贝	＋＋＋	＋＋＋	＋＋＋	海绵	＋	＋	＋
栉孔扇贝	＋＋	＋＋	＋	角偏顶蛤	＋	＋	＋
长牡蛎	＋	＋	＋	薮枝虫	＋	＋	＋
褶牡蛎	＋	＋	＋				

（三）大叶藻上附着生物的种类组成

2008 年 9 月至 2009 年 8 月，共鉴定出大叶藻上附着生物 29 种，其中，硅藻类 10 种；小型海藻 10 种；扁形动物 1 种；多毛类 1 种；节肢动物 2 种；软体动物 5 种（表 3－37）。硅藻类以盾卵形藻、盾卵形藻小型变种和加利福尼亚楔形藻为主，其中盾卵形藻全年出现，11 月至翌年 6 月期间均为优势种，而盾卵形藻小型变种在 7—10 月形成优势种。小型海藻类主要是褐毛藻和茎刺藻，分别在 3 月、4 月和 9 月为优势种。腹足类以锈凹螺、*Australaba* sp.、骨脆螺和丽核螺为主，锈凹螺于 5—8 月为优势种。

在春季，大叶藻上的附着硅藻类有 9 种，大型海藻类 7 种，动物类 8 种。大型藻类附着量和附着种数的高峰出现在春季（表 3－37），主要为褐藻类的褐毛藻、点叶藻、萱藻和绿藻类的石莼，其中，褐毛藻和点叶藻覆盖了大叶藻较老叶片近 100％的面积，附着生物生物量占大叶藻地上部分生物量的 5.29％。春季硅藻类附着量年度最低，优势种为盾卵形藻。夏季附着的大型海藻种类明显减少，仅出现 4 种，动物类 6 种，硅藻类 8 种，附着生物中以动物类占绝对优势，主要优势种为腹足类。秋季附着的动物类减少至 4 种，硅藻和大型藻类种数与夏季相当，硅藻的附着丰度达最大值，但附着的大型藻与动物类生物量都较小，仅占大叶藻地上部分生物量的 0.12％。冬季未发现附着的大型海藻及动物，仅有微藻类的硅藻附着。

二、附着生物季节演替

（一）试网上污损生物生物量的季节变化

不同站位间，污损生物组成差异较大；而同一站位不同水层污损生物种类组成差异不大。但是，表、底两层生物量差异较大，随深度的增加生物量逐渐递减。在藻类养殖区，月挂网附着的污损生物的生物量为 $20.38 \sim 2\,119.33\ \text{g/m}^2$，污损生物的生物量在 10 月达到最高，2 月污损生物量最低；在贝藻混养区，月挂网附着的污损生物的生物量为 $22.50 \sim 2\,998.00\ \text{g/m}^2$，污损生物的生物量在 10 月达到最高，2 月附着生物量最低；在对照区域，月挂网附着的污损生物的生物量为 $16.25 \sim 2\,235.33\ \text{g/m}^2$，污损生物的生物量在 9 月达到最高，1 月附着生物量最低。具体污损生物的生物量月变化见图 3-33。

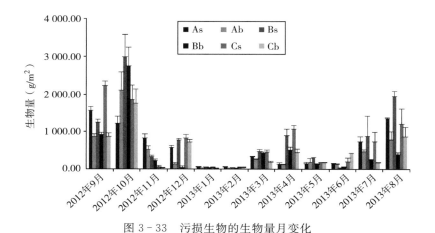

图 3-33　污损生物的生物量月变化

如图 3-34 所示，Cs 站位污损生物的生物量在夏季最高。其中，站位 Cs 夏季生物量

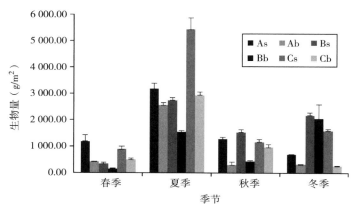

图 3-34　污损生物的生物量季节变化

表 3 - 37　2008—2009 年桑沟湾大叶藻附着生物种类和生物量

物种名称		生物量（g/m²）										
		9月	10月	11月	12月	1月	2月	3月	4月	5月	6月	7月	8月
盾卵形藻		3.69	5.72	6.23	5.28	4.03	3.49	3.7	1.38	2.45	1.69	5.08	2.43
盾卵形藻小型变种		10.24	7.92	2.14	1.23	0.56	0.43	0.74	1.2	0.54	1.52	9.92	13.17
针杆藻		—	—	0.07	0.19	—	—	0.23	0.28	0.57	0.16	0.23	—
方格舟形藻		—	—	—	0.23	0.12	<0.01	<0.01	—	—	—	—	—
海洋舟形藻		—	—	0.07	0.66	0.02	<0.01	—	—	—	—	0.46	—
硅藻 舟形藻		—	—	0.54	0.61	0.04	0.03	0.07	0.18	0.32	0.29	<0.01	—
长菱形藻		—	—	<0.01	<0.01	0.04	0.01	0.01	0.29	0.15	<0.01	—	—
菱形藻		—	0.67	0.73	0.31	—	—	—	—	<0.01	<0.01	—	—
加利福尼亚楔形藻		—	—	—	—	0.52	0.38	0.93	3.23	0.45	<0.01	—	—
短纹楔形藻		—	—	—	—	—	—	—	0.37	0.11	—	—	—
石莼		2.14	—	—	—	—	—	3.37	0.06	—	—	—	0.47
绿藻 孔石莼		—	—	—	—	—	—	1.65	0.01	—	—	—	—
浒苔		0.23	—	—	—	—	—	—	—	—	—	—	—
绿管浒苔		—	—	—	—	—	—	4.93	0.21	—	—	—	0.09
褐毛藻		—	—	—	—	—	—	45.44	79.09	—	—	—	—
褐藻 点叶藻		—	—	—	—	—	—	11.92	54.12	—	—	—	—
萱藻		—	—	—	—	—	—	4.36	—	—	—	—	—
黏膜藻		—	—	—	—	—	—	—	0.64	0.91	—	—	—
红藻 茎刺藻		7.46	4.77	—	—	—	—	—	—	—	—	—	0.27
石花菜		4.34	3.91	—	—	—	—	—	—	—	—	—	0.96

（续）

物种名称		生物量（g/m²）											
		9月	10月	11月	12月	1月	2月	3月	4月	5月	6月	7月	8月
扁形动物	角涡虫	—	—	—	—	—	—	0.77/16	1.30/37	—	—	—	—
腹足类	锈凹螺	7.53/1 098	—	—	—	—	—	—	—	10.6/499	44.85/4 191	57.02/9 769	84.72/9 194
	胃脆螺	0.31/92	—	—	—	—	—	0.12/49	0.28/101	6.52/2 786	1.71/441	13.85/3 197	0.69/222
	Australaba sp.	1.02/179	3.95/64	—	—	—	—	2.01/77	3.84/128	0.89/26	2.65/74	1.32/32	2.06/458
	丽核螺	0.37/26	—	—	—	—	—	1.55/16	2.31/21	5.64/47	1.56/12	0.44/11	1.67/14
双壳类	凸壳肌蛤	—	—	—	—	—	—	—	—	—	0.33/24	0.45/33	—
多毛类	刺沙蚕	—	—	—	—	—	—	2.46/48	1.86/29	—	—	—	—
节肢动物	海神水虱	—	—	—	—	—	—	1.13/11	1.75/16	—	—	—	—
	钩虾	—	—	—	—	—	—	2.34/48	3.95/64	0.94/23	1.51/39	1.38/33	2.02/47

（引自高亚平 等，2010。）

可达 5 419.58 g/m²；As 站位、Ab 站位、Cb 站位生物量冬季最低，分别为 687.04 g/m²、300.42 g/m²、255.38 g/m²；Bs 站位、Bb 站位、Cs 站位生物量春季最低，分别为 330.92 g/m²、174.08 g/m²、884.50 g/m²。

（二）试网上主要优势种（麦秆虫）分布及其与水环境因子的关系

麦秆虫在不同养殖区附着期情况见表 3-38。在 As 站位、Ab 站位，春季、夏季和秋季均有麦秆虫分布，且在夏季密度最大，最高可为 90 800 个/m²，性成熟个体密度为 14 400 个/m²，As 站位、Ab 站位月麦秆虫密度分布情况见图 3-35、图 3-36；Bs 站位在 6—10 月有麦秆虫分布；Bb 站位、Cb 站位仅在 9 月及 10 月有发现，Cb 站位除 9 月及 10 月有发现外，3 月也有麦秆虫发现。

表 3-38 麦秆虫在不同养殖区附着期情况

时间	站位					
	As	Ab	Bs	Bb	Cs	Cb
2012 年 9 月	+	+	+	+	+	+
2012 年 10 月	+	+	+	+	+	+
2012 年 11 月	+					
2012 年 12 月						
2013 年 1 月						
2013 年 2 月						
2013 年 3 月	+	+			+	+
2013 年 4 月	+	+				
2013 年 5 月	+	+				
2013 年 6 月	+	+	+			
2013 年 7 月	+	+	+			
2013 年 8 月	+	+	+			

注："+"表示出现。

用 CANOCO 4.5 软件对麦秆虫种群密度和水环境因子进行典范对应分析（CCA）。从 CCA 排列（图 3-37）中，麦秆虫种群密度与温度、叶绿素 a 浓度、铵盐、溶氧量、亚硝酸盐呈现较好正相关；与盐度、pH、总氮、硅酸盐、硝酸盐、磷酸盐呈现负相关。种群密度受温度、叶绿素 a 浓度、pH、硅酸盐、铵盐的影响较大。

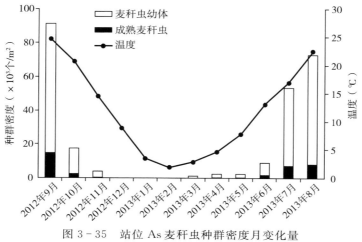

图 3 - 35　站位 As 麦秆虫种群密度月变化量

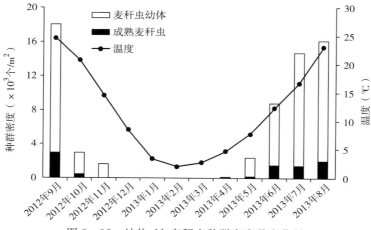

图 3 - 36　站位 Ab 麦秆虫种群密度月变化量

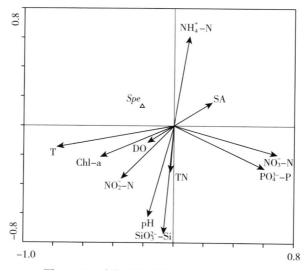

图 3 - 37　麦秆虫与环境因子的 CCA 排列

（三）栉孔扇贝养殖笼上附着生物的生物量和附着比率

扇贝养殖笼上附着生物的生物量和附着比率呈现出明显的季节变化特征。扇贝养殖笼上 9 月生物量为 1.94 kg/笼；随着温度的降低，10 月生物量迅速降低，为 0.99 kg/笼；然而虽然温度继续降低，但 11 月生物量却有所升高，达到 1.03 kg/笼。附着比率与附着生物的生物量变化趋势相一致，9 月最高，为 98.70%；10 月有所降低；但 11 月又有升高。

（四）大叶藻附着生物数量的月分布

桑沟湾大叶藻月平均附着生物量为 42.67 g/m²。11 月至翌年 2 月，除硅藻外，基本无明显可见的附着生物出现，而其余各月均有大型藻类和动物类附着，其生物量月分布呈双峰型（表 3-39），高峰分别于 4 月和 8 月出现。4 月总附着量为 149.23 g/m²，此时的高峰为藻类附着峰，附着的大型藻类湿重比例为 89.88%；8 月的高峰为动物类附着高峰，动物类湿重比例达 95.90%。硅藻类附着高峰于 7—10 月出现，此时的盾卵形藻小型变种为附着优势种，除 4 月加利福尼亚楔形藻短暂性占优势外，其余时间以盾卵形藻为优势种。

表 3-39　2008—2009 年桑沟湾大叶藻附着生物数量和组成的月分布

月份	物种总数（硅藻种数）	硅藻附着量（×10³/cm³）	总湿重（g/m²）（不计硅藻）	湿重百分比（%）			
				藻类	软体动物	节肢动物	其他
1	7（7）	5.33					
2	7（7）	4.34					
3	20（7）	5.68	81.27	90.94	4.51	4.27	0.28
4	20（7）	6.56	149.23	89.88	4.25	2.82	3.05
5	14（8）	4.48	25.5	3.57	92.75	3.68	
6	13（7）	3.66	52.61		97.13	2.87	
7	11（5）	15.69	74.44		98.15	1.85	
8	11（2）	15.6	92.95	1.93	95.90	2.17	
9	10（2）	13.93	23.4	60.56	39.44		
10	6（3）	14.31	12.63	68.73	31.27		
11	7（7）	9.78					
12	8（8）	8.51					

附着生物本身为大叶藻等海草生态系统的重要组成部分，增加了生态系统的生物多样性。研究发现不同海草种类、不同调查范围和不同调查时间均会造成海草附着生物种类、附着量的不同。高亚平等曾在桑沟湾楮岛海区共发现大叶藻附着生物 29 种，由于取样区域和涵盖的范围等方面的差异，杨宗岱等曾在青岛近海大叶藻和虾形藻草场的附着生物的调查中共发现 259 种附着生物。

在春季，桑沟湾楮岛海区大叶藻主要为大型海藻附着，附着顶峰出现在4月，此时的大叶藻尚未进入快速生长阶段，几乎被繁盛的其他大型藻所覆盖，故附着的藻类生物量也达最大值。夏季动物附着占主导，藻类生物量较小，也与周围环境的生物分布相似。各季节对大叶藻地上部分生物量与附着生物量的统计计算表明，桑沟湾楮岛海区大叶藻附着生物量仅占大叶藻地上部分生物量的0.12%～5.29%（表3-40）。而Borum等曾在丹麦对大叶藻的调查结果表明，仅附着的大型藻类生物量就达大叶藻地上生物量的36%，其在另一地点的调查中，大叶藻附着生物量仅占地上部分的1%～5%。影响附着生物种类与附着量的因素有很多，如繁殖体的可得性及周围海域的温度、水流、营养水平等环境因子。

表3-40 各季节大叶藻与附着生物的生物量及附着比率

生物量及附着比率	春季	夏季	秋季	冬季
地上部分总生物量（g/m²）	1 644	6 576	10 010	1 704
附着生物量（g/m²）	85.33	75.33	12.01	
附着生物所占比率（%）	5.19	1.15	0.12	

（五）多棘麦秆虫繁殖发育生物学的初步研究

目前对于多棘麦秆虫繁殖生物学的研究，除了在实验室条件下研究其孵化率、生长、性成熟时间外，有关多棘麦秆虫基础研究较少，尤其对其胚胎发育的研究，在国内外均未查到相关报道。然而麦秆虫对养殖海藻，尤其对龙须菜、鼠尾藻的影响较为严重，当其大量暴发时，严重影响龙须菜、鼠尾藻等藻类的生长，产量下降。本研究主要对麦秆虫的胚胎发育及不同温度对其抱卵数与性成熟的时间及体长进行基础生物学研究，旨在为预测多棘麦秆虫暴发提供基础参考资料。

1. 实验方法

（1）麦秆虫胚胎发育形态学观察 选取性成熟的雄性多棘麦秆虫和未带卵的雌性多棘麦秆虫，分别在温度14 ℃、光照L∶D＝14∶10与温度20 ℃、光照L∶D＝14∶10的智能光照培养箱的条件下暂养，并投放龙须菜（作为麦秆虫的食物以及提供栖息环境）。每天换水1次，吸污1次，每次换水量为总水量的1/2。

每2 h观察1次，发现有雌雄抱合的麦秆虫时，立即移出单独喂养。当雌雄多棘麦秆虫分离时，开始计时，解剖雌性多棘麦秆虫，记录其育卵袋抱卵个数，将卵放在培养皿中，置于智能光照培养箱中体外培养，条件同多棘麦秆虫暂养。

胚胎发育观察在Nikon E200显微镜下进行，详细记录发育时间及各个发育时期的主要形态特征。用吸管每隔1～3 h取卵4～5粒，对胚胎发育情况进行连续观测，观察后继续培养。每枚卵观察时间不超过 1 min，以免卵受到伤害，导致观察结果出现偏差。同时，从抱卵时间相同的雌性多棘麦秆虫育卵袋中取 1～2 粒卵，观察与体外培养的胚胎是否同步发育。

分别记录在温度 14 ℃和 20 ℃条件下，多棘麦秆虫整个胚胎发育所需要的时间。

（2）温度对多棘麦秆虫性成熟、抱卵数的影响　记录胚胎发育孵化时幼体长度，并将其继续培养，直至性成熟，记录多棘麦秆虫幼体性成熟时的体长及所需时间。培养条件同多棘麦秆虫暂养。雌性麦秆虫第三和第四胸节抱卵板发育形成抱卵囊，或雄性麦秆虫交接器形成，视为麦秆虫性成熟。

分别于海水温度为（14±1）℃和（20±1）℃时，对爱莲湾藻类养殖区养殖筏架附着的麦秆虫进行采样。选取已经抱卵的多棘麦秆虫雌体，测量体长并解剖记录其抱卵个数。

2. 多棘麦秆虫胚胎发育的形态学观察

多棘麦秆虫整个胚胎发育的过程依次为受精卵、卵裂期、桑葚期、囊胚期、原肠期、肢芽期和心跳期，最终幼体发育完全破膜而出。胚胎发育过程各阶段的时间及特征，见表 3-41。

表 3-41　20 ℃条件下多棘麦秆虫胚胎发育过程

发育时间	胚胎发育时期	主要发育特征	图版
0 h	受精卵	略椭圆形，沉水卵，无黏性	Ⅰ-1
1.5 h	2 细胞期	第一次分裂，形成 2 个等质细胞	Ⅰ-2
3 h	4 细胞期	第二次分裂，分裂面与第一次垂直，形成 4 个等质细胞	Ⅰ-3
5 h	8 细胞期	第三次分裂，形成 8 个等质细胞	Ⅰ-4
7 h	16 细胞期	第四次分裂，形成 16 个等质细胞	Ⅰ-5
9 h	32 细胞期	第五次分裂，形成 32 个细胞	Ⅰ-6
12 h	桑葚期	由许多体积较小的细胞组成，细胞之间界限可区分	Ⅰ-7
18 h	囊胚期	多细胞，细胞间界限不清晰，细胞分内外两层	Ⅰ-8
32 h	原肠期	细胞内陷形成一个类圆形的结构和一个类半月形结构	Ⅰ-9
48 h	肢芽期	透明状突起逐渐增多，这些透明状的突起即为麦秆虫的头胸部、尾部及其触角、胸足和尾肢的原基	Ⅰ-10
80 h	心跳期	身体开始颤动，每 39～42 s 颤动一次，后期频率逐渐稳定，每 18～24 s 颤动一次，每次持续 4～5 s	Ⅰ-11
104 h	幼体形态发育完全	幼体形态与成体完全一致，2 对触角，1 对颚足，1 对眼，2 对鳃足，3 对胸足和 3 对尾肢	Ⅰ-12
117 h	幼体破膜而出	幼体出膜，体长为（1.37±0.07）mm	Ⅰ-13

受精卵：精卵结合后的受精卵不会直接被母体排放到水体中，而是将受精卵保留在母体的育卵袋中。受精卵呈略椭圆形，黑色物质在受精卵内均匀分布（图 3-38，Ⅰ-1）。受精卵的比重大于海水，所以为沉水卵，且无黏性。

卵裂期：受精卵在实验室条件下开始卵裂，第一次卵裂为完全均等卵裂，细胞核分为体积相等两部分，2细胞期出现（图3-38，Ⅰ-2）。第一次卵裂后，细胞进入第二次卵裂，分裂线基本与第一次分裂线垂直，细胞核分为体积基本相等的4部分，4细胞期出现（图3-38，Ⅰ-3）。随着发育的进行，细胞发育逐渐经过8细胞期（图3-38，Ⅰ-4）、16细胞期（图3-38，Ⅰ-5）、32细胞期（图3-38，Ⅰ-6）等时期，最后达到桑葚期。

桑葚期：经多次卵裂后，形成具有数十到数百个体积较小的细胞，细胞之间的界限可区分，胚胎发育进入桑葚期（图3-38，Ⅰ-7）。

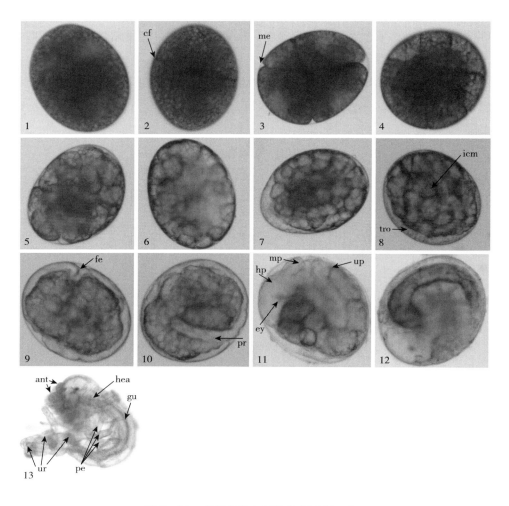

图3-38 多棘麦秆虫胚胎发育过程（Ⅰ）

1. 受精卵，×40 2. 2细胞期，×40 3. 4细胞期，×40 4. 8细胞期，×40 5. 16细胞期，×40

6. 32细胞期，×40 7. 桑葚期，×40 8. 囊胚期，×40 9. 原肠期，×40 10. 肢芽期，×40

11. 心跳期，×40 12. 幼体形态发育完全，×40 13. 幼体破膜而出，×10

cf. 分裂沟 me. 卵膜 icm. 内细胞团 tro. 滋养外胚层 fe. 表面内陷 pr. 原基 ey. 眼 hp. 头部
原基 mp. 颚足原基 up. 尾肢原基 ant. 触角 hea. 心跳处 pe. 胸足 gu. 肠 ur. 尾肢

囊胚期：经桑葚期后，细胞进入囊胚期（图 3 - 38，Ⅰ - 8）。此时细胞之间界限不清晰，且分内外两层，一层为内细胞团，另一层为围绕内细胞团的上皮细胞，内外胚层细胞大小不一致且在囊胚中没有发现囊胚腔。

原肠期：细胞以内陷的方式进入原肠期（图 3 - 38，Ⅰ - 9）。由于在囊胚特定位置（原口）细胞内陷，使整个胚胎发育成一个类圆形的结构（主要发育成头胸部）和一个类半月形结构（主要发育成为腹部和尾部）。

肢芽期：当胚胎圆形结构的顶端有膜状透明突起时，胚胎发育进入肢芽期（图 3 - 38，Ⅰ - 10）。随着发育的进行，透明状突起逐渐增多，在半月形结构尾端与其跟圆形结构相连部分逐渐出现，这些透明状的突起即为多棘麦秆虫的头胸部、尾部及其触角、胸足和尾肢的原基。

心跳期：此时期受精卵细胞有一个明显的特征，即麦秆虫的身体颤动。刚开始身体轻微且不均匀地颤动，整个身体隔 39～42 s 颤动一次，头部有红色的眼点出现，受精卵发育进入心跳早期（图 3 - 38，Ⅰ - 11）。当触角、胸足和尾肢发育完全，躯干部由黑色变为淡黄色或青黑色时，整个胚胎发育基本完全。此时，膜内幼体首尾相接，身体颤动频率逐渐稳定，每 18～24 s 颤动一次，每次持续 4～5 s。麦秆虫幼体形态（图 3 - 38，Ⅰ - 12）与成体完全一致，随后破膜而出（图 3 - 38，Ⅰ - 13）。由此得出，多棘麦秆虫幼体无需经变态发育，直接发育成成体。

受精卵发育完全幼体破膜而出后，幼体不立刻离开母体，而是在母体育卵袋中停留 2～3 d 后，才排出体外。

在观察体外胚胎发育的过程，同时取同时间抱合的雌性多棘麦秆虫育卵袋中卵 1～2 粒。结果显示，从精卵结合到幼体破膜而出整个过程，两者胚胎发育基本同步。可见育卵袋只是促进水体的交换，为受精卵发育提供一个良好环境，并没有为卵的发育提供物质营养。

3. 温度对多棘麦秆虫胚胎发育及性成熟的影响

从受精卵开始到幼体排出体外的整个过程，在 14 ℃条件下所需的时间大约为 196 h，在 20 ℃条件下所需的时间为 117 h。温度对多棘麦秆虫胚胎发育及性成熟时间影响的具体结果见表 3 - 42。

表 3 - 42 不同温度下多棘麦秆虫性成熟时间及其体长（平均值±标准误）

温度（℃）	性成熟时间（d）	孵化时幼体体长（mm）	性成熟时体长（mm）
14	33.20±3.27	1.52±0.17	10.12±0.99
20	18.17±2.56*	1.37±0.07	6.66±0.75*

注：*表示差异显著（$P < 0.05$）。

从表 3 - 42 可以看出，温度对胚胎发育时间有较大影响，较高的温度加速了受精卵卵裂。在温度20 ℃时，胚胎发育所需的时间较短；在20 ℃条件下，多棘麦秆虫从孵化幼体到性成熟所需的时间明显短于14 ℃多棘麦秆虫生长所需的时间。说明温度适当升高加速了麦秆虫的生长。

多棘麦秆虫孵化时幼体的体长与性成熟时体长，在14 ℃时分别为（1.52±0.17）mm和（10.12±0.99）mm；在20 ℃条件下为（1.37±0.07）mm和（6.66±0.75）mm。结果说明，在一定的条件下，多棘麦秆虫的生长是服从Bergman规律的，即在较高温度条件下，多棘麦秆虫的体长反而小于较低温度时多棘麦秆虫的体长，均小于14 ℃时测得的体长。

4. 温度对多棘麦秆虫抱卵数的影响

对于温度对多棘麦秆虫抱卵数的影响，结果如图3-39所示。同一体长，多棘麦秆虫在20 ℃时的抱卵数要多于在14 ℃时多棘麦秆虫的抱卵数。在相同温度下，多棘麦秆虫抱卵数（EN）与体长（BL）呈正相关性。在14 ℃条件下，多棘麦秆虫抱卵数与其体长的关系式为：$EN=7.739\,9BL-39.661$（$R^2=0.746\,3$）；在20 ℃条件下，多棘麦秆虫抱卵数与其体长的关系式为：$EN=13.685BL-78.153$（$R^2=0.767\,5$）。

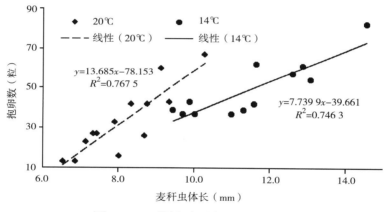

图3-39　不同温度下麦秆虫的抱卵数

5. 结论

（1）温度对多棘麦秆虫胚胎发育的影响　一定范围内适当升高温度可以加快麦秆虫的胚胎发育。在同一温度条件下，受精卵体外发育几乎与育卵袋发育同步。由此推测，育卵袋在胚胎发育过程中只加速水流交换，并没有提供发育所需营养物质，而是保护受精卵的发育，为受精卵提供良好的发育环境。刚孵化出的幼体也可以借助育卵袋的水流所带入的微小生物和有机质存活，这可能是抱卵甲壳纲动物的共同特征。

多棘麦秆虫胚胎发育早期为完全卵裂的细胞分裂方式，相似的结论在 *Orchestia gammarellus* 的研究中也有报道。Scholtz和Wolff认为，早期完全卵裂是端足目动物胚胎发育的一般性特征。随着发育的进行，在初级卵膜内胚胎一端出现透明区域，标志着胚胎发育进入原肠期。多棘麦秆虫原肠以内陷的方式形成，在十足目某些种类中，原肠形成也是以内陷为主，并还包含集中、外包的方式。多棘麦秆虫胚后发育为全节变态，即孵出的仔体与成体无多大区别，只是触角节鞭与其他附肢的节数都较少，体表的刺、刚毛等突出物较不发达而已，这与矛蛾科的增节变态不同。

（2）温度对多棘麦秆虫性成熟时间的影响　温度被认为是影响端足类胚胎发育及性成熟的关键因子之一。实验中温度为 20 ℃时，多棘麦秆虫胚胎发育及性成熟时间均小于温度为 14 ℃时多棘麦秆虫胚胎发育及性成熟时间。此实验结果也验证了学者提出的高温加快端足类生长，使其性成熟时间缩短，高温（20 ℃）也加速端足类育卵袋内受精卵的卵裂速度，缩短了抱卵期的观点。

（3）温度对多棘麦秆虫幼体体长及性成熟时体长的影响　曾有许多学者用 Bergman 规律解释温度对端足类性成熟时个体大小的关系。Bynum 曾比较了夏、冬两季雌性圆鳃麦秆虫个体大小，发现在夏季圆鳃麦秆虫达到性成熟时要比冬季圆鳃麦秆虫达到性成熟时的个体小。Hosono 等（2006）也证实了温度与雌性多棘麦秆虫个体大小呈负相关关系。Fedotov 曾研究 5 月、6 月和 7 月日本骷髅虾的个体大小，结果表明，Bergman 规律对日本骷髅虾同样适用。本文实验结果表明，在高温（20 ℃）条件下，麦秆虫性成熟时个体比低温（14 ℃）条件麦秆虫个体较小，实验结果也符合 Bergman 规律。但 Hosono 曾在实验室内研究温度对日本骷髅虾个体大小的影响时发现，10～20 ℃，日本骷髅虾的个体大小并不存在显著差异，其可能是由于实验室饲养条件不同从而使实验结果出现偏差。

（4）温度对多棘麦秆虫生长及抱卵数的影响　温度作为关键的环境因子影响着端足类的生活史策略。生活史策略的价值决定于这一生活史对策对于生存和繁衍后代所做贡献的大小。当麦秆虫在一定时间内所获得的能量一定时，增加自身生长的能量就会减少在生殖能量的分配，反之亦然。本实验结果表明，麦秆虫在高温条件下，增加了在生殖能量的分配，减少生长能量分配，从而在性成熟时个体较小，抱卵数较多，繁殖能力较强；在低温条件下，增加了在生长能量的投入，减少生殖能量分配，从而在性成熟时个体较大，抱卵数较少，繁殖能力较弱。多棘麦秆虫抱卵数与其体长呈正相关性，即随着体长的增加，抱卵数逐渐增加。这在端足类很常见，可能是育卵囊的大小与体长成正比有关，所以个体大的麦秆虫能携带更多的受精卵。然而有研究表明雌体的大小和受温度控制的食物可利用性控制着育卵囊的大小。也有现场调查表明，充足的食物来源可以产生较大的育卵囊。本实验对象全部为附着于鼠尾藻的麦秆虫，随机抽取进行实验。没有考虑食物对抱卵数的影响，这可能是影响实验结果的一个原因。

（六）结论

1. 污损生物的生物量、组成的变化情况

2012—2013 年试网调查共得污损生物 28 种，隶属 8 个动物门，其组成具有我国北部

沿海类型的明显特点，主要物种大多为广温种（如石莼、钩虾、麦秆虫、大室膜孔苔虫等）和温水种（海带、紫贻贝等）。这与齐占会等对桑沟湾污损生物的调查结果相似。2007 年 5 月至 2008 年 4 月，齐占会等在山东桑沟湾进行了一周年的挂网实验，比较桑沟湾和本次爱莲湾调查结果（表 3-43）发现，污损生物主要物种均为广温种和温水种，污损生物主要的附着期基本相同。但 2012—2013 年的月生物量高于 2007—2008 年，且 2007—2008 年优势种中并未发现瘤海鞘。影响污损生物附着和群落演替的因素很多，主要有网具入水时间、网目大小、温度、深度、盐度和营养状况等。

表 3-43　2012—2013 年桑沟湾污损生物与历史数据（2007—2008 年）的比较

主要附着期	月生物量（g/m²）	主要物种
2007—2008 年 8—9 月	3.0～1 210.0	孔石莼、长石莼、紫贻贝、栉孔扇贝、玻璃海鞘
2012—2013 年 8—10 月	22.5～2 998.0	孔石莼、长石莼、多棘麦秆虫、瘤海鞘、大室膜孔苔虫

在 2012—2013 年的调查中，水温对污损生物群落组成变化影响较大，群落组成的季节性演替现象明显，污损生物的生物量也存在显著的季节变化。冬末春初水温较低时，污损生物的种类数较少，生物量也较低；在贝藻混养区有大量海带附着，致使生物量较高。春末水温回升，藻类开始增长，但个体较小；众多动物进入繁殖期，网片上动物幼体居多（麦秆虫也有出现），但生物量较低。随着水温持续升高，到夏、秋两季，污损生物进入生长季，生物量较高，尤其瘤海鞘大量附着，对照区域生物量可达 5 419.58 g/m²。调查中藻类养殖区位于湾外，离岸最远，水流较大；贝藻混养区位于湾内，水流较缓；对照区域位于码头附近，离岸最近，人类活动影响较大。站位环境的不同也是影响生物量不同的一个因素。总之，在调查实验过程中，各物种变化较大，演替现象明显，属于演替的中期阶段。

大型附着生物的生物量大，群落的结构和功能主要由这些种类决定。本研究共鉴定了栉孔扇贝养殖笼上的 28 种大型附着生物，主要种类与爱莲湾牙鲆网箱上的大型附着生物种类相一致。主要是由于两个海湾地理位置相邻，扇贝养殖笼和网箱的网衣也比较相似。玻璃海鞘是桑沟湾附着生物群落的优势种，夏季海鞘的数量十分巨大，1 个扇贝笼上的海鞘可高达 400 个。海鞘是很多海区附着生物群落的优势种。海鞘不需要特殊的固着基，在各种材料上均可附着。海鞘虽是固着性生物，但其受精卵会首先变成可自由游泳的幼体，之后经过变态才进入固着生活的阶段。目前对海鞘还没有十分有效的防除办法，但可根据海鞘的生活史特征，如在其受精卵即将附着变态的期间，调整养殖笼的深度，避开或减少其附着。

2. 影响麦秆虫种群密度的因素

任何影响端足类新陈代谢、生长、繁殖的因素都与动物的种群产量有关，如温度、盐度、溶解氧、水深、纬度等因子也明显影响端足类的种群产量。影响因子众多，不同因子的影响不尽相同。

温度是影响端足类生活史最显著的因子。端足类的种群密度与环境温度密切相关，在适温范围内，温度升高可缩短端足类生活史各阶段的持续时间，加快端足类个体生长发育速率，提早成熟，缩短世代时间，增加种群密度。在本调查过程中，麦秆虫种群密度与环境温度密切相关，种群密度随着环境温度的升高而增多，随着温度降低急剧减少。

盐度对麦秆虫种群密度的影响，主要表现在种群的分布，在一定范围内对生长的影响并不明显。也有研究表明，端足类的不同发育阶段，对盐度的适应存在较大差异，如 *Echinogammarus marinu* 成体生长主要受到温度的制约，而 *E. marinus* 幼体生长则受到温度与盐度的双重影响。有研究表明，随着盐度的增加，*Gammarus oceanicus* 代谢率下降，种群密度降低。在本调查中，虽然盐度变化较平缓，但在 9 月麦秆虫种群密度最大，而盐度最低，似乎验证了盐度与种群负相关的观点。

丰富的食物资源可以显著增加端足类栖息生境的负载能力，减少种内或种间对食物和空间的竞争，进而提高端足类的种群产量。大型海藻大量生长的季节，往往端足类的生物量最高。在本调查中，在藻类养殖区，麦秆虫种群密度在 9 月（优势种为江蓠）最高，到 10 月（优势种为苔藓虫）急剧下降，可能是由食物资源发生变化导致，且麦秆虫在春、夏、秋三季均有分布，在夏末秋初海水叶绿素 a 测得最高值，浮游生物量达到最大，同时麦秆虫种群密度达到最大。但在贝藻混养区和对照区，麦秆虫只有少数月份出现，且种群密度较低。

附着生物群落在不同的地域之间存在很大差异，主要是由于环境因子不同，导致附着生物的种类尤其是优势种不同。例如，大连海域 9 月栉孔扇贝养殖笼上附着生物湿重为每笼 3.33 kg，高于桑沟湾的附着生物量，主要由于附着生物的优势种不同，大连海域优势种主要为软体动物和苔藓虫类等。郑成兴等曾报道，大亚湾珍珠贝养殖笼上的附着生物每笼可高达 6.80 kg，主要是由于水温较高，附着生物的数量也较大。

桑沟湾属温带地区，附着生物呈现与温度变化相一致的季节变化规律。9 月以后随温度降低，玻璃海鞘迅速消退是附着生物群落重量下降的主要原因；10 月以后贻贝成为优势种，随着贻贝的生长，附着生物群落生物量又有所升高。9 月养殖笼上的附着生物湿重几乎与养殖笼相当，导致浮筏和吊绳等的受力大大增加，可能会损坏浮筏系统，甚至发生沉筏。清理或者更换养殖笼虽可去除附着生物，但也会导致扇贝在高温的空气中干露，影响扇贝的存活和生长。增加养殖笼悬挂深度也可减少附着生物的数量，但是在较深的水层中扇贝的食物也会减少，降低扇贝的生长速度。因此，建议在夏季采取增加浮漂的方法，增加浮力，保护筏架免受损害，而不改变养殖深度，保持扇贝快速生长。当温度降低时，贻贝成为附着的优势种，会与扇贝竞争食物。因为此时温度已经降低，在空气中干露对扇贝的损害也较小，建议在 10 月以后通过清笼或倒笼来清除附着生物，减少贻贝与扇贝的饵料竞争。

3. 桑沟湾大叶藻附着生物的季节变化

大叶藻为北半球分布广泛的一种海草，为高等的海洋沉水被子植物。同其他海草种类一样，大叶藻通常在浅海形成草床，成为各种附着生物生长的理想场所。

海草生态系统的生物多样性较高，这其中就有来自附着生物的重要贡献。大叶藻纤维含量较高，直接摄食大叶藻的生物种类很少，但其枝体叶片上的附着生物则为草床生态系统的动物提供重要食物来源。此外，附着生物在草床生态系统的营养循环和沉积物形成等方面也发挥着重要作用。

大叶藻等海草生态系统的研究在我国尚较少。高亚平等曾对桑沟湾大叶藻附着生物及其季节变化进行了调查研究，从海草生态系统附着生物组成、为周围生物尤其是经济动物所能提供的食物来源等方面进行了初探，为了解海草生态系统的生态功能提供基础资料。

桑沟湾经济物种多样，楮岛海区的海参资源尤为丰富，可能得益于海草生态系统的食物供给。美国长岛湾曾发现，海参对大叶藻上附着生物摄食（http：//counties.cce.cornell.edu/suffolk/habitat restoration/seagrassli/index.html）。Morgan 等曾对海草床内动物摄食行为及肠道内容物的分析发现，海草上的附着生物常被周围动物摄食殆尽，生物肠道中多有附着的硅藻及丝状藻。

第四章
桑沟湾健康养殖的生态学基础

第一节　主要养殖种类

桑沟湾的海水养殖始于 20 世纪 50 年代，当时海带是唯一的养殖品种；70 年代开始少量的紫贻贝养殖；进入 80 年代，栉孔扇贝规模化人工苗种培育技术的成功突破，促进了桑沟湾栉孔扇贝养殖产业的发展，使其成为桑沟湾的主要养殖品种。扇贝养殖方式为筏式笼养，筏间距为 5 m，筏绳长 100 m，养成笼的间距为 1 m，养殖笼通常 7～10 层，每层放养栉孔扇贝 30～35 个。受市场需求日益增长的刺激，养殖规模和密度盲目增大，致使栉孔扇贝在 1997 年、1998 年连续出现大规模的死亡。养殖种类由栉孔扇贝转为长牡蛎。

桑沟湾也是我国北方重要的海带养殖基地，目前，湾内外海带养殖总面积达 75 km²，每年淡干总产量达 80 000 t，已成为桑沟湾海水养殖的支柱产业之一（方建光 等，1996）。海带养殖从 10 月底至 11 月初开始至翌年 5—6 月；在 7—10 月，开始规模化养殖龙须菜。

目前，桑沟湾的养殖品种日益多样化，养殖的主要种类包括长牡蛎、栉孔扇贝、虾夷扇贝、海带、龙须菜、皱纹盘鲍，以及少量的鲆鲽类、贻贝、海参等。养殖方式以浮筏养殖为主，在湾的南部有少量的传统网箱和底播增殖。通过采用贝藻综合养殖、鱼贝藻以及贝藻参等多营养层次的综合养殖，桑沟湾的养殖品种日益多样，养殖的经济效益、生态效益和社会效益显著增加。

桑沟湾的养殖布局如图 4-1 所示。

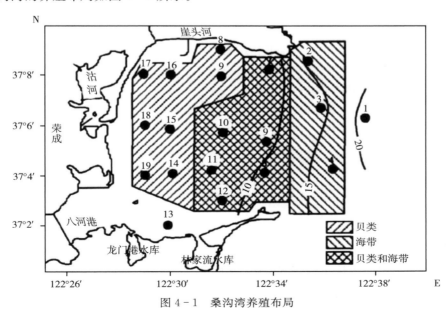

图 4-1　桑沟湾养殖布局

在湾底以滤食性贝类养殖为主，湾中间区域为贝藻综合养殖区域，湾口为海带养殖区域，在湾的南部（13 号站位附近）为传统小网箱养殖区。

第二节　主要养殖种类的生理生态学特征

一、虾夷扇贝

虾夷扇贝为冷水性贝类，自 20 世纪 80 年代开始引入我国后，已经在我国北部的辽宁、山东等海域形成了较大的养殖规模，年产量约 6 万 t，成为我国北方的主要养殖品种之一，养殖方式以筏式养殖和底播养殖为主。

在海洋生态系统中，滤食性贝类通过滤水作用摄取海洋中的浮游植物和有机碎屑。摄食率（feeding rate，FR）是反映滤食性贝类生理状态的一项动态指标，是贝类能量收支的一个重要方面，它直接受贝类所处环境生物和非生物因素的影响。国内外对滤食性贝类摄食生理生态的研究报道很多，如海水的温度、盐度、pH、流速以及饵料的组成和浓度对摄食生理的影响。但是目前关于虾夷扇贝摄食生理的研究报道较少。本实验通过研究室内条件下温度、体重、昼夜节律对虾夷扇贝摄食率和吸收率的影响，为虾夷扇贝海区养殖容量的评估和可持续健康增养殖技术的完善提供科学的依据和指导。

（一）实验用虾夷扇贝的基本生物学特性

实验所用虾夷扇贝基本生物学特性见表 4 - 1。

表 4 - 1　实验所用虾夷扇贝的基本生物学特性

参数	分组				
	A	B	C	D	E
壳高（cm）	4.413±0.046	5.487±0.074	6.433±0.207	7.497±0.325	8.507±0.266
壳长（cm）	4.413±0.193	5.640±0.246	6.373±0.415	7.643±0.358	8.673±0.403
壳厚（cm）	0.935±0.130	1.283±0.100	1.407±0.156	1.707±0.190	2.140±0.210
湿重（g）	7.938±1.723	15.056 7±2.837	24.920±3.982	40.693±4.611	65.933±5.778
软体部干重（g）	0.165±0.026	0.333±0.067	0.690±0.082	1.310±0.442	2.880±0.514

（二）体重对虾夷扇贝摄食率和吸收率的影响

体重对虾夷扇贝摄食率的影响如图 4 - 2 所示。在 5 个实验温度梯度（5 ℃、10 ℃、

15 ℃、20 ℃、25 ℃）下，虾夷扇贝单位个体摄食率随体重的增大而增大。单因素方差分析表明，5 ℃、10 ℃、15 ℃和 20 ℃组体重对虾夷扇贝摄食率的影响极显著（$P<0.01$）；25 ℃组体重对摄食率的影响差异显著（$P<0.05$）。

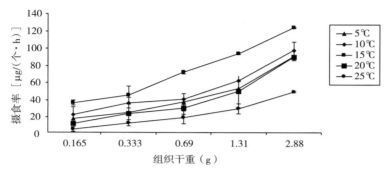

图 4-2　体重对虾夷扇贝摄食率的影响

通过对各温度梯度下体重对摄食率的影响进行相关回归分析表明，体重（X）与摄食率（Y）呈正相关幂指数关系：$Y=aX^b$，回归分析结果见表 4-2。

表 4-2　虾夷扇贝的摄食率与体重的回归分析结果

温度（℃）	回归方程参数值		
	a	b	R^2
5	15.849	0.948	0.899
10	20.808	0.828	0.819
15	33.327	0.748	0.896
20	10.255	0.881	0.776
25	9.043	0.708	0.502

如图 4-3 所示，实验虾夷扇贝软体部干重在 0.160～1.310 g，在各温度梯度下，扇贝个体吸收率随着体重的增加而减小。单因素方差分析表明，扇贝软体部干重对吸收率的影响差异不显著（$P>0.05$）。

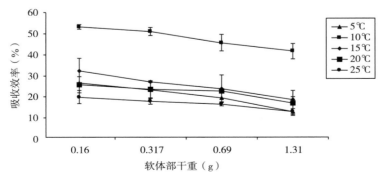

图 4-3　体重对虾夷扇贝吸收效率的影响

（三）温度对虾夷扇贝摄食率和吸收效率的影响

温度对虾夷扇贝摄食率的影响如图 4-4 所示。

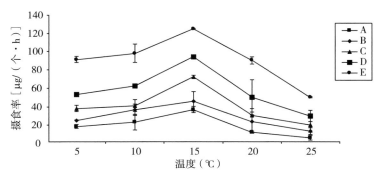

图 4-4　温度对虾夷扇贝摄食率的影响

在实验温度 5～25 ℃范围内，当温度由 5 ℃缓慢升高至 15 ℃时，扇贝单位个体摄食率随温度的升高而升高；当温度由 15 ℃缓慢升高至 25 ℃时，单位个体摄食率随温度的升高而减小；15 ℃时摄食率为最大值。

单因素方差分析表明，温度对虾夷扇贝的摄食率影响极显著（$P < 0.01$）。通过对 A 组、B 组、C 组、D 组和 E 组规格梯度下温度对虾夷扇贝摄食率的影响进行相关回归分析，拟合得到温度（T）与摄食率的相关方程为：$FR = b_0 + b_1 T + b_2 T^2 + b_3 T^3$，具体回归分析结果见表 4-3。

表 4-3　摄食率与温度的回归方程

规格	回归方程	F	P
A	$FR = -7.579 + 31.276T - 6.881T^2 + 0.217T^3$	18.816	0.000
B	$FR = -18.818 + 58.822T - 17.047T^2 + 1.305T^3$	7.938	0.003
C	$FR = -0.637 + 45.674T - 10.127T^2 + 0.339T^3$	36.172	0.001
D	$FR = -2.188 + 68.239T - 16.457T^2 + 0.795T^3$	9.569	0.009
E	$FR = 67.934 + 19.677T + 3.602T^2 - 1.671T^3$	16.987	0.001

A 组、B 组、C 组、D 组虾夷扇贝在各温度梯度下的吸收效率如图 4-5 所示。在实验温度 5～25 ℃范围内，吸收效率随温度的升高先增大后减小，峰值出现在 10 ℃，25 ℃时吸收效率达到最小值。单因素方差分析表明，温度对吸收效率的影响极显著（$P < 0.01$）。对 A 组、B 组、C 组和 D 组扇贝吸收效率进行组间多重比较分析表明，10 ℃时吸收效率显著大于 5 ℃、15 ℃、20 ℃、25 ℃的吸收效率，且差异极显著（$P < 0.01$）。除此之外，A 组 15 ℃与 25 ℃差异显著（$P < 0.05$）；B 组 15 ℃与 25 ℃差异极显著（$P =$

0.006），20 ℃与 25 ℃差异显著（$P<0.05$）；D 组 15 ℃与 25 ℃差异显著（$P=0.044$），其余各组内温度梯度间吸收效率的差异不显著。

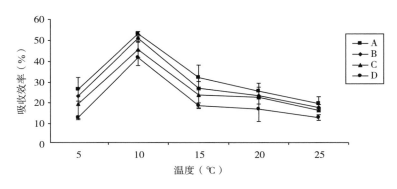

图 4-5　温度对虾夷扇贝吸收效率的影响

（四）温度和体重对虾夷扇贝摄食率的综合影响

虾夷扇贝摄食率与温度和体重的双因素方差分析结果见表 4-4。结果显示，温度和体重对摄食率的影响均极显著（$P<0.01$），且体重对摄食率（$F=142.299$）的影响作用均大于温度对摄食率（$F=71.488$）的影响。相关线性回归分析表明，温度（T）、体重（W）与摄食率（FR）的拟合方程为 $FR=-5.241T+17.429W+12.533$（$R^2=0.673$，$P=0.000$）。

表 4-4　温度和体重对虾夷扇贝摄食率影响的双因素方差分析

项目	方差来源	SS	Df	MS	F	P
摄食率	温度	16 209.454	4	4 052.363	71.488	0.000
	体重	32 265.626	4	8 066.407	142.299	0.000
	温度×体重	2 218.160	13	170.628	3.010	0.005
	误差	1 870.644	33	58.686		
	总计	183 037.043	55			

（五）虾夷扇贝昼夜摄食节律

昼夜摄食节律实验所用虾夷扇贝生物学特性见表 4-5，其壳长为（6.768±0.327）cm，软体部干重为（1.278±0.229）g。

表4-5 昼夜摄食节律实验所用虾夷扇贝的生物学特性

壳长（cm）	壳高（cm）	总干重（g）	总湿重（g）	软体部干重（g）
6.768±0.327	6.790±0.235	17.478±2.337	32.798±2.337	1.278±0.229

昼夜6个时间点虾夷扇贝摄食率见图4-6。通过对所测数据进行方差分析发现：昼夜节律对虾夷扇贝的摄食率影响差异极显著（$P<0.001$），扇贝的摄食率在07：00的时候最低，为（5.917±4.443）μg/（g·h），以后逐渐上升，至11：00达到（17.527±7.123）μg/（g·h），然后急剧上升并在19：00的时候达到最高值（120.409±11.571）μg/（g·h）；19：00以后摄食率呈缓慢下降趋势，至23：00时下降为（104.671±15.987）μg/（g·h），然后急剧下降，直到07：00达到最低值。组间多重比较分析显示，摄食率最小值白天07：00组与摄食率最大值19：00组差异极显著（$P<0.001$）。

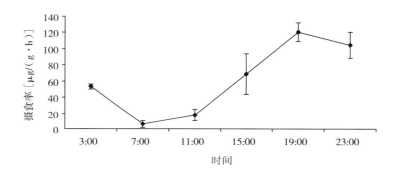

图4-6 不同时间点虾夷扇贝的摄食率

（六）结论

1. 体重对虾夷扇贝摄食率和吸收效率的影响

贝类的体重是影响摄食率的重要因子之一。众多实验表明，摄食率与体重的关系可以用以下公式表示：$Y=aX^b$（环境因子对菲律宾蛤仔摄食生理生态的影响），a值的变化较大，b为体重指数。Winter曾总结出滤食性贝类b值范围为0.66～0.82。Bayne和Newell也综合众多文献计算的b值平均为0.62±0.13。本实验的体重指数b值见表4-2，在0.708～0.948，平均为0.823。其中，10℃、15℃、25℃组b值符合上述一般范围，但是5℃和20℃组b值略大于一般范围。这种差异可能与实验所用扇贝的规格、生理状态、饵料及所处的环境有关。由表4-2还可以看出，随温度的升高，回归关系式中的b值呈减小的趋势，说明在较高的温度下，摄食率更容易受到体重大小的影响。

另外，由图4-3可以看出个体大小对虾夷扇贝吸收效率无显著影响（$P>0.05$）。不同个体大小的虾夷扇贝主要是通过调节其摄食率来满足自身营养需要的。

2. 温度对虾夷扇贝摄食率和吸收效率的影响

众多实验表明，在一定适温范围内，贝类的摄食率随温度升高而增大，到达某一温度达到最大，其后随温度升高摄食率反而下降。本实验虾夷扇贝摄食率也有相同的规律。Jørgensen 曾指出，温度升高贝类的摄食率增大，一方面是因为贝类的鳃丝纤毛的摆动与温度呈正相关，温度升高提高了纤毛的摆动频率，从而增加了摄食率。另一方面，水温升高海水的黏度降低，使滤水率增大，提高了摄食率。作者认为，在适宜的温度范围内，温度升高使贝类的生命活动加强，则滤水加快，摄食率随之增大；当水温超过一定的范围，环境条件变得不再适宜时，贝类的生命活动受到限制，摄食率则下降。由图4-4可以看出，不同规格虾夷扇贝的摄食率均在 15 ℃达到最大值，15 ℃为其最佳摄食温度。由表4-6可以看出，虾夷扇贝相对其他贝类最佳摄食温度较低，这体现了虾夷扇贝作为冷水种贝类的特性。据报道，当海水温度超过 23 ℃时，虾夷扇贝基本处于不摄食状态，导致机体消瘦甚至死亡。本实验发现，温度达到 25 ℃时，虾夷扇贝未出现死亡现象，但虾夷扇贝的摄食率非常低，温度是影响虾夷扇贝摄食生理的一个重要环境因子。同时，由表4-4温度和体重对摄食率的综合影响可以看出，温度和体重对摄食率的影响均极显著（$P<0.01$），且体重的影响作用大于温度的影响。

表4-6 几种贝类最大摄食率的温度值

种名	最大摄食率的温度值（℃）
菲律宾蛤仔 *Ruditapes philippinarum*	22
缢蛏 *Sinonovacula constricta*	20
栉孔扇贝 *Chlamys farreri*	24
海湾扇贝 *Argopecten irradians*	29
太平洋牡蛎 *Crassostrea gigas*	26

关于温度对贝类吸收效率的报道，许多研究认为温度和吸收效率的联系不大。有研究北极蛤和偏顶蛤的结果表明，在 4～12 ℃温度范围内吸收效率和温度无相关性，当温度达到 20 ℃吸收效率分别增加了 16％和 15％；Beiras 曾发现，食用牡蛎在 14～26 ℃范围内吸收效率增加了 15％；Albentosa 曾在研究 *Venerupis pullastra* 时发现，温度从 10 ℃增加到 20 ℃，其吸收效率增加了 17％。图4-5表明，当温度由 5 ℃升高到 10 ℃时，A、B、C、D 吸收效率均增加了近 30％，且组间多重比较分析显示，10 ℃吸收效率显著大于 5 ℃、15 ℃、20 ℃、25 ℃的吸收效率，且差异极显著（$P<0.01$）。笔者认为，温度的升高使扇贝处于比较适宜的环境，并会促使其体内消化酶的活性增强，其生理代谢也处于一个较高的水平，相应地导致吸收效率的增加。另外，当温度由 5 ℃升高到 10 ℃时，摄食率增加（图4-4），摄食率的升高也会导致吸收效率的增加。但是从

图4-4和图4-5可以看出，虾夷扇贝吸收效率最大值出现在10 ℃，摄食率最大值出现在15 ℃，这说明贝类吸收效率除了受温度的影响外，还可能与实验所用的饵料种类及饵料浓度有关。

二、长牡蛎

（一）长牡蛎呼吸、排泄及钙化的日节律研究

牡蛎是世界范围的养殖种类，也是我国主要的养殖贝类之一。在过去的20年中，牡蛎养殖业发展迅速，养殖规模大幅上升，到2010年，我国海水养殖牡蛎产量已达364万t，占海水养殖贝类总产量的24.6%。其中，长牡蛎于20世纪80年代初从日本引入我国，80年代末在我国北部沿海大面积养殖，是我国双壳贝类养殖中规模大、产量高的养殖品种之一。

呼吸、排泄及钙化是双壳贝类重要的生理生态学特征，其中，呼吸和排泄作为长牡蛎个体能量收支重要组成部分，也是反映其生理状态的主要指标。而随着全球环境问题与气候问题逐渐突出，近海与海岸带受到大气CO_2浓度升高与海洋酸化的严重影响，近海养殖贝类的钙化能力受到严峻挑战的同时，也受到了广泛的关注。在目前的大多数研究中，由于考虑到牡蛎滤水率较强，呼吸、排泄及钙化的实验多集中在短时间（2～4h）内完成，许多牡蛎生理模型的建立也是如此，对牡蛎代谢日节律的研究报道较少。

由于室内实验不能很好地模拟养殖海区实际的环境条件，包括饵料组成、水压、光照以及潮汐作用等物理环境特征，研究人员在研究贝类生理过程中，越来越重视现场研究的方法。本研究通过室内实验与养殖区现场实验互为对比的方法，对牡蛎代谢的日节律进行研究，以期为相关的牡蛎生理生态学研究提供理论参考（任黎华 等，2013）。

1. 实验所用长牡蛎的基本生物学特性

实验用长牡蛎分为3种规格，S：壳高（2.43±0.39)cm，湿重（2.52±0.96)g；M：壳高（5.47±0.45）cm，湿重（23.14±7.08）g；B：壳高（6.89±0.83）cm，湿重（42.63±3.13)g。

养殖区现场实验是从养殖绳上选取规格与室内实验规格相近的长牡蛎进行实验，具体的生物学数据如下，S：壳高（2.42±0.52)cm，湿重（2.45±0.16)g；M：壳高（5.23±0.74)cm，湿重（20.43±5.81)g；B：壳高（6.79±0.21)cm，湿重（41.68±1.47)g。

2. 长牡蛎的耗氧率

实验测得长牡蛎的耗氧率如图4-7所示，黑色虚线为该时间段的平均值，用以

显示其变化趋势。长牡蛎在各温度下的单位个体耗氧率，都遵循随规格变大而增高的规律。长牡蛎的耗氧率日变化趋势在 10 ℃、18 ℃幅度相对较大，在 20 ℃则较为平缓。不同水温下，各规格组长牡蛎的平均耗氧率见表 4-7。单因素方差分析显示，S10、M10 与 B10 各时间段组内差异显著（$P<0.05$）。S10 组与 M10 组出现一致的变化趋势，B10 除在 02∶10 时间段出现一个低值，其耗氧率的变化与其他两组也相对一致。

表 4-7　不同水温下各规格组长牡蛎的平均耗氧率

温度（℃）	平均耗氧率 [mg/(个·h)]		
	S 组	M 组	B 组
10	0.13±0.06	0.32±0.07	0.31±0.10
20	0.31±0.06	1.12±0.05	1.53±0.04
18	0.08±0.04	0.19±0.05	0.59±0.16

S20 组、M20 组内没有显著差异（$P>0.05$），长牡蛎耗氧率在 1 个日周期中相对稳定；B20 组内差异极显著（$P<0.01$），21∶20 时间段出现耗氧率最高值，显著高于其他时间段（$P<0.01$），除 09∶20 时间段外，02∶10—16∶20 长牡蛎耗氧率也相对稳定，各时间段组均无显著差异（$P>0.05$）。S18 组、M18 组、B18 组内均存在显著差异（$P<0.05$），3 个规格组从 03∶00 时间段出现耗氧率上升的趋势，12∶00 时间段出现一个显著高于其他各组值（$P<0.05$）后开始下降。从昼夜变化的趋势来看，水温 10 ℃条件下，长牡蛎在夜间（18∶40 至翌日 07∶00）耗氧率均高于白天，按平均值计算，夜间长牡蛎耗氧率平均高出约 0.07 mg/(个·h)；水温 20 ℃时，长牡蛎的耗氧率在全天相对稳定；现场实验结果为长牡蛎耗氧率白天（06∶00—15∶00）高于夜间，平均高出约 0.08 mg/(个·h)。

3. 长牡蛎的排氨率

实验测得长牡蛎排氨率的日变化如图 4-8 所示。

从图 4-8 可以看出，长牡蛎的排氨率在 1 d 中的变化较大，不同水温下，各规格组长牡蛎的平均排氨率见表 4-8。单因素方差分析显示，各规格长牡蛎排氨率在不同温度组内均存在显著差异（$P<0.05$）。在 10 ℃实验组中，S10 组与 M10 组的排氨率变化趋势相近，B10 组的排氨率在 02∶10 时间段，11∶40—16∶20 时间段出现低值。20 ℃实验组排氨率在 23∶40 至翌日 11∶40 之外的时间段也出现较大变化，3 个规格均在 16∶20 时间段出现最高值，14∶00 出现最低值，均与其他时间段差异显著（$P<0.05$）。

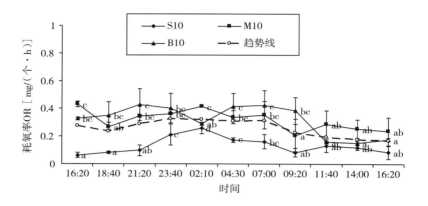

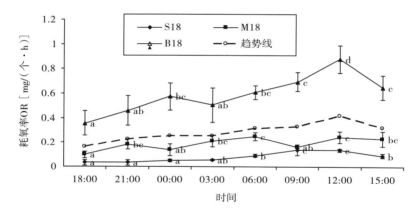

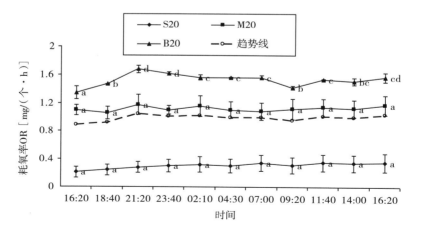

图 4-7　不同温度下长牡蛎耗氧率的日变化

[注：图中 S、M 及 B 分别为规格小、中、大；10、18 及 20 为水温，虚线表示总变化趋势。

同一规格组的线上相同英文字母表示差异不显著（$P > 0.05$）]

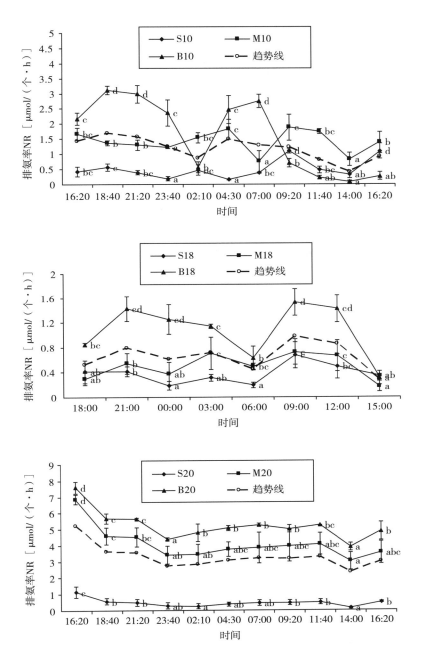

图 4 - 8　长牡蛎排氨率的日变化

［注：图中 S、M 及 B 分别为规格小、中、大；10、18 及 20 为水温，虚线表示总变化趋势。

同一规格组的线上相同英文字母表示差异不显著（P＞0.05）］

表4-8　不同水温下各规格组长牡蛎的平均排氨率

温度(℃)	平均排氨率 [μmol/(个·h)]		
	S组	M组	B组
10	0.50±0.32	1.41±0.38	1.61±1.23
20	0.47±0.26	4.09±1.03	5.22±0.94
18	0.38±0.16	0.50±0.20	1.07±0.44

现场实验中，长牡蛎的排氨率S组与M组随时间的变化趋势相近，高值与低值的出现点基本相同。B组排氨率变化曲线呈M形，在21:00至翌日03:00与09:00—12:00时间段出现显著高值（$P<0.05$）。

长牡蛎排氨率的昼夜变化趋势表现为：当10℃水温时，长牡蛎在夜间（18:40至翌日07:00）与白天出现两个相同的先降低后上升的趋势，两条趋势线的低值点分别为02:10与14:00时间段；当水温20℃时，除第一个16:20排氨率处于很高的水平外，白天与夜间的排氨率也呈现逐渐降低后升高的变化，趋势线低值点为23:40至翌日02:10与14:00时间段；现场实验则表明，长牡蛎的排氨率在昼夜体现出两个先上升后下降的趋势，低值点为06:00与15:00—18:00时间段。

4. 长牡蛎的钙化率

实验测得长牡蛎钙化率的日变化如图4-9所示。不同规格的长牡蛎在各实验条件下的钙化率变化趋势相近。

不同水温下，各规格组长牡蛎的平均钙化率见表4-9。

表4-9　不同水温下各规格组长牡蛎的平均钙化率

温度(℃)	平均钙化率 [μmol/(个·h)]		
	S组	M组	B组
10	29.1±17.0	44.6±21.9	39.8±25.3
18	9.1±7.7	11.1±6.8	18.7±10.3
20	32.9±24.2	28.2±11.9	35.7±25.1

单因素方差分析显示，钙化率在各规格与温度组内均存在极显著差异（$P<0.01$）。在10℃实验组中，长牡蛎钙化率在实验开始后的2h后出现明显升高（$P<0.05$），在02:10时间段回落到一个较低值。此外，在09:20与16:20时间段又出现显著高值（$P<0.05$）。现场实验的长牡蛎钙化率低于室内实验组，各规格组均在03:00—06:00时间段出现显著低值（$P<0.05$）。

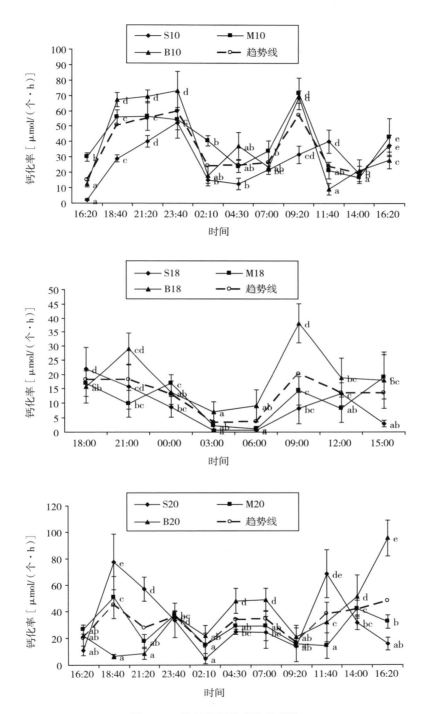

图 4-9　长牡蛎钙化率的日变化

[注：图中 S，M 及 B 分别为规格小、中、大，10、18 及 20 为水温，虚线表示总变化趋势。

同一规格组的线上相同英文字母表示差异不显著（$P>0.05$）]

室内实验的长牡蛎在 10 ℃与 20 ℃水温下钙化率变化较为复杂，没有明显的昼夜节律，而从现场实验来看，长牡蛎的钙化率则表现为夜间（18:00 至翌日 06:00）逐渐降低、白天逐渐升高的趋势。

5. 结论

水生动物昼夜节律的研究，多集中在鱼类。甲壳动物也有一部分的相关研究。贝类的昼夜节律研究虽然相对较少，但研究结果均表明贝类存在着生理代谢的昼夜变化。常亚青等（1998）在皱纹盘鲍耗氧率昼夜变化的研究中指出，皱纹盘鲍的耗氧率有明显的日变化。吴桂汉等曾测定了菲律宾蛤仔摄食的昼夜节律，证明其摄食率变化明显。

实验结果表明，长牡蛎的呼吸、排泄和钙化在一个日周期内会产生显著的变化。从实验结果来看，各温度组下的长牡蛎耗氧率、排氨率与钙化率的变化趋势总体相近，但不同温度条件下变化趋势则并不一致。从长牡蛎耗氧率的结果来看，10 ℃水温组与现场实验表现出不同的昼夜节律，说明长牡蛎的生理节律可能并不是一成不变的，其代谢情况也许会受到外界因素的影响，或者随环境变化而产生相应的改变。而结合耗氧率与排氨率的实验结果来看，长牡蛎的呼吸与排泄并不体现为同步的升高或者降低，这可能与其代谢方式有关。此前的研究中，通常将耗氧率作为动物新陈代谢活动规律的主要反映，从实验结果来看，昼夜变化中长牡蛎的排泄并不与其代谢水平直接相关。长牡蛎的钙化与其代谢活动不同，并没有明显的节律性。

长牡蛎在不同时间段的耗氧率、排氨率与钙化率变化显著，因此，以短时间内的代谢指标来代替其在某环境条件下的代谢状况可能会造成一定的偏差。从长牡蛎耗氧率结果中看，20 ℃水温条件下，S 组和 M 组长牡蛎的耗氧率在各时间段均没有显著差异，然而在 B 组中，耗氧率平均值为 1.53 mg/（个·h），与时间段 02:10—16:20（09:20时间段除外）的耗氧率处于相近水平。但在 10 ℃水温组与现场实验中，长牡蛎的耗氧率、排氨率与钙化率在各时间段间差异很大，以平均值确定实验时间段的方法也许并不准确。以水温 10 ℃下 S 组长牡蛎的耗氧率为例，平均耗氧率为 0.13 mg/（个·h）（表 4-7），而以耗氧率的最高值与最低值计算，分别为 0.26 mg/（个·h）与 0.06 mg/（个·h），最高值达到平均值的 2 倍，而最低值则不足平均值的一半，若以平均值确定时间段为 04:30—07:00，并不适用于其他规格组。贝类的呼吸、排泄和钙化率的测定通常采用静水和流水的方法，在一段时间内进行测定，考虑到贝类自身的代谢节律，这些生理指标的测定应该在多个时间段进行，测得的指标才能更接近于贝类代谢的平均值。

有关牡蛎摄食受日节律的影响，在 Brain 于 1971 年的研究中得出以下结论：07:00—19:00 时间段，牡蛎内收肌的活动比夜晚更加频繁，在白天每小时有 1～5 次的内收活动，与 Brown 在 1954 年的结论一致，但是，从本实验的结果来看，内收运动的频率并不与牡蛎代谢活动相一致，这可能与长牡蛎的代谢方式有关。对比 Brain 对牡蛎外套腔液体、胃部液体的 pH 变化情况的研究可以发现，牡蛎的代谢方式可能为累积型，并不是随贝壳的开合而持续进行。而牡蛎胃液的黏稠度、晶状体体积及 pH 的变化则表明，牡蛎受到潮汐节律的影响较大。

实验存在着一些问题，一是人为扰动对长牡蛎造成的生理影响，二是室内实验与现场实验的结果差距较大。一方面可能由于现场实验的长牡蛎未经过暂养，直接用于实验；另一方面，也可能受到室内海水的影响。实验过程中发现，实验海水的氨氮本底值高于现场海水，可能是影响实验结果的一个原因，相关的研究还有待进一步验证。

（二）筏式养殖长牡蛎生物沉积物的有机物含量、沉降速度

在我国北方，长牡蛎多采用筏式绳养的养殖方式，牡蛎附着于养殖苗绳上，直接将其生物沉积物（包括真粪和假粪）排到养殖水体中。

与网箱养殖相似，养殖贝类排出大量的有机物以生物沉积物的形式累积到养殖区海底，必将对养殖区底质的环境造成严重的影响，包括氨氮的释放、溶解氧消耗增多、海底生物多样性改变等。养殖贝类带来的有机物累积对养殖区环境影响、碳埋藏及其他的生态学效应开始得到国内外研究人员的重视。

近年来，国外对筏式养殖贻贝的生物沉积物进行了大量的研究，包括贻贝生物沉积物组分含量的季节变化、生态养殖贻贝生物沉积物的溶解和扩散、筏式养殖贻贝对周围表层沉积物的影响。这些研究对贻贝生物沉积物的有机物含量、形态、沉降速度、潜在的扩散范围以及对养殖区底质的影响等进行了报道，一些生物沉积作用的模型也在这些研究基础上进行了构建。但关于牡蛎筏式养殖在此方面的研究很少。

牡蛎具有很强的滤水率及生物沉积能力。据季如宝（1998）在贝类养殖对海湾生态系统的影响中报道，在广岛湾的养殖区，420 000 只牡蛎在 9 个月的养殖期间，产生近16 t 的粪便和假粪。如此大量的生物沉积物对养殖区底质带来的影响将是十分巨大的。本实验通过参考国外对贻贝生物沉积物的研究方法，在 2012 年 4—12 月，对 3 种规格长牡蛎的生物沉积物进行了相关研究。内容主要包括长牡蛎生物沉积物有机物含量的季节变化、平均沉降速度及主要的频率分布范围、潜在的扩散距离。本研究对筏式养殖贝类的生物沉积作用及其生物沉积物对环境影响的认识，以及相关的模型构建均有重要的参考价值。

1. 研究方法

长牡蛎生物沉积物沉降速度的测定方法参考 Phillips（2009）的现场测定方法，使用盛有醋酸纤维滤膜（0.45 μm）过滤海水的 2 L 量筒测定。用塑料吸管将随机选择的生物沉积物颗粒转移到盛水的量筒上方。距水面 5 cm 的水柱用来缓冲放置颗粒引起的速度偏

差。5 cm 下的量筒上标出 20 cm 的距离间隔，$n > 20$，记录生物沉积物通过 20 cm 所需要的时间（t）、生物沉积物的沉降速度（v），即为 $v = 20/t$，单位为 cm/s。

汇总各个月份的长牡蛎生物沉积物沉降速度，以 0.2 cm/s 为一个速度间隔，统计低于 0.5 cm/s，高于 1.9 cm/s 以及中间的各速度范围出现的频率分布，$n > 250$，以此体现长牡蛎生物沉积物的沉降速度分布情况。

养殖区长牡蛎的生物沉积物潜在扩散距离的计算参考 Silveret 等（2001）在水产养殖对环境影响中提出的颗粒扩散范围估算公式：$D = V \cdot d/v$，D 代表扩散范围（cm），V 代表流速（cm/s），d 是水深（cm），v 是颗粒物的沉降速度（cm/s）。

2. 牡蛎养殖区的海流情况及水质参数指标

牡蛎养殖区的海流情况如图 4 - 10 所示。养殖区最大流速为 18.4 cm/s，流向为 239°，平均流速为（5.79±4.29）cm/s，平均流向为（112.86±70.59）°。养殖区主要的水质参数指标列于表 4 - 10 中，实验期间养殖区水温 5.5～23.3 ℃；海区盐度稳定在 30 左右；pH 最低值 7.49 出现在 9 月；溶解氧最低值在 8 月，5 月、11 月、12 月超过了 10 mg/L；叶绿素 a 浓度在 9—11 月处于较低的水平，仅为 1.1 μg/L 左右；POM 在 7 月、8 月与 10 月浓度均高于 8.1 mg/L。

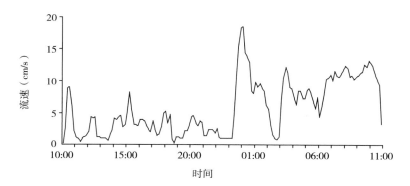

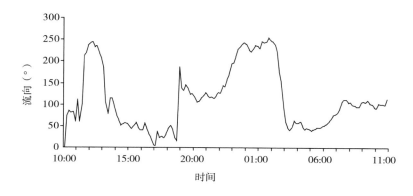

图 4 - 10　养殖区海流流速与流向情况

表 4 - 10　养殖区水质参数

日期	水质参数					
	水温（℃）	盐度	pH	溶解氧（mg/L）	叶绿素 a（μg/L）	POM（mg/L）
4 月 24 日	15.4	30.17	8.27	9.48	2.23	4.15
5 月 26 日	18.8	30.91	8.32	11.26	2.94	6.96
6 月 26 日	19.5	30.32	8.45	9.57	3.77	6.2
7 月 28 日	20.7	30.46	8.01	9.47	3.58	9.06
8 月 28 日	23.3	30.11	8.22	8.23	2.27	8.71
9 月 26 日	22.8	30.13	7.49	8.45	1.20	5.02
10 月 24 日	18.6	30.56	8.43	9.39	1.07	8.18
11 月 24 日	12.4	30.1	8.15	10.01	1.18	4.32
12 月 22 日	5.5	30.29	8.36	10.82	2.49	5.94

3. 长牡蛎生物沉积物的有机物含量及其与水质条件的相关性

长牡蛎生物沉积物各月份的有机物含量如图 4 - 11 所示。单因素方差分析显示，长牡蛎规格对其生物沉积物的有机物含量影响不显著（$P < 0.05$）。其中，除 5 月小规格组与 6 月大规格组生物沉积物的有机物含量显著高于同月其他规格（$P < 0.05$），10 月与 11 月大规格组显著低于同月其他规格（$P < 0.05$）外，其他月份中没有显著差异（$P > 0.05$）。而长牡蛎生物沉积物的有机物含量，在各月份间表现为极显著差异（$P < 0.01$）。在不同月份中，长牡蛎生物沉积物的有机物含量最低值仅为 11.7%，而最高值约为 22.3%。从变化趋势上来看，生物沉积物的有机物含量在 8—9 月有一个明显的下降趋势，从 21%～23% 下降到 11%～13%。

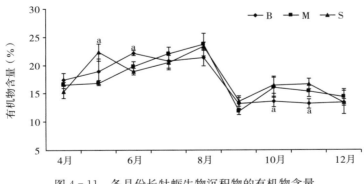

图 4 - 11　各月份长牡蛎生物沉积物的有机物含量

通过线性分析发现，长牡蛎生物沉积物的有机物含量与养殖区水体叶绿素 a 与 POM 浓度存在良好的线性关系（$P < 0.01$），如表 4 - 11 所示。其拟合方程分别为：$C_{（有机物）} =$

$2.381C_{chl-a} + 11.938$（$P = 0.000 < 0.01$）及 $C_{（有机物）} = 1.250C_{POM} + 9.293$（$P = 0.001 < 0.01$）。

表 4 - 11　长牡蛎生物沉积物有机物含量与叶绿素 a、POM 浓度的线性相关关系

项目	A	B	R²	F	P	N
有机物含量和叶绿素 a 浓度	2.381	11.938	0.441	17.434	0.000	27
有机物含量和 POM 浓度	1.250	9.293	0.376	15.068	0.001	27

4. 长牡蛎生物沉积物的平均沉降速度及频率分布

各月份长牡蛎生物沉积物的平均沉降速度见表 4 - 12。各规格组长牡蛎生物沉积物的平均沉降速度如下，B 组：（1.42±0.72）cm/s；M 组：（1.16±0.54）cm/s；S 组：（0.93±0.49）cm/s。长牡蛎的生物沉积物沉降速度均存在一个很大的差异范围。长牡蛎生物沉积物的沉降速度范围 S 组为 0.20～1.73 cm/s，B 组为 0.29～2.67 cm/s。因此，以平均值表示的各月长牡蛎生物沉积物的沉降速度，其数据标准偏差较大。

表 4 - 12　各月长牡蛎的生物沉积物的平均沉降速度

月份	沉降速度（cm/s）		
	B 组	M 组	S 组
4	1.34±0.56	1.17±0.61	0.52±0.26
5	1.87±0.80	1.38±0.59	1.11±0.41
6	1.31±0.62	0.98±0.59	0.80±0.57
7	1.48±0.77	1.05±0.46	0.75±0.25
8	0.84±0.18	0.87±0.30	0.95±0.56
9	1.39±0.57	1.44±0.58	0.85±0.23
10	1.55±0.66	1.31±0.49	1.28±0.48
11	1.67±0.68	1.09±0.38	0.93±0.39
12	0.85±0.56	0.94±0.73	0.65±0.45
平均值	1.42±0.72	1.16±0.54	0.93±0.49

经汇总统计后，将生物沉积物的沉降速度以范围的形式，列于频率分布图中（图 4 - 12）。从图 4 - 12 中可以看出，B 组长牡蛎生物沉积物的沉降速度多集中于 0.7～1.5 cm/s 的速度区间，而大于 1.9 cm/s 的部分也占到很高的比例，约为 25.2%；M 组长牡蛎生物沉积物的沉降速度频率分布集中于 0.5～1.5 cm/s，占总比例的 72.5%；S 组中，低于 0.5 cm/s 的沉降速度频率占总数的 18.5%，低于 1.3 cm/s 的部分达到了 79.9%。

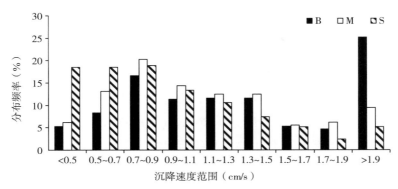

图 4-12 各规格组长牡蛎生物沉积物沉降速度频率分布

5. 长牡蛎生物沉积物潜在的扩散范围

通过颗粒扩散范围估算公式：$D = V \cdot d/v$ 进行估算，长牡蛎筏式养殖区平均水深 d 为 700 cm，以平均流速结合平均沉降速度估算得出长牡蛎生物沉积物平均扩散范围为 $(35.1 \pm 20.2) \sim (54.7 \pm 33.2)$ m，最大扩散范围为 194.7~402.6 m（表 4-13）。如果以最大瞬时流速与生物沉积物最低沉降速度来计算，生物沉积物可扩散到 1 090.7 m。

表 4-13 长牡蛎生物沉积物潜在的扩散范围

组别	平均扩散范围（m）	最大扩散范围（m）
B 组	35.1±20.2	194.7
M 组	41.4±21.5	284.2
S 组	54.7±33.2	402.6

6. 结论

通过静水水柱测定粪便颗粒沉降速度的方法，在多种海洋生物的研究中均有报道，如桡足类、鱼类、海鞘、贝类等。其中，关于筏式养殖贝类生物沉积物的研究越来越多，国内外的研究人员通过结合养殖区环境特点与贝类生物沉积物的沉降动力学，针对养殖贝类产生的生物沉积物对环境造成的影响进行相关研究。贝类通过生物沉积作用加强物质从海水到海底的输运很早即引起人们的关注，而关于贝类生物沉积物沉降动力学的研究则在近年来逐渐成为人们关注的热点。本研究利用静水水柱测定生物沉积物颗粒沉降速度，结合养殖区海流条件，对不同规格长牡蛎在 4—12 月向海底产生的生物沉积物有机质及潜在的扩散范围进行分析。

关于长牡蛎生物沉积作用的研究，此前早有报道。王俊等（2005）研究中发现，不同规格的长牡蛎生物沉积率在 26.3~103.7 mg/（个·d），基于我国如此庞大的牡蛎养殖规模，长牡蛎通过生物沉积作用，将大量的有机物从海水沉积到海底。海区养殖的贝类，以海水中的颗粒有机物质为饵料，其食物的组成成分必将受到时间和空间的影响。随着养殖海域海水中颗粒有机物及叶绿素 a 浓度的变化，贝类产生的生物沉积物的有机物含量也应发生相应的变化。在长牡蛎生物沉积作用的研究中，Bernard 报道的有机物含量年度变化为 18.6%～46.5%；王俊等（2005）3—9 月的实验结果为 15%～32%，最高值均高于本研究的实验结果，这可能与养殖海区自然条件的不同有关。8—9 月，长牡蛎生物沉积物有机物含量出现明显的下降趋势。从海区叶绿素 a 浓度与颗粒有机物含量的结果来看，叶绿素 a 浓度从 2.27 $\mu g/L$ 下降到 1.20 $\mu g/L$，POM 含量也由 8.71 mg/L 降低至 5.02 mg/L，这可能是导致长牡蛎生物沉积物有机物含量下降的直接原因。线性分析发现，长牡蛎生物沉积物含量与养殖区叶绿素 a 及 POM 浓度存在良好的线性关系，这与 Bernard 和王俊的结论相符。

大生物个体产生较大的生物沉积物颗粒，此种规律在长牡蛎中同样存在。在大量生物沉积物颗粒沉降速度的报道中，生物沉积物颗粒沉降速度与颗粒宽度均存在很好的相关性。因此，从各月份看，不同规格长牡蛎的生物沉积物沉降速度多存在 B 组＞M 组＞S 组的关系。而且从沉降速度的频率分布来看，大规格组的牡蛎在高于 1.9 cm/s 的速度范围有超过 25% 的比例。由于贝类生物沉积物的沉降速度有很大的跨度范围，以频率分布的形式进行描述可以更为合理有效地体现贝类生物沉积物主要的沉降速度集中范围。

贝类产生的生物沉积物，在海流的作用下，以一定的速度沉降到海底，生物沉积物沉降速度、流速与水深是生物沉积物潜在扩散范围的主要影响因子。而这些因子中很小的差别就会对估算的扩散范围结果带来很大的影响。大规格长牡蛎的生物沉积物由于具有较快的沉降速度，故其平均的扩散范围也更近，约为 35.1 m。而小规格长牡蛎的生物沉积物在最慢的沉降速度时，扩散距离可达 402.6 m（表 4 - 13）。据报道，养殖区水深为 10 m 的皱纹盘鲍生物沉积物主要的扩散范围为 74～134 m，与本实验结果相近。水深 8 m、平均流速 5.5 cm/s 的贻贝养殖区，生物沉积物的扩散范围为 7～24.4 m；而以最大流速 18 cm/s 计算的最大扩散范围为 79.7 m。蒋增杰等（2012）估算的网箱养殖区鱼类粪便和残饵的扩散范围分别为 91～113 m 和 43～100 m，而采用稳定同位素检测的扩散范围达到了 400 m。除其报道中分析的野生鱼类扰动与再悬浮作用影响外，不同时期的流速与颗粒沉降速度也可能是造成巨大差异的原因之一。考虑到水环境海流，水中其他生物个体及再悬浮等作用的影响，生物沉积物在沉降过程中，可能会扩散到更远的距离。

（三）养殖长牡蛎及其 3 种附着生物呼吸熵的测定

呼吸熵（RQ）是动物生理及能量代谢的常用指标之一。其定义为单位时间内进行呼吸作用的生物代谢呼吸底物释放 CO_2 的量与消耗 O_2 的量的摩尔比值。在呼吸熵的概念提出后，它被多个方向的生理及能量代谢研究广泛采用，其中，包括海洋浮游动物、土壤微生物、发酵生物技术、昆虫、哺乳动物，以及临床医学等。在水产研究方向中，包括鱼类、虾类、蟹类、螺类以及双壳类。

在大多数呼吸熵的测定中，实验前后 CO_2 的含量变化，直接被应用于呼吸熵的计算中，这对大多数生物是可行的。但是在水产动物呼吸熵的研究中，特别是具壳的动物，由于动物个体除呼吸作用会对实验水体 CO_2 的含量产生影响外，外壳生成的钙化作用同样也是影响水体 CO_2 含量的一个重要因素。然而在多数的研究中，钙化作用对 CO_2 的影响都被忽视了（周洪琪，1990；庄平 等，2012；孙陆宇 等，2012）。

钙化生物在钙化过程中发生以下化学反应：

$$Ca^{2+} + 2HCO_3^- \longrightarrow CaCO_3 + H_2O + CO_2$$

从反应式可以看出，每生成 1 mol $CaCO_3$ 需要消耗 2 mol HCO_3^-，生成 1 mol CO_2。而从呼吸作用的化学反应式 $CO_2 + CO_3^{2-} + H_2O \longrightarrow 2HCO_3^-$ 来看，呼吸作用不会影响水体总碱度。因此，结合总碱度与 CO_2 排出总量的测定，为计算具壳水产动物呼吸熵的测定，提供了理论依据。氧氮比是指示动物呼吸与排泄的重要生理指标，也是说明动物代谢生理规律的重要参数之一。与呼吸熵相同，通过测定生物氧氮比也可以分析生物的代谢情况，两者可以互相佐证。

长牡蛎是我国最为常见的养殖贝类之一，在北方主要以筏式养殖为主。其粗糙的贝壳与大量的养殖苗绳，为附着生物提供了丰富的附着基。在桑沟湾的养殖长牡蛎苗绳上，最为常见的附着生物包括紫贻贝、玻璃海鞘与柄海鞘。本文拟通过对养殖长牡蛎及其 3 种附着生物（长牡蛎与紫贻贝为具壳种类）呼吸熵的测定，并同时结合氧氮比的测定加以比对，探讨水产动物呼吸熵测定中钙化作用的影响。

1. 耗氧率、氨氮排泄率、钙化率及呼吸熵的计算方法

实验生物耗氧率、氨氮排泄率可按照下式计算：

$$R_a = (C_t - C_0) \times V / (W \times T)$$

式中　R_a——实验生物耗氧率 $[mg/(g \cdot h)]$、氨氮排泄率 $[\mu mol/(g \cdot h)]$；

C_t——实验结束时实验瓶 DO 含量（mg/L）、氨氮含量（$\mu mol/L$）；

C_0——实验结束时对照瓶 DO 含量（mg/L）、氨氮含量（$\mu mol/L$）；

V——代谢瓶体积（L）；

W——实验生物软组织干重（g）；

T——实验时间（h）。

根据计算的耗氧率与氨氮排泄率，可以计算得出实验生物的氧氮比。钙化率、水体总碱度和 DIC 变化情况的计算情况如下。

$CaCO_3$ 的生成速率是总碱度降低速率的一半，故长牡蛎与贻贝的钙化率减少可表达为：

$$R_{Ca} = (C_t - C_0) \times V / 2 (W \times T)$$

式中　R_{Ca}——长牡蛎与贻贝钙化率 $[\mu mol/(g \cdot h)]$；

　　　C_0——实验结束时实验瓶扣除氨氮后 TA 含量（$\mu mol/L$）；

　　　C_t——实验结束时对照瓶扣除氨氮后 TA 含量（$\mu mol/L$）。

由钙化作用减少的 DIC 的量 ΔC_{DIC}（mg/L）可以通过水体总碱度的变化 ΔTA（$\mu mol/L$）进行计算：

$$\Delta C_{DIC} = \Delta TA/2 \times 44/1\,000$$

而实验水体总 CO_2 产生量，则通过软件计算所得的实验结束时实验瓶的 DIC 含量变化 ΔM_{DIC}（mg/L）与 ΔC_{DIC} 相加获得，并由此得出实验生物 CO_2 排出率 R_{CO_2} $[mg/(g \cdot h)]$：

$$R_{CO_2} = (\Delta M_{DIC} + \Delta C_{DIC}) \times V/(W \times T)$$

呼吸熵的计算：

$$RQ = (R_{CO_2}/44)/(R_{O_2}/32)$$

式中，R_{CO_2} 为 CO_2 的排出率 $[mg/(g \cdot h)]$，R_{O_2} 为耗氧率 $[mg/(g \cdot h)]$。

2. 呼吸率与氨氮排泄率

4 种实验生物的耗氧率（R_{O_2}）氨氮排泄率（$R_{NH_4^+-N}$）与氧氮比（O/N）见表 4 - 14。

表 4 - 14　实验生物的耗氧率、氨氮排泄率及氧氮比

项目	长牡蛎	紫贻贝	玻璃海鞘	柄海鞘
耗氧率 $[mg/(g \cdot h)]$	1.99±0.61	1.20±0.37	2.81±0.45	1.11±0.10
氨氮排泄率 $[\mu mol/(g \cdot h)]$	4.96±1.81	3.01±1.35	13.69±4.03	4.00±1.91
氧氮比	26.4±6.26	35.65±8.91	12.86±2.55	25.57±12.71

通过模型计算获得的实验瓶水体 CO_2 浓度变化记为 ΔM_{CO_2}，水体总碱度变化为 ΔTA，结合公式计算的钙化率（R_{Ca}）与钙化引起的 CO_2 减少（ΔC_{CO_2}）记于表 4 - 15。

表 4 - 15　实验生物的钙化率与水体总碱度和 CO_2 变化情况

项目	长牡蛎	紫贻贝	玻璃海鞘	柄海鞘
ΔM_{CO_2}（mg/L）	2.27±0.75	2.29±0.51	2.00±0.29	3.16±0.75
ΔTA（$\mu mol/L$）	168.94±29.23	67.87±2.72	2.18±0.51	1.63±0.23
R_{Ca} $[\mu mol/(g \cdot h)]$	56.37±14.85	17.95±7.21	—	—
ΔC_{CO_2}（mg/L）	3.72±0.80	1.48±0.14	—	—
R_{CO_2} $[mg/(g \cdot h)]$	3.81±1.47	1.95±0.64	4.29±0.75	2.00±0.48

注："—"表示项目不存在。

实验结果显示，实验水体总碱度在钙化生物组中变化明显，长牡蛎组与紫贻贝组分别下降了（168.94±29.23）$\mu mol/L$ 与（67.87±2.72）$\mu mol/L$。但是在两个不进行钙化

作用的实验组中，变化很小，仅为 $1.63\sim2.18~\mu mol/L$。钙化生物通过钙化作用引起的 CO_2 减少量在长牡蛎组为 (3.72 ± 0.80) mg/L，紫贻贝组为 (1.48 ± 0.14) mg/L，分别占到呼吸增加 CO_2 的 $(60.88\pm7.61)\%$ 与 $(39.83\pm5.73)\%$。

结合总 CO_2 的变化率与耗氧率，通过公式计算的 4 种实验生物的呼吸熵列于表 4 - 16。其中，具有钙化作用的生物分为是否将钙化引起的 CO_2 减少计入 CO_2 排出率的校正前与校正后的呼吸熵。

表 4 - 16 实验生物的呼吸熵

项目	长牡蛎	紫贻贝	玻璃海鞘	柄海鞘
校正前呼吸熵	0.56 ± 0.19	0.70 ± 0.04	—	—
呼吸熵	1.38 ± 0.19	1.18 ± 0.11	1.11 ± 0.05	1.32 ± 0.19

注："—"表示项目不存在。

3. 结论

部分海洋生物可以通过利用海水中的 Ca^{2+} 和 HCO_3^- 生产 $CaCO_3$，这些 $CaCO_3$ 以文石和方解石的形式形成动物的骨架和外壳，这个过程称为生物钙化作用。钙化是具壳生物重要的生理活动之一，它与呼吸作用同时进行，影响着水体的碳酸盐体系，是计算 CO_2 收支中不可忽略的部分。

Barber 和 Blake 在测定海湾扇贝的呼吸熵时就指出，CO_2 在新生成贝壳中的含量需要进行检测。然而在他的实验过程中，没有检测到总碱度的变化。张明亮等（2011）在养殖栉孔扇贝对桑沟湾碳循环贡献的研究中，更加深入地对实验水体溶解无机碳的变动情况进行了分析，却没有进一步得出钙化作用引起的 CO_2 变动在呼吸熵计算中所占的比例，而以生长条件相近的具壳生物与无钙化生物作为比较，也可以较好地体现钙化作用所产生的影响。此外，同为双壳贝类的不同种类间也存在着较大差距。经过约 1.5 年养殖周期的长牡蛎，其商品规格约形成 30 g 的钙质外壳，而紫贻贝的贝壳则小得多。因此，不同钙化能力的贝类，其钙化作用在呼吸熵计算过程中的影响也存在差异。实验结果表明，长牡蛎钙化作用引起的 CO_2 减少，甚至超过了实验水体的 CO_2 浓度变化（表 4 - 15），即钙化作用减少的 CO_2 占到呼吸产生 CO_2 的一半以上，紫贻贝钙化作用引起的 CO_2 减少约占 39%。

如果碳水化合物作为代谢底物被氧化，所有的 O_2 被用来形成 CO_2，那么 RQ 值应该为 1.0。如果蛋白质和脂类被氧化，部分的 O_2 会形成水，RQ 值则会分别为 0.79 与 0.71 （Richardson，1929）。如果 RQ 值大于 1.0，意味着碳水化合物转化为脂类。而从 O/N 的数值上来看，从蛋白质代谢而来的氨完全排出，碳全部转化为 CO_2，则 O/N 的值应该为 7~9.3。O/N 比越大，则意味着蛋白质代谢越低。O/N 值大于 24，则表示代谢完全为碳水化合物代谢（Mayzaud，1973）。从实验结果来看，4 种生物在实验条件下的呼吸熵均大于 1.0，表明 4 种实验生物的生理代谢处于碳水化合物转化为脂类的过程。而 O/N 的结果则表明，除玻璃海鞘为 12.86 ± 2.55 外（表 4-14），其余 3 种实验生物的 O/N 值均大于 24，与呼吸熵的结果相符。然而，如果未计入钙化作用引起的 CO_2 变化，长牡蛎与紫贻贝的呼吸熵仅为 0.56 ± 0.19 与 0.70 ± 0.04，则与 O/N 值不相符。根据张继红等（2000）对柄海鞘与玻璃海鞘的 O/N 的实验结果，水温为 23 ℃时，柄海鞘与玻璃海鞘 O/N 值分别为 20 和 30 左右。其中，柄海鞘的实验结果与本研究相近。而从水样分析的结果来看，玻璃海鞘的 O/N 值处于较低水平的原因为氨氮值较高，这可能是由玻璃海鞘群体附着基难以冲洗干净造成的。

实验生物排泄产生的 NH_3，能够结合水体中的 H^+，因而使水体中的总碱度升高。尤其是在实验小水体中，钙化作用造成的总碱度下降范围是否会受到氨氮产生的影响，也在本实验中得到验证。玻璃海鞘与柄海鞘的氨氮排泄在实验水体中引起的总碱度变化处于很低的水平（表 4-15），这与 Gazeau 等（2007）、Barber 和 Blake（1985）的实验结论相同。

（四）长牡蛎对食物颗粒的选择性

随着滤食性贝类的养殖规模和密度的不断扩大，养殖的贝类通常成为海域的主要优势种。大量贝类的滤食活动可能改变浮游系统的丰度和组成，进而影响浮游生物的种群动力学。同时，养殖的海域多为浅海港湾，近岸水域浮游系统的颗粒浓度和质量浓度经常处于波动的状态，有可能反过来影响贝类的滤水率和食物颗粒的选择性，从而影响养殖容量的准确评估，因为颗粒保留效率是评估海域贝类养殖容量的重要参数之一。目前，已经建立的许多模型来模拟贝类的生长及预测贝类的产量，但是，关于贝类的保留效率及颗粒食物的波动对保留效率的影响研究还相对匮乏。

滤食性贝类通过鳃丝及其上的纤毛，将流过鳃部水中的颗粒物质保留下来，保留效率的大小影响着食物的摄入量。保留效率并不是一成不变的，可能受多种因素的影响，如颗粒食物的数量浓度和质量浓度等。尽管关于滤食性贝类对不同规格颗粒的保留效率有一些报道，尤其是对世界性广分布种（如紫贻贝和太平洋牡蛎）的研究较多，然而目前的结果有很多的不一致性。例如，Héral 曾研究报道，太平洋牡蛎对直径大于 6 μm 的颗粒保留效率达到 100%。Barillé 等研究认为，太平洋牡蛎的保留效率受颗粒食物数量浓度的影响，但不受质量浓度的影响；与之相反，Report 和 Goulletquer 的研究结果显示，太平洋牡蛎对于直径大于 12 μm 的颗粒保留效率为 85%，而对质量浓度较低的生物沉积物的保留效率仅为 47%，这意味着太平洋牡蛎的保留效率受颗粒食物质量浓度的影响。一些研究显示，颗粒食物数量浓度会对紫贻贝的保留效率产生负面影响；相反，Ward 等却认为颗粒食物的数量浓度和颗粒物表面的特性，对紫贻贝和斑马贻贝的保留效率没有显著的影响。

1. 实验方法

采用人为调控的方法，分别设置自然海水（NSW）、自然海水＋人工培养的饵料单胞藻实验，研究长牡蛎对不同质量、数量的颗粒物的选择性。饵料单胞藻为 f/2 培养基培养的等边金藻。通过加入饵料单胞藻，以调解颗粒食物的质量浓度。3 个浓度级别为低浓度、中浓度和高浓度，各组颗粒食物的数量浓度和质量浓度详细情况见表 4-17。颗粒食物的质量浓度指标为叶绿素 a，3 个级别的叶绿素 a 浓度分别为 3.2 μg/L、21.5 μg/L 和 61.8 μg/L。采用模拟现场流水的方式，对长牡蛎的食物选择性进行测定。长牡蛎放入流水槽中适应 1 h，在这期间调节水的流速，使出、入水槽的水中的悬浮颗粒物质的浓度降低 5％～35％，以使水槽中的水未被扇贝循环过滤，从而尽量减少实验的系统误差。用颗粒计数器测定悬浮颗粒的数量浓度和体积浓度。颗粒计数器的型号为 Coulter Multisizer Ⅱ，小孔管为 100 μm，每次进样 0.5 mL，计数颗粒的粒径范围为 1.96～62.8 μm。

2. 计算公式

保留效率（Retention efficiency，RE）的计算公式：

$$RE = [1 - (C_2/C_1)] \times 100\%$$

其中，C_1 和 C_2 分别为对照水槽和实验水槽出水管处水中的某一粒径的悬浮颗粒浓度（mg/L）。实验结束后经烘箱 60 ℃ 烘干（48 h），测栉孔扇贝的组织干重。标准保留效率（standardizing retention efficiency，REs）：在颗粒粒径为 1.96～62.8 μm 范围内，将保留效率最大值视为贝类能够 100％摄食，某一粒径的悬浮颗粒物的保留效率与最大值的比值称为标准保留效率。

3. 颗粒食物的数量浓度和质量浓度

各组颗粒食物的数量浓度和质量浓度的平均值情况详见表 4-17。自然海水及自然海水＋饵料单胞藻各组别的粒径分布情况见图 4-13。实验用等边金藻的粒径主要分布范围为 3.2～7.6 μm，众数值为 5 μm。通过加入不同浓度的等边金藻来调整食物的质量浓度，同时，数量浓度没有显著的改变。

在添加单胞藻实验组中的低浓度条件下，食物的数量浓度和质量浓度都增加了 1 倍（叶绿素 a 浓度由自然海水组中的 1.5 μg/L 增至 3.2 μg/L；TPM 由 10.0 mg/L 增至 20.7 mg/L）（表 4-17），可能是由于海水中颗粒物的波动。

表 4-17　各实验组颗粒食物的数量浓度和质量浓度参数

日期	颗粒食物条件	测定时间	颗粒物体积浓度（mm³/L）	总悬浮颗粒物浓度 TPM（mg/L）	颗粒有机物浓度 POM（mg/L）	颗粒数量浓度（个/L）	叶绿素 a 浓度（μg/L）	颗粒有机物与总悬浮颗粒物的比值（％）
5 月 1 日	自然海水组	09:00	2.9	10.0	1.0	8.87	1.5	10.00

（续）

日期	颗粒食物条件	测定时间	颗粒物体积浓度（mm³/L）	总悬浮颗粒物浓度 TPM（mg/L）	颗粒有机物浓度 POM（mg/L）	颗粒数量浓度（个/L）	叶绿素 a 浓度（μg/L）	颗粒有机物与总悬浮颗粒物的比值（%）
5月1日	自然海水加藻低浓度组	11:35	3.1	20.7	3.1	11.04	3.2	14.98
5月1日	自然海水加藻中浓度组	14:00	4.1	6.5	1.8	12.11	21.5	27.69
5月1日	自然海水加藻高浓度组	15:00	9.5	8.6	4.8	17.11	61.8	55.81

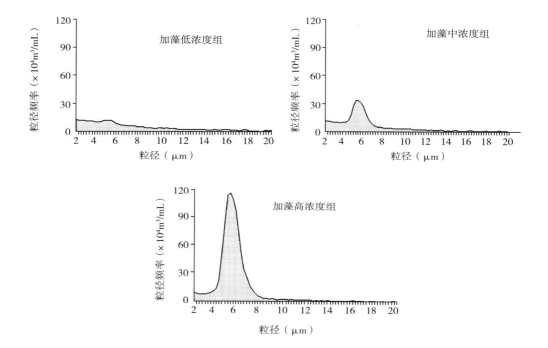

图 4-13　自然海水及自然海水＋饵料单胞藻各组别的粒径分布情况

4. 长牡蛎在自然海水中对悬浮颗粒物的保留效率

在自然海水条件下，长牡蛎的保留效率随着颗粒粒径的增大而逐渐增加，长牡蛎在粒径为 6 μm 时，保留效率达到最大值，不再随颗粒粒径的增大而增加；其最大保留效率为 40%。

长牡蛎对小颗粒物（粒径 1.96 μm）的保留效率为 19%（图 4-14），相对应的标准保留效率为 68%。对于粒径为 4 μm 的颗粒物，长牡蛎的保留效率为 27%，标准保留效率为 67%。

5. 食物的数量浓度和质量浓度对长牡蛎保留效率的影响

在加藻低浓度实验组，长牡蛎的保留效率对颗粒食物质量浓度变化的响应趋势与自然海水组的基本一致（图 4 - 15），即保留效率随着颗粒粒径的增大而逐渐增加。

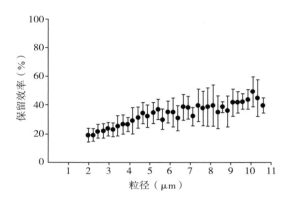

图 4 - 14　长牡蛎在自然海水条件下对不同粒径颗粒物的保留效率

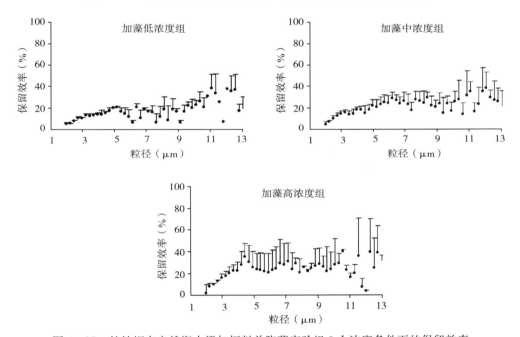

图 4 - 15　长牡蛎在自然海水添加饵料单胞藻实验组 3 个浓度条件下的保留效率

在加藻中浓度实验组，颗粒食物的数量浓度没有显著的变化，质量浓度指标——叶绿素 a 浓度显著增加，由自然海水组的 1.5 μg/L 增至 21.5 μg/L。长牡蛎对粒径 6 μm 颗粒的保留效率没有显著增加，保留效率为 31%，标准保留效率接近 100%。同时，最大保留效率比自然海水组略有降低。

在加藻高浓度实验组，长牡蛎保留效率的变化趋势与加藻中浓度实验组不同。在粒径 4.8 μm 处达到峰值。与加藻中浓度实验组的不同之处，从标准偏差值中可见，加藻高浓度实验组的长牡蛎表现出明显的个体差异；对粒径 2 μm 的小颗粒物的保留效率降低，仅为 1.4%，最大保留效率降低。

可见，同自然海水组相比，随着质量浓度的增加，长牡蛎的最大保留效率及对粒径 2 μm 颗粒的保留效率都有降低的趋势。长牡蛎对粒径 2 μm 颗粒的保留效率从 5.2% 降到 4.6% 然后降到 1.4%。同时，长牡蛎的最大保留效率也由自然海水组的 40%，分别降为 21%、31% 及 26%。虽然添加单胞藻的粒径众数值 5 μm 处有明显的高峰值，但是，长牡蛎保留效率达到最大值的颗粒粒径同在自然海水中一致，没有改变。

三、栉孔扇贝

（一）低温对栉孔扇贝能量收支的影响

近年来，针对栉孔扇贝大面积死亡，许多专家提出贝藻混养和栉孔扇贝反季节养殖等技术措施。山东沿海 12 月至翌年 3 月，海水温度低于 5 ℃，3 月以后，海水温度逐渐上升，所以，栉孔扇贝的生长要经历一段低温时期。目前，关于栉孔扇贝能量学的研究有一些报道，但是关于低温条件下栉孔扇贝的能量学研究未见报道。本文对 3 ℃、5 ℃和 8 ℃条件下栉孔扇贝 ［组织干重和壳高分别为 （1.182 ±0.069 5)g 和 （5.48 ± 0.11)cm］ 能量学结果进行分析探讨，旨为研究低温条件下栉孔扇贝的摄食行为、呼吸代谢、排泄率以及能量分配情况，探讨贝藻混养的机理，并了解栉孔扇贝反季节养殖的生长情况。

1. 栉孔扇贝的耗氧率、排氨率及氧氮比与温度的关系

在水温 3～8 ℃时，单位体重的耗氧率和排氨率都随着温度的升高而增大 （表 4 - 18），排氨率的增加幅度较大；氧氮比随温度升高而减小。

表 4 - 18　栉孔扇贝的耗氧率、排氨率及氧氮比与温度的关系

温度（℃）	耗氧率 ［μmol/(h·g)，DW］	排氨率 ［μmol/(h·g)，DW］	氧氮比（O/N）
3	19.43±1.37	0.35±0.023	111.04±17.670
5	27.89±1.33	1.1±0.116	50.70±4.846
8	31.45±4.13	5.29±0.449	11.90±2.753

2. 栉孔扇贝的摄食率、吸收效率和生长率与温度的关系

3 ℃时栉孔扇贝的摄食率较低，从生长率来看，栉孔扇贝在 3 ℃时，能够缓慢生长。摄食率和生长率随着温度的升高而增大 （表 4 - 19）。在 3～8 ℃时，栉孔扇贝的吸收效率随温度升高呈减速增长趋势；由 3 ℃升到 5 ℃，吸收效率增加 7.56%；由 5 ℃升到 8 ℃，吸收效率仅增加了 0.88%。单因素方差分析显示，3 ℃、5 ℃、8 ℃组间的吸收效率有显著的差异 （P＝0.028＜0.05）。

表 4-19　栉孔扇贝的摄食率、吸收效率和生长率与温度的关系

温度 (℃)	摄食率 [×10⁶/(h・g)，DW]	摄食率 [mg POM/(h・g)，DW]	吸收效率 (%)	毛生长率 (%)	净生长率 (%)
3	13.90±0.08	1.17±0.08	39.19±2.81	2.79±0.46	7.11±0.23
5	26.31±0.15	2.22±0.15	46.75±2.97	18.70±0.87	40.01±2.08
8	37.62±0.27	3.17±0.27	47.63±3.06	23.42±1.98	49.17±3.56

3. 栉孔扇贝的能量收支与温度的关系

根据栉孔扇贝的摄食率、耗氧率、排氨率和排粪量换算每小时的能量摄入和各项消耗的能量，并据此计算出用于生长的能量（表 4-20）。假设摄入食物的总能量为 100%，计算其他各项的分配率，建立能量收支方程（表 4-21）。栉孔扇贝的生长能、摄食能、代谢能、排泄能随温度的上升均呈增长的趋势。从能量收支分配模式看，各组分的分配率都随温度变化而显著变化；生长分配率和排泄分配率随温度升高而增大，代谢分配率和排粪分配率随温度的升高而降低。生长能为 17.61%～53.27%，代谢能为 21.48%～35.91%，排粪能为 22.52%～45.99%，排泄能所占的比例最小，低于 3%。

表 4-20　栉孔扇贝的能量分配与温度的关系

温度 (℃)	摄取食物总能量 [J/(h・g)，DW]	生长能 P [J/(h・g)，DW]	代谢能 R [J/(h・g)，DW]	排泄能 U [J/(h・g)，DW]	排粪能 F [J/(h・g)，DW]
3	24.35±3.52	4.29±1.32	8.74±0.43	0.12±0.039	11.20±1.39
5	46.08±5.55	22.13±2.76	12.55±0.89	0.37±0.055	11.02±1.87
8	65.88±7.03	35.09±4.88	4.15±1.06	1.80±0.15	13.08±2.08

表 4-21　栉孔扇贝能量收支方程与温度的关系

温度（℃）	能量收支方程	温度（℃）	能量收支方程
3	$100C=17.61P+35.91R+0.49U+45.99F$	8	$100C=53.27P+21.48R+2.73U+22.52F$
5	$100C=48.03P+27.24R+0.81U+23.92F$		

4. 结论

（1）尽管在低温条件下，栉孔扇贝的排泄率不高，但是由于养殖的密度较大，栉孔扇贝的排氨量还是很可观的。经粗略计算，在 3 ℃、5 ℃和 8 ℃下，每天每笼扇贝可排泄氨氮分别为 35 mg、110 mg、530 mg（以每笼 10 层，每层放养 30 个扇贝计算）。以海带干重中氮质量分数为 1.3%～2.8%和干湿比为 1∶7 来估算，可分别支持 9～18 g、27～59 g、132～285 g 海带。由于所排的粪便中还有部分的氨氮，栉孔扇贝新陈代谢活动可支持的海带比估计的还要高。因此，在进行贝藻混养时，除了要考虑海水交换带来的

营养盐，还应该考虑养殖生物代谢活动的影响。

栉孔扇贝的氧氮比为 11.9～111.04，随温度的上升而减小，说明栉孔扇贝以蛋白质、脂肪和碳水化合物为代谢底物，且三者的供能比随温度变化而变化。氧氮比越大，表明动物消耗的能量较少部分由蛋白质提供。在 3 ℃时，栉孔扇贝主要以脂肪为代谢底物，随着温度的升高，蛋白质的代谢加强，这一结果与菲律宾蛤仔的趋势相似。在 8 ℃下，本实验所得的结果比王俊等（1999）采用流水法测得的结果低，笔者认为主要是由于实验条件不同。从已有的研究结果来看，摄食后动物的氧氮比减小，可能是因为饵料中提供的蛋白质参与了代谢。由此可见，饵料质量也就是饵料中蛋白质的含量将对氧氮比产生影响。本实验采用静水法投喂单胞藻，单胞藻中蛋白质的含量比自然海水中悬浮颗粒的蛋白质高，这可能是导致实验结果不同的原因。摄食后动物的氧氮比减小，是否由对氮和碳水化合物的吸收效率不同所导致，还有待于对其消化生理进一步研究。

（2）通常在一定的范围内，随温度升高，摄食率、吸收效率、代谢率、排氨率都有不同程度的增大，本实验结果与此一致。尽管摄入的能量和代谢、排泄所消耗的能量都随温度的升高而增大，但是增大的幅度不同，由此导致不同温度下的生长率不同。如水温由 3 ℃升至 5 ℃，栉孔扇贝的摄食率增大近 1 倍，但是，净生长率却增大近 5 倍。作者认为，主要是由吸收效率上的差异造成的。虽然在 3 ℃时，栉孔扇贝能够摄食，但是由于吸收效率较低，所以净生长率非常低，因而使得低温时栉孔扇贝生长较慢。

从能量分配模式来看，排粪能所占的比例随着温度的升高而降低，这与栉孔扇贝在低温（3 ℃）条件下吸收效率较低、排出的粪便量较大、粪便中有机物的含量较高有关。作者认为，在 3 ℃时栉孔扇贝能够摄食，而其生长率较低主要是由于摄入的能量被同化的效率低。从另一方面考虑，如果饵料密度合适，在 3 ℃的低温环境下，栉孔扇贝也是可以生长的，温度并不是限制其生长的绝对因素。同王俊等（1999）的研究结果相比，本实验所得的能量分配模式中，生长分配率较高，笔者认为是由计算方法和实验方法导致的。该生长能中应该包括生殖能、扇贝活动所消耗的能量等，不能单纯看作是用于生长的能量。另外，本实验中以单胞藻为饵料，密度高于冬季自然海区的浮游植物，因此，饵料中有机物含量较高，栉孔扇贝摄入的能量较高。另外，吸收效率与饵料中有机物的含量正相关，这使得净生长率也偏高。

（二）栉孔扇贝对食物颗粒的选择性

我国北方 1996 年栉孔扇贝的年产量达到 800 000 万 t。1997 年开始，栉孔扇贝夏季的大规模死亡，成为我国包括桑沟湾栉孔扇贝养殖产业的主要限制因子之一。桑沟湾栉孔扇贝的产量从 1996 年的 45 000 t 降至 2005 年的 2 000 t。导致夏季死亡的原因还不是很清楚，过高的养殖密度是可能的原因之一。因此，需要加强对栉孔扇贝基础生理生态学的研究，以便为养殖容量的准确评估提供必要的参数。目前，关于栉孔扇贝的保留效率对颗粒食物浓度变化的响应情况还未见报道。

本文采用模拟现场流水方法研究测定了栉孔扇贝的保留效率,目的是:①测定栉孔扇贝的保留效率对颗粒食物数量和质量变化的短期响应特性。②通过与太平洋牡蛎和紫贻贝摄食生理的比较,更深入地了解栉孔扇贝对颗粒食物选择性等摄食生理生态学特性,探讨其夏季大规模死亡的原因。

1. 材料与方法

实验生物取自桑沟湾养殖区,栉孔扇贝的平均壳长为 (71.7 ± 2.1) mm。立即清除表面的附着生物后,将其装入扇贝养殖笼,挂在该湾的寻山水产集团养殖区暂养 8 d,用于不同条件下的保留效率的测定。实验用的流水槽设置在寻山水产集团所属海区的岸边,海水直接从桑沟湾泵取。实验分为 3 组,分别为自然海水(NSW)、自然海水+人工培养的饵料单胞藻、自然海水+表层底泥〔取自临近养殖区的底泥表层(刮取底泥表层的 5 mm)〕。饵料单胞藻为 f/2 培养基培养的等边金藻。加入饵料单胞藻以调解颗粒食物的质量浓度,加入底泥以调解颗粒食物的数量浓度。其中,质量浓度分 3 个浓度级别:加藻低浓度(low-algae)、加藻中浓度(mid-algae)和加藻高浓度(high-algae);数量浓度分 3 个浓度级别:加泥低浓度(low-silt)、加泥中浓度(mid-silt)和加泥高浓度(high-silt)。各组颗粒食物的数量浓度和质量浓度详细情况见表 4-22。颗粒食物的数量浓度指标为总悬浮颗粒物浓度(TPM)和悬浮颗粒有机物浓度(POM);3 个级别的食物颗粒数量浓度 TPM 和 POM 分别为 13.2 mg/L、44.6 mg/L、104.9 mg/L 及 1.3 mg/L、2.9 mg/L、11.8 mg/L。颗粒食物的质量浓度指标为叶绿素 a,3 个级别的叶绿素 a 浓度分别为 3.2 μg/L、21.5 μg/L 和 61.8 μg/L。

选择 10 个栉孔扇贝分别黏在体积 625 mL 的流水槽中,为了防止贝类朝向对其摄食行为产生影响,在胶黏时贝类的朝向一致。用 YSI-85 型溶氧仪测定水温和盐度。实验生物放入流水槽中适应 1 h,在这期间调节水流的流速,使出、入水槽水中的悬浮颗粒物质的浓度降低 5%～35%,以使水槽中的水未被扇贝循环过滤,从而尽量减少实验的系统误差。

实验持续 1～3 h,每隔 1 h 测定流速,同时,用 YSI-85 测定水温和盐度指标。取水样 15 mL,用颗粒计数器测定悬浮颗粒的数量浓度和体积浓度。颗粒计数器的型号为 Coulter Multisizer Ⅱ,小孔管为 100 μm,每次进样 0.5 mL,计数颗粒的粒径范围为 1.96～62.8 μm。

保留效率(retention efficiency,RE)和标准保留效率(standardizing retention efficiency,REs)的计算公式同长牡蛎。

2. 食物颗粒的数量浓度和质量浓度

各组颗粒食物的数量浓度和质量浓度的平均值情况详见表 4-22。自然海水、自然海水+底泥及自然海水+饵料单胞藻各组别的粒径分布情况见图 4-16。底泥中颗粒物的粒径分布主要在 2～20 μm 范围内,尤其是小颗粒的浓度非常高(直径 2 μm)。通过加入不同量的底泥来调整实验颗粒食物的数量浓度，质量浓度没有显著的改变。实验用等边金藻的粒径主要分布范围为 3.2～7.6 μm，众数值为 5 μm。通过加入不同浓度的等边金藻来调整食物的质量浓度，同时，数量浓度没有显著的改变。

表 4-22　各实验组颗粒食物的数量浓度和质量浓度参数

日期	颗粒食物条件	测定时间	颗粒物体积浓度（mm³/L）	总悬浮颗粒物浓度 TPM（mg/L）	颗粒有机物浓度 POM（mg/L）	颗粒数量（个/L）	叶绿素 a 浓度（ g/L）	颗粒有机物与总悬浮颗粒物的比值（%）
4 月 29 日	自然海水加泥低浓度组（NSW and low-silt）	09:40	2.7	13.2	1.3	14.05	1.3	9.85
4 月 29 日	自然海水加泥中浓度组（NSW and mid-silt）	13:30	7.5	44.6	2.9	71.59	2.2	6.505
4 月 29 日	自然海水加泥高浓度组（NSW and high-silt）	16:00	13.4	104.9	11.8	88.90	2.4	11.25
5 月 1 日	自然海水组（NSW）	09:00	2.9	10.0	1.0	8.87	1.5	10.00
5 月 1 日	自然海水加藻低浓度组（NSW and low-algae）	11:35	3.1	20.7	3.1	11.04	3.2	14.98
5 月 1 日	自然海水加藻中浓度组（NSW and mid-algae）	14:00	4.1	6.5	1.8	12.11	21.5	27.69
5 月 1 日	自然海水加藻高浓度组（NSW and high-algae）	15:00	9.5	8.6	4.8	17.11	61.8	55.81

3. 栉孔扇贝在自然海水中对悬浮颗粒物的保留效率

在自然海水条件下，栉孔扇贝的保留效率随着颗粒粒径的增大而逐渐增加，在粒径为 8 μm 时，保留效率达到最大值，不再随颗粒粒径的增大而增加，其最大保留效率 45%。

栉孔扇贝对小颗粒物（粒径为 2 μm）的保留效率较低，仅为 8%（图 4-17），相对应的标准保留效率（REs）为 47%。对于粒径为 4 μm 的颗粒物，栉孔扇贝的保留效率和标准保留效率分别为 16% 和 35%。

4. 食物颗粒的数量浓度和质量浓度对栉孔扇贝保留效率的影响

栉孔扇贝在添加底泥组及添加饵料单胞藻组的保留效率分别见图 4-18 和图 4-19。结果显示，栉孔扇贝的保留效率因数量浓度和质量浓度的改变而发生相应的改变。尽管在添加底泥组实验中，水槽的流速显著降低，从自然海水组的流速 28.8 L/h 降为 6～10 L/h，通常流速的降低会使滤食性生物有更多的机会滤食小规格的颗粒物。但是，随着数量浓度的增加，栉孔扇贝对小颗粒物的保留效率由在自然海水中的 8% 降为添加底泥组的 1.6%～6%。同时，底泥实验组 low-silt、mid-silt 及 high-silt 3 个浓度级的保留效

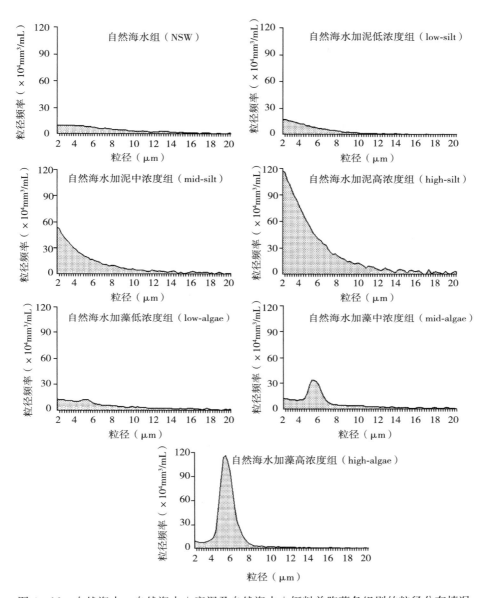

图 4 - 16　自然海水、自然海水＋底泥及自然海水＋饵料单胞藻各组别的粒径分布情况

率达到最大值的颗粒粒径，也由在自然海水中的 8 μm 分别增至 10 μm、11.8 μm 和 12.5 μm。

　　在添加单胞藻实验组中的 low-algae 浓度条件下，食物的数量浓度和质量浓度都增加了 1 倍（叶绿素 a 浓度由自然海水组中的 1.5 μg/L 增至 3.2 μg/L；TPM 由 10 mg/L 增至 20.7 mg/L）（表 4 - 22），可能是由海水中颗粒物的波动造成的。在 low-algae 条件下，栉孔扇贝的保留效率在颗粒粒径为 5 μm（添加单胞藻粒径的众数值）处有一个小的高值，标准保留效率为 56％。同时，最大保留效率同自然海水组相比略有提高（由自然海水组的 45％增至 50％）。栉孔扇贝保留效率的变化特点同 low-silt 组非常相似，保留效率达到最大值的颗粒粒径也由在自然海水中的 8 μm 分别增至 10 μm，对粒径 2 μm 颗粒的保留效率降至 2％。

在 mid-algae 实验组，食物颗粒的数量浓度没有显著的变化，质量浓度指标——叶绿素 a 浓度显著增加，由自然海水组的 1.5 $\mu g/L$ 增至 21.5 $\mu g/L$。栉孔扇贝对粒径 5 μm 颗粒的保留效率显著增加，有非常明显的峰值（图 4-19），保留效率为 39％，标准保留效率接近 100％。同时，最大保留效率比自然海水组略有降低，粒径也由在自然海水中的 8 μm 降为 5～6 μm。

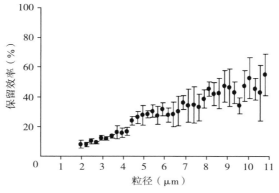

图 4-17　栉孔扇贝在自然海水条件下对不同粒径颗粒物的保留效率

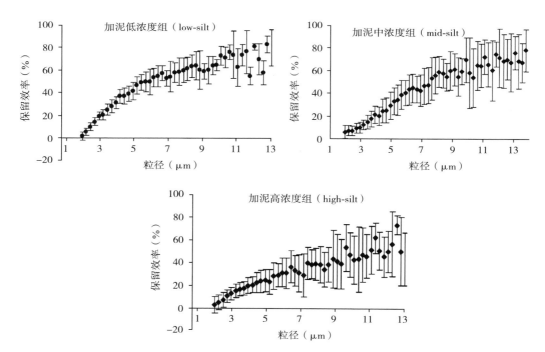

图 4-18　栉孔扇贝在自然海水添加底泥实验组 3 个浓度条件下的保留效率

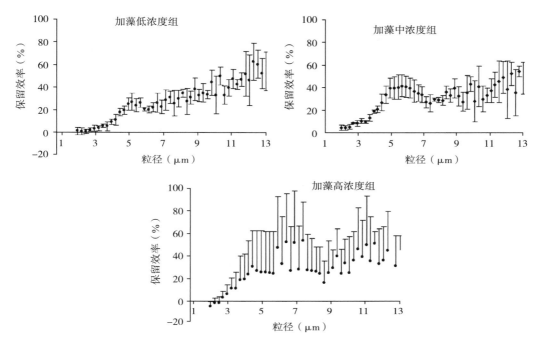

图 4 - 19　栉孔扇贝在自然海水添加饵料单胞藻实验组 3 个浓度条件下的保留效率

在 high-algae 实验组，栉孔扇贝的保留效率的变化趋势与 mid-algae 实验组相近。在粒径 5 μm 处有非常显著的峰值。与 mid-algae 实验组的不同之处，从标准偏差值中可见，high-algae 实验组的栉孔扇贝表现出明显的个体差异，对粒径 2 μm 小颗粒物的保留效率出现了负值。

同自然海水组相比，随着质量浓度的增加，栉孔扇贝的最大保留效率（low-algae 组除外）及对粒径 2 μm 颗粒的保留效率都有降低的趋势。从 low-algae 到 mid-algae 再到 high-algae 组，栉孔扇贝对粒径 2 μm 颗粒的保留效率先略有增加，然后降低。最大保留效率也发生变化，在 low-algae 浓度下，栉孔扇贝的最大保留效率比自然海水组略有增加，为 49％；然后，随着食物质量浓度的增加，栉孔扇贝最大保留效率略有降低，在 mid-algae 和 high-algae 浓度下分别为 41％和 42％。另外，栉孔扇贝的保留效率达到最大值的颗粒粒径也由在自然海水中的 8 μm 降为 5 μm，并且在添加单胞藻的粒径众数值 5 μm 处有明显的高峰值。

5. 结论

许多的研究发现，贝类的摄食行为会对水体中悬浮颗粒物数量及质量浓度的波动有一定的响应。不同的贝类种类有不同的摄食机理以应对环境当中颗粒浓度的波动，如调节摄食的时间、摄食率、产生假粪、选择性摄食及改变保留效率等。本实验的结果显示，食物质量浓度对长牡蛎达到最大保留效率时的颗粒粒径没有显著的影响，这一结果与已有的一些报道相一致。Barillé 等曾研究证实，长牡蛎的保留效率不受食物质量浓度的影响，而受数量浓度的影响较大。当水体中的悬浮颗粒物数量浓度（TPM）在 17.12～27.65 mg/L 范围内时，其达到最大保留效率时的颗粒粒径为 8 μm，随着数量浓度的增加，达到最大保留效率时的颗粒粒径向大颗粒转移；TPM 为 33.99 mg/L 时，粒径为 10 μm；TPM 为 64.37 mg/L 时，粒径为 13 μm。这意味着长牡蛎的保留效率受食物数量浓度的影响较大。本实验的颗粒数量浓度在 6.5～20.7 mg/L 范围内，长牡蛎达到最大保留效率的粒径没有显著的变化，与 Barillé 等的结果并不矛盾，因为本实验 TPM 浓度变化较小。

四、皱纹盘鲍

（一）饵料、投喂方式对不同规格皱纹盘鲍能量收支的影响

鲍是经济价值和营养价值很高的养殖品种之一。近年来，鲍的养殖在中国得到了很大的发展，在辽宁省和山东省皱纹盘鲍的养殖极为普遍，其中主要的养殖方式——筏式养殖极为成功。

在自然海区喂养的皱纹盘鲍，当壳长超过 1 cm 后，通常以海带作为唯一的饵料。人工饲料虽然营养搭配更为合适，饲料的转化率更高，更能够促进鲍的生长，但是，由于价格较高及在自然海区的不稳定性，限制了人工饲料在鲍筏式养殖中的应用。目前，人工饲料主要应用于鲍苗种繁育的最初阶段，在养殖海区中，大型藻类依然是养殖鲍的主要饵料。

在我国北方海域，海带的养殖周期通常是每年 11 月至翌年 6 月。受海带生长季节的限制，在 7—10 月，作为鲍主要饵料的新鲜海带极为匮乏。随着海带作为海洋健康食品逐渐被人们所接受，海带价格逐渐上涨，这将使筏式养鲍面临成本显著提高的问题。另外，夏季是鲍出现高死亡率的季节，也可能与新鲜饵料不足有关。目前，筏式养鲍产业迫切需要合适的替代饵料和科学有效的投喂方法。

虽然已经有一些关于皱纹盘鲍对不同大型藻类的摄食效果的报道，但是，由于受鲍规格、所用藻类的种类等限制，尚不能对此有非常全面的了解。而从能量收支的角度，研究不同大型藻类对不同规格的皱纹盘鲍进行投喂的报道也很少。

据调查发现，海带的养殖筏架上通常附着很多大型藻类。其中，孔石莼和裙带菜在春季、夏季的附着量较大。在海带投喂的基础上，以附着的大型藻类孔石莼及裙带菜作为饵料补充，减少鲍对海带的依赖，可能是降低鲍养殖成本的有效方法。因此，本实验采用 3 种不同的饵料组合，以海带作为对照，研究不同规格皱纹盘鲍的能量收支情况，根据鲍生长能的大小，确定最佳的饵料组合策略，为解决夏季饵料匮乏问题提供理论支撑。

1. 实验所用海藻的营养成分

实验所用的海藻均取自鲍养殖区域的海带苗绳，用于投喂时海藻保持新鲜。海藻的含水量和有机物含量的测定结果见表 4－23。

表 4－23　实验用海藻的成分分析

项目	裙带菜	海带	孔石莼
含水量（%）	87.41±0.41	90.97±0.04	84.46±0.95
有机物含量（%）	65.51±1.04	54.13±4.13	64.17±2.03

2. 皱纹盘鲍的摄食

实验用皱纹盘鲍三种规格壳长分别为：A：（41.40±2.05）mm、B：（54.22±2.66）mm 和 C：（63.17±2.52）mm，A、B 和 C 分别为小规格组、中规格组和大规格组皱纹盘鲍。各种规格的皱纹盘鲍在不同投喂条件下的摄食情况见图 4－20。从摄食的饵料量来看，除 A3 组外，皱纹盘鲍对各组搭配投喂饵料干重的摄食率均超过了摄食海带时的摄食率。

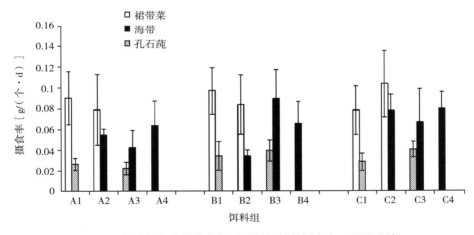

图 4－20　各种规格的皱纹盘鲍对不同饵料的摄食率（以干重计）

根据海藻中有机物的成分分析，计算出各组皱纹盘鲍对有机物的摄食率（图 4－21）。结果显示，搭配投喂可以促进鲍的摄食，搭配实验组的皱纹盘鲍摄食了更多的有机物。统计学分析结果显示，A、B 两组中，A3 组皱纹盘鲍摄食的有机物与对照组差异不显著（$P > 0.05$），其余各实验组均显著高于对照组（$P < 0.05$）。C 组中 C2 组显著高于其余 3 组（$P < 0.05$）。

3. 皱纹盘鲍的耗氧率、排氨率和氧氮比

各实验组皱纹盘鲍的耗氧率、排氨率和氧氮比见表 4－24。实验中皱纹盘鲍的耗氧率在 2.57～6.54 $\mu mol/(g \cdot h)$，排氨率在 0.107～0.280 $\mu mol/(g \cdot h)$。除 B3 组的鲍排氨

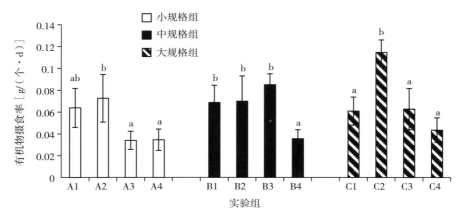

图 4-21　各规格组皱纹盘鲍对饵料中有机物的摄食率

[注：同一规格组的柱上相同英文字母表示差异不显著（$P>0.05$）]

率与海带组没有显著差异外（$P>0.05$），海带组的排氨率均显著低于其他组（$P<0.05$）。氧氮比的范围为 13.82~32.18。

表 4-24　各实验组皱纹盘鲍的耗氧率、排氨率和氧氮比

规格	投喂方法	耗氧率 [μmol/(g·h)]	排氨率 [μmol/(g·h)]	氧氮比
A	1	3.88 ± 0.82^a	0.280 ± 0.038^b	13.82 ± 1.57^a
	2	6.54 ± 0.52^b	0.258 ± 0.052^{ab}	25.93 ± 4.66^b
	3	5.32 ± 1.50^{ab}	0.261 ± 0.008^b	20.32 ± 5.13^{ab}
	4	4.99 ± 1.09^{ab}	0.196 ± 0.018^a	25.48 ± 5.10^b
B	1	3.36 ± 0.80^a	0.203 ± 0.017^b	16.46 ± 2.92^a
	2	3.10 ± 0.08^a	0.196 ± 0.015^b	15.86 ± 0.99^a
	3	3.53 ± 0.54^a	0.118 ± 0.025^a	30.09 ± 2.43^b
	4	3.90 ± 0.79^a	0.143 ± 0.034^a	27.58 ± 3.73^b
C	1	2.57 ± 0.35^a	0.188 ± 0.055^b	14.13 ± 2.82^a
	2	3.89 ± 0.37^b	0.268 ± 0.019^c	14.54 ± 1.43^a
	3	4.78 ± 0.38^c	0.233 ± 0.041^{bc}	21.16 ± 5.64^a
	4	3.46 ± 0.55^b	0.107 ± 0.008^a	32.18 ± 4.00^b

注：在同一规格组内，各数据右上角英文字母相同的表示差异不显著（$P>0.05$）。

4. 皱纹盘鲍的排粪率

各实验组皱纹盘鲍在不同投喂条件下的排粪率及对有机物的排粪率见图 4-22。单位个体的排粪率随着规格的增大而增大。小规格组中，不同饵料对排粪率的影响更为显著，

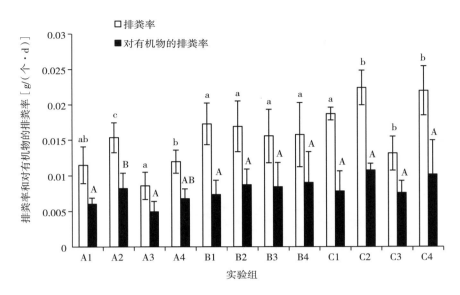

图 4 - 22　各实验组皱纹盘鲍在不同投喂条件下的排粪率及对有机物的排粪率

［注：同一规格组的柱上相同英文字母表示差异不显著（$P>0.05$）］

A2 组排粪率显著高于同规格的其他三组（$P<0.05$），A4 组也显著高于 A3 组（$P<0.05$），A1 组与 A3 组、A4 组差异不显著（$P>0.05$）；B 组的排粪率及粪便中的有机物含量没有显著性差异（$P>0.05$）；C 组中，只有 C3 的排粪率显著低于其他组（$P<0.05$）。粪便中颗粒有机物（POM）的含量，A2 组显著高于 A1 组与 A3 组（$P<0.05$），其余各组组内没有显著差异（$P>0.05$）。

5. 皱纹盘鲍的能量收支

皱纹盘鲍能量收支情况见表 4 - 25。结果显示，各实验组中，单独投喂海带的皱纹盘鲍的生长能最低。A 组中 A2 组的生长能显著高于 A3 组和 A4 组；B 组中，以 B3 的生长能最高；C 组中 C2 组的生长能显著高于其他 3 种饵料组合。

实验中公式计算生长能的误差范围为 $9.5\%\sim32.4\%$。假设摄入食物的总能量为 100%，计算其他各项的分配率，建立能量收支方程（表 4 - 26）。

表 4 - 25　皱纹盘鲍能量收支情况

规格	投喂方法	摄食能 C [J/(个·d)]	代谢能 R [J/(个·d)]	排泄能 U [J/(个·d)]	排粪能 F [J/(个·d)]	生长能 G [J/(个·d)]
A	1	1 326.9±370.9[ab]	170.4±6.6[a]	20.1±0.7[b]	124.8±17.6[a]	1 011.2±349.4[b]
	2	1 508.8±452.3[b]	292.8±51.2[b]	18.3±5.3[a]	170.5±45.3[b]	1 036.5±429.6[b]
	3	708.1±173.0[a]	209.3±50.0[a]	16.1±2.4[a]	102.4±30.3[a]	383.9±163.4[a]
	4	718.8±205.3[a]	236.4±49.5[ab]	14.4±0.4[a]	140.4±28.7[ab]	366.7±199.2[a]

（续）

规格	投喂方法	摄食能 C [J/(个·d)]	代谢能 R [J/(个·d)]	排泄能 U [J/(个·d)]	排粪能 F [J/(个·d)]	生长能 G [J/(个·d)]
B	1	1 425.9±329.9^b	334.3±65.8^a	31.6±1.6^b	152.5±41.9^a	907.6±335.7^b
	2	1 450.3±481.1^b	321.1±27.2^a	31.5±0.8^b	181.1±46.3^a	934.5±469.5^b
	3	1 765.1±205.8^b	358.0±51.1^a	18.4±2.7^a	175.4±70.9^a	1 241.5±239.9^c
	4	803.3±137.7^a	361.7±59.4^a	19.2±0.9^a	187.6±90.0^a	327.7±187.9^a
C	1	1 263.5±266.4^a	377.9±59.5^a	42.7±10.8^{ab}	162.4±59.3^a	669.4±268.2^c
	2	2 374.7±239.4^b	671.6±65.9^c	74.0±9.1^c	223.9±19.7^a	1 407.5±227.2^d
	3	1 300.4±391.7^a	758.7±1.9^d	58.2±13.6^b	157.5±35.8^a	440.4±214.7^b
	4	968.2±210.7^a	497.9±115.6^b	30.5±4.3^a	211.3±100.1^a	234.5±109.8^a

注：同一规格组内，各数据右上角英文字母相同的表示差异不显著（$P>0.05$）。

表 4 - 26　皱纹盘鲍能量收支方程

规格	投喂方法	能量收支方程	平衡（%）
A	1	$100C-12.84R-1.51U-9.41F=76.21G^b$	+0.03
	2	$100C-19.40R-1.22U-11.30F=68.69G^b$	-0.61
	3	$100C-29.56R-2.28U-14.46F=54.21G^a$	-0.51
	4	$100C-32.89R-2.01U-19.53F=51.02G^a$	-5.44
B	1	$100C-23.44R-2.21U-10.69F=63.65G^b$	0
	2	$100C-22.14R-2.17U-12.49F=64.43G^b$	-1.23
	3	$100C-20.28R-1.04U-9.94F=70.34G^c$	-1.59
	4	$100C-48.90R-2.60U-25.37F=40.80G^a$	-11.57
C	1	$100C-29.91R-3.38U-12.85F=52.98G^c$	+0.89
	2	$100C-28.28R-3.12U-9.43F=59.27G^d$	-0.09
	3	$100C-58.35R-4.47U-12.11F=33.87G^b$	-8.80
	4	$100C-55.15R-3.37U-23.40F=24.22G^a$	-0.61

6. 结论

从摄食的有机物总量来看，2 种海藻搭配作为饵料的实验组中，皱纹盘鲍可以摄入更多的有机物保证自身高的摄食能，为生长代谢提供了能量基础。本实验中海带组的摄食能为 718.79～968.2 J/(个·d)，略高于常亚青等（1998）的实验结果，该差异可能与实验所用皱纹盘鲍的规格有关。

在搭配投喂的实验组中，鲍对孔石莼的摄食率明显低于裙带菜与海带。许多研究结果认为，养殖的鲍几个世代都是以海带为饵料，长期的摄食习惯使其对海带有摄食上的偏向性。而笔者认为，作为饵料的海藻种类与其生物学特征是影响皱纹盘鲍摄食的主要因素。与裙带菜和海带不同，孔石莼属于绿藻，且其藻体更薄，在海水中浮动性大，在鲍进行刮食性摄食时，对它的摄食效率可能偏低。裙带菜与海带搭配投喂的实验组中，各规格组的皱纹盘鲍摄食的饵料，裙带菜均高于海带。这说明实验所用规格内的皱纹盘鲍更偏向于以裙带菜为饵料，与聂宗庆等在1985年实验结果一致。

实验所得代谢能占摄食能的比例与闫希柱等在温度对九孔鲍的能量收支影响实验中的结果相近。耗氧率主要取决于生命活动的强度，皱纹盘鲍在15～20℃时摄食旺盛，属于生命活动强度高的阶段。由于规格小的鲍生长更为迅速，基础代谢率高，所以耗氧率也呈现出比较高的水平。皱纹盘鲍的排氨率在$0.107～0.280\ \mu mol/(g \cdot h)$，与Park等的实验结果相近。排氨率的组间差异性说明饵料对鲍的排泄有显著的影响。贝类的排泄产物中，氨占的比例为总排泄量的70%或更多，因此，摄食的饵料中蛋白质的含量会成为影响其排泄的重要因素。

氧氮比作为动物呼吸排泄的生理指标，是揭示动物代谢规律的重要参数。Mayzaud指出蛋白质代谢为主导地位时，氧氮比为7.0～9.3；碳水化合物为主要的代谢底物时，氧氮比通常大于24。实验用皱纹盘鲍从冬季的低温条件逐渐达到适宜的生长环境后，代谢活动加强，氧氮比集中在13.82～32.18，代谢底物以碳水化合物代谢作为主导。

本实验所得排粪能所占的比例范围与此前的研究一致。实验中皱纹盘鲍对有机物的排粪率在各组间没有显著差异（除A2组外），这说明饵料对皱纹盘鲍排粪的影响主要体现在规格较小的鲍中。大规格的皱纹盘鲍表现出较均一的消化与吸收能力，在摄入有机物含量差异显著的饵料后，它们排出的粪便中有机物的含量达到比较接近的水平，鲍粪便中的氮含量与摄食海藻中蛋白质的含量没有显著的关系。

从能量收支方程的比例来看，生长能主要受摄食能所控制，也就是摄入的能量越多，生长得越快；3个规格组的生长能与摄食能的变化趋势完全一致；从能量消耗来看，呼吸消耗是第一位的，其次是排粪能。从皱纹盘鲍获得生长能的比例来看，搭配投喂的实验组能够得到更多的生长能，特别是在1组与2组中，各种规格的皱纹盘鲍获得生长能的比例显著高于对照组。由此可见，合理的搭配投喂不仅能够节省皱纹盘鲍的养殖成本，更可能在一定程度上促进鲍的生长，与此前的研究结果一致。

本实验存在的主要误差在于：①实验采用测量耗氧率与排氨率的方法是在2 h内封闭环境完成，且实验在白天进行，并以此段时间内皱纹盘鲍的耗氧率和排氨率作为一昼夜皱纹盘鲍耗氧率与排氨率的平均值，因此，代谢能和排泄能在能量收支方程中所占的比例偏低。②腹足动物在运动和固着时都会分泌黏液，静止时也会通过分泌黏液来清除外套膜上的粪便和杂物颗粒。黏液所含的能量为黏液能。在此前的研究结果中，鲍的黏液能在3.94%～27.4%，实验忽略了养殖容器壁与养殖用水中的黏液量，可能导致分析结果有所偏差。

（二）周期性断食对皱纹盘鲍生长、摄食、排粪和血细胞组成的影响

皱纹盘鲍在我国北方的养殖发展受到海带生长周期的限制，因为海带的养殖周期通常是每年11月至翌年6月。在7—10月，作为鲍主要饵料的新鲜海带极为匮乏。泡发的盐渍海带常在高温季节作为皱纹盘鲍的补充饵料，由于水温高，易腐烂，不能长时间积存于鲍养殖笼中。投饵和清理残饵的频率增加，不仅增加了劳动强度和养殖成本，而且，频繁的人为扰动，可能会影响养殖生物的正常生理活动。高温季节皱纹盘鲍的死亡率较高，可能与饵料、水质等的影响有关。

关于水产养殖动物补偿生长的研究，此前已有很多报道，其中，周期性断食的研究结果表明，周期性断食可以在一定程度上提高养殖动物的摄食量，从而加快其生长速度。在筏式养鲍的过程中，高温季节且新鲜饵料缺乏的时期，采用周期性断食的方式，是否可以在保持皱纹盘鲍较高生长率的同时减少养殖废物的产生，减轻盐渍海带对鲍养殖笼中水质的影响？关于皱纹盘鲍周期性断食的研究，尚未见报道。本实验以皱纹盘鲍为研究对象，研究周期性断食对其生长、摄食生理（摄食率、排粪率、饵料转化率）及免疫能力（血细胞组成）的影响，探讨一种新的、适用于皱纹盘鲍筏式养殖的投喂模式。

1. 海藻的成分分析

实验用盐渍海带取用鲍养殖投喂用饵料，用于投喂时认真清洗海带表面的盐分。测定结果显示，实验用海带的含水量为（88.73±1.21）％。

2. 皱纹盘鲍的生长率

30 d实验期间，皱纹盘鲍无死亡现象。各实验组皱纹盘鲍的生长情况见图4-23。增重率与特定增长率的结果显示，饥饿天数少于2 d的实验组增重率与特定生长率均显著高于饥饿3 d与4 d的实验组（$P<0.05$）。投喂2 d饥饿2 d的处理组，有最高的增重率与特定生长率。

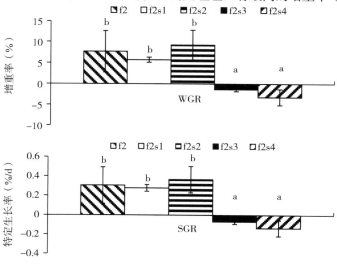

图4-23 各实验组皱纹盘鲍的增重率与特定生长率

3. 皱纹盘鲍的摄食率与饵料转化率

各实验组中，皱纹盘鲍的摄食率（以饵料干重计）随饥饿天数的增加而升高，但各组间无统计学上的显著性差异（$P > 0.05$）（图 4-24）。

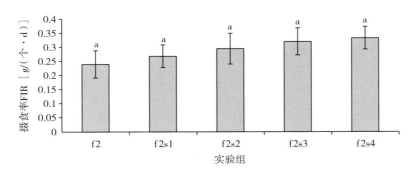

图 4-24　各实验组皱纹盘鲍对盐渍海带的摄食率（以饵料干重计）

饵料转化效率结果表明（图 4-25），f2s1 组与对照组没有显著差异（$P > 0.05$），f2s2 组的饵料转化率显著高于其余各组（$P < 0.05$）。由于鲍体重降低，在 f2s3 与 f2s4 组中，饵料转化率为负值。

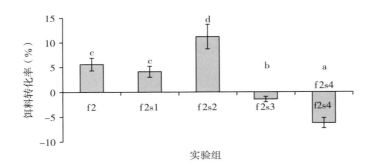

图 4-25　各实验组皱纹盘鲍对盐渍海带的饵料转化率

4. 皱纹盘鲍的排粪率

从平均日排粪率的结果来看（图 4-26），皱纹盘鲍的排粪率随饥饿时间的增长而减小。饥饿时间长于 2 d 的实验组，平均日排粪率显著低于连续投喂组与投喂 2 d 饥饿 1 d 的实验组（$P < 0.05$）。从各实验组皱纹盘鲍粪便中有机物含量的结果可以看出（图 4-27），f2s3 和 f2s4 两组粪便中有机物的含量显著低于 f2 与 f2s1 两组（$P < 0.05$）；f2s2 组与其余各组没有显著差异（$P > 0.05$）。考虑到平均日排粪率受摄食的影响，将各组中处理的时间分为 3 个阶段：投喂的 2 d（f2）、饥饿处理的前 2 d（s1～2）、饥饿处理的后 2 d（s3～4），各组不同处理阶段的排粪率与粪便中的有机物含量见表 4-27、表 4-28。

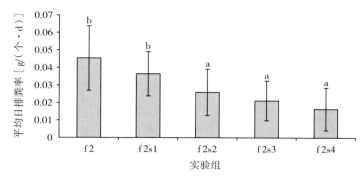

图 4-26　各实验组皱纹盘鲍的平均日排粪率

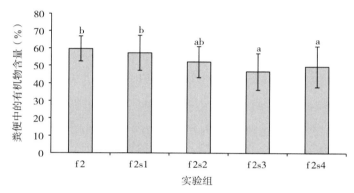

图 4-27　各实验组皱纹盘鲍粪便中的有机物含量

表 4-27　不同处理阶段的皱纹盘鲍排粪率

实验组	排粪率 FPR [g/（个·d）]		
	f2	s1～2	s3～4
f2	0.045 ± 0.018^c	*	*
f2s1	0.045 ± 0.008^c	0.026 ± 0.008^b	*
f2s2	0.040 ± 0.006^c	0.016 ± 0.004^{ab}	*
f2s3	0.036 ± 0.007^c	0.014 ± 0.001^a	0.013 ± 0.001^a
f2s4	0.034 ± 0.004^c	0.013 ± 0.001^a	0.007 ± 0.001^a

注：表中相同的英文字母表示差异不显著（$P>0.05$）；＊表示无此处理阶段。

表 4-28　不同处理阶段的皱纹盘鲍粪便中的有机物含量

实验组	粪便中的有机物含量（％）		
	f2	s1～2	s3～4
f2	59.67 ± 7.25^{cd}	*	*
f2s1	63.59 ± 4.03^d	47.67 ± 8.78^{bc}	*
f2s2	57.90 ± 7.51^{cd}	46.82 ± 6.74^b	*
f2s3	54.18 ± 9.72^c	45.68 ± 4.74^b	33.42 ± 1.37^a
f2s4	63.78 ± 4.67^d	44.33 ± 1.78^b	38.34 ± 3.61^{ab}

注：表中相同的英文字母表示差异不显著（$P>0.05$）；＊表示无此处理阶段。

不同处理阶段皱纹盘鲍的排粪率结果表明，在 2 d 的摄食阶段，其排粪率随饥饿时间增长而减小，但各实验组间差异不显著（$P>0.05$）。摄食期间的排粪率均显著高于饥饿阶段（$P<0.05$）。在饥饿处理阶段，f2s1 组中 1 d 饥饿时的排粪率显著高于其他饥饿阶段的排粪率（$P<0.05$）。

从各组不同处理阶段皱纹盘鲍粪便中的有机物含量来看，摄食阶段粪便中有机物含量的最低值出现在 f2s3 组，且显著低于 f2s1 与 f2s4 两组（$P<0.05$）。在各组的不同处理阶段中，粪便中有机物含量的变化为 f2＞s1～2＞s3～4，且各阶段差异显著（$P<0.05$）。

5. 皱纹盘鲍的血细胞比例

实验用抗凝剂 1∶1 混匀的血淋巴，在 BD 流式细胞仪上进行细胞比例的测定，结果如图 4-28 所示。

按细胞的大小，可将细胞分成两类，其中，颗粒细胞粒径较大（R1），透明细胞粒径较小。0.2 μm 滤膜过滤的抗凝剂作为空白，经流式细胞仪分析显示，仪器噪声与杂质含量极少，可以直接对细胞比例进行分析。

实验结果显示（图 4-29），皱纹盘鲍血淋巴中颗粒细胞的比例在 f2s3 组中出现最低值，显著低于其余组（$P<0.05$），周

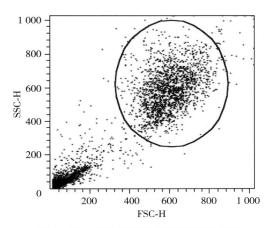

图 4-28　皱纹盘鲍血细胞 FSC 和 SSC 双参数点

期性断食处理中，饥饿时间少于 2 d 的处理组与对照组没有显著差异（$P>0.05$）。

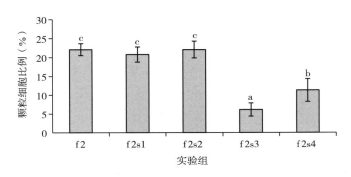

图 4-29　各实验组皱纹盘鲍血淋巴中颗粒细胞比例

6. 结论

大量的研究证实，许多水产动物断食后可产生补偿生长效应。作为自身生活阶段的一部分，软体动物能够耐受长时间的饥饿。鉴于鲍在自然生长条件下，也会受到饵料缺乏条件的限制。本文参照了林小涛等 2008 研究时的实验方法，开展了皱纹盘鲍周期性断

食，即"喂食—饥饿—再喂食—……"实验，发现周期性断食处理条件下，饥饿天数少于 2 d，皱纹盘鲍的增重率与特定生长率没有显著变化，并在投喂 2 d 饥饿 2 d 时达到最高值。饥饿处理高于 2 d，皱纹盘鲍的体重出现下降。说明周期性断食处理中，养殖动物对饥饿时间有一定的补偿限度，超过这个限度，个体的生长率就会出现下降的趋势。投喂期间的皱纹盘鲍摄食率结果表明，在短期的饥饿后恢复喂食，可以增加养殖动物的食欲，这与此前的研究结果相一致。实验中盐渍海带的 FCE 在连续投喂的对照组中平均值为 5.59%，均高于 Qi 与 Fleming 的实验结果，可能与盐渍海带中含水量降低有关。对照组 FCE 与 f2s1 组没有显著差异，但在 f2s2 组中达到 11.2%，显著高于其余各组，可以认为饥饿 2 d 投喂 2 d 的周期性断食处理有效地提高了皱纹盘鲍对盐渍海带的利用效率，能够减小盐渍海带对养殖水体水质的影响，也更利于饵料的节省与养殖成本的降低。

周期性断食处理下的皱纹盘鲍排粪率受到处理方式的显著影响，平均日排粪率随饥饿时间的增长而减少，该结果与林小涛等对凡纳滨对虾周期性断食的研究结果不同，各处理阶段的皱纹盘鲍排粪率结果表明，投喂 2 d 的日排粪率随饥饿时间的增加而减少，与投喂期间的日摄食率呈相反的趋势，这可能与研究对象不同有关。随着周期性断食实验时间的延长，即使是相同的处理组，在不同的时间段上，粪便中有机物的含量也存在差异。表明皱纹盘鲍的消化能力在一定时间内随饥饿时间的增长而增强。从对养殖环境的影响来看，排粪量的减少及粪便中有机物含量的降低也可以有效减轻养殖环境的负荷。

血细胞是鲍免疫反应中的重要组成部分。流式细胞仪分析得到皱纹盘鲍血细胞的种类与张剑诚等、Sahaphong 等的结果相一致。在对牡蛎及菲律宾蛤仔各亚群血细胞比例的变化研究中证实，颗粒细胞比例与其抗感染能力呈正比，易感个体的颗粒细胞比例显著低于抗感染个体。本实验发现，周期性断食饥饿时间超过 2 d，会使皱纹盘鲍颗粒细胞的比例显著降低。

研究证实，皱纹盘鲍有饥饿补偿能力，但是，耐饥饿的能力是有限的。超出耐受能力范围的饥饿，不仅不能增加其摄食率、吸收率，导致生长率显著降低，而且会使鲍的免疫能力下降，由此，可能增加其在高温季节的死亡率。因此，合理适时的断食是极为重要的。本文的结果显示，投喂 2 d、饥饿 2 d 的断食周期可以促进鲍的生长，提高抗感染力。我们将在养殖现场做进一步的实验，为高温季节养殖模式的建立提供理论依据。

（三）野生大型海藻对皱纹盘鲍生理生态学特征的影响

鲍属于经济价值很高的水产养殖品种，适宜的饵料限制了它在世界范围的养殖发展。随着鲍养殖业的发展，海带的产量供不应求。受海带生长季节的限制，很多海区夏、秋季，海带的采收进入末期，养殖海区范围内，没有充足的新鲜海带用于投喂，通常盐渍海带被用来补充饵料的缺乏，因此，适宜的饵料藻类的筛选和开发显得尤为重要。

　　适宜的饵料是鲍正常生长的重要因素之一。鲍是食藻性的海洋大型原始腹足动物。王新霞等指出，稚鲍发育到 1 cm 时，饵料与成鲍基本相同。由于分布的地理区域不同，鲍主食的海藻也不同。但对于鲍各个生长阶段最适宜的海藻未进行说明。

　　对于鲍饵料的研究早有报道，李敏等做了不同饵料细基江蓠繁枝变种、裂片石莼、肠浒苔、人工配合饲料及其组合对黑鲍幼鲍生长及存活的影响；聂宗庆等对加工海带、江蓠及两种人工饲料与放养水层对九孔鲍生长的影响进行了研究。孔石莼、马尾藻和刺松藻是夏季、秋季鲍养殖筏架上最常见的大型藻类，在海带采收末期，能否用这些藻类作为海带的替代饵料将是本研究的重点。在贝藻养殖系统中，养殖海区生长的野生海藻，吸收养殖动物排泄的氮、磷营养盐，既促进了藻类的生长，又为不同生长时期的鲍提供了合适的替代饵料，贝藻互利共生，促进海洋生态系统营养物质良性循环，更贴近自然生态环境，具有较好的生态效益与实践意义。

1. 实验用海藻的成分分析

　　实验所用海藻成分分析见表 4-29。其中，有机物含量为海藻中有机成分在海藻干重中的比例。碳、氮含量为有机物中碳、氮成分的比例。

表 4-29　实验用海藻的成分分析

项目	孔石莼	马尾藻	刺松藻	海带
含水量（%）	80.37±1.67	85.50±2.17	93.16±0.49	91.63±1.02
有机物含量（%）	67.16±0.95	66.72±1.01	45.86±0.66	45.24±0.38
C 含量（%）	29.07±0.64	26.26±0.34	22.25±0.42	30.00±0.20
N 含量（%）	3.68±0.16	2.05±0.21	2.58±0.05	3.83±0.29
C/N	7.89±0.19	12.80±0.48	8.63±0.17	7.83±0.10

2. 皱纹盘鲍的摄食率

　　各规格的皱纹盘鲍在实验期间对不同饵料的摄食率（以饵料湿重计）见图 4-30。双因素方差分析显示，饵料和规格对皱纹盘鲍的摄食率均影响显著（$P<0.05$）。三种规格组中，B 组的摄食率刺松藻组＞海带组＞马尾藻组＞孔石莼组；A 组与 C 组均为海带组＞刺松藻组＞马尾藻组＞孔石莼组。

　　单因素方差分析显示，相同规格的皱纹盘鲍对孔石莼与马尾藻的摄食率（以湿重计）均显著低于刺松藻和海带（$P<0.05$）。孔石莼组中，A 组摄食率显著低于 C 组（$P<0.05$）；马尾藻组与海带组中，A 组均显著低于 B 组和 C 组（$P<0.05$）；刺松藻组中，B 组显著高于 A 组（$P<0.05$）。

　　从各规格的皱纹盘鲍对不同饵料摄食率（以湿重计）的变化趋势中得出（图 4-31），皱纹盘鲍对孔石莼的摄食率（以湿重计）随壳长的增长而增大；皱纹盘鲍对马尾藻与海带的摄食率（以湿重计）B 组与 C 组相差不大，均高于 A 组；皱纹盘鲍对刺松藻的摄食率（以湿重计）在 B 组出现最高值，随壳长增长呈先升高后降低的趋势。

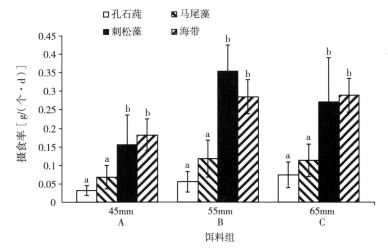

图 4-30　各规格的皱纹盘鲍对不同饵料的摄食率（以湿重计）

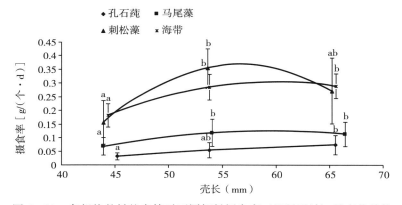

图 4-31　各规格的皱纹盘鲍对不同饵料摄食率（以湿重计）的变化趋势

在饵料摄食率（以饵料干重计）方面（图 4-32），相同规格的皱纹盘鲍摄食不同海藻的实验结果显示，A 组的鲍鱼对孔石莼的摄食率（以干重计）显著低于海带（$P<0.05$）；B 组的鲍鱼对孔石莼摄食率（以干重计）显著低于刺松藻（$P<0.05$）；C 组中，各组海藻间的摄食率（以干重计）没有显著差异（$P>0.05$）。在各海藻组中，规格对皱纹盘鲍摄食率（以干重计）的影响与摄食率（以湿重计）一致。

3. 皱纹盘鲍的排粪率

各规格的皱纹盘鲍摄食不同饵料的排粪率（以干重计）见图 4-33。双因素方差分析显示，规格对皱纹盘鲍的排粪率（以干重计）影响极显著（$P<0.01$）；饵料对皱纹盘鲍的排粪率（以干重计）无显著影响。

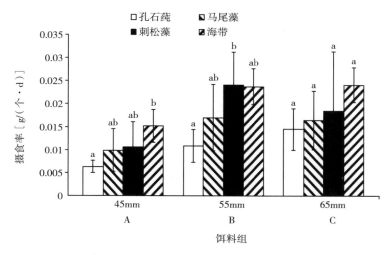

图4-32　各规格的皱纹盘鲍对不同饵料的摄食率（以干重计）

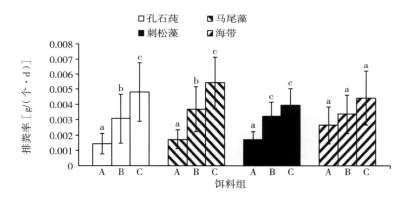

图4-33　各规格皱纹盘鲍摄食不同饵料的排粪率（以干重计）

　　不同海藻对各规格组的影响显示，A组皱纹盘鲍的排粪率（以干重计）海带组显著高于其他海藻组（$P<0.05$）。孔石莼组与马尾藻组中各规格组间差异均显著（$P<0.05$），A组与C组差异极显著（$P<0.01$）；刺松藻组中A组显著低于B、C两组（$P<0.01$）；海带组中各规格组无显著差异（$P>0.05$）。

　　通过方程拟合得出，皱纹盘鲍的排粪率（以干重计）与壳长之间的关系式（图4-34）：

$$y=0.007\ 1\ \ln x-0.024\ 9\ (R^2=0.879\ 3)$$

　　式中　　y——皱纹盘鲍的排粪率（以干重计）；

　　　　　　x——皱纹盘鲍的壳长。

　　各实验组皱纹盘鲍的粪便成分分析见表4-30。

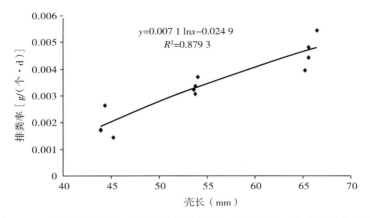

$$y=0.007\ 1\ \ln x-0.024\ 9$$
$$R^2=0.879\ 3$$

图 4-34　皱纹盘鲍摄食不同饵料的排粪率（以干重计）与壳长间的关系

表 4-30　各实验组皱纹盘鲍粪便成分分析

饵料	规格	有机物含量（%）	C 含量（%）	N 含量（%）	C/N
孔石莼	A	50.12±1.45	21.98±0.57	3.96±0.21	5.55±0.49
	B	46.28±1.16	21.04±0.46	3.60±0.09	5.84±0.34
	C	45.69±1.92	20.76±0.61	3.55±0.09	5.84±0.23
马尾藻	A	55.25±0.97	27.72±0.69	3.67±0.17	7.56±0.67
	B	57.44±1.58	28.86±0.83	3.77±0.06	7.66±0.47
	C	50.24±0.74	27.30±0.49	3.55±0.11	7.68±0.06
刺松藻	A	53.86±1.62	20.92±0.75	3.16±0.26	6.63±0.14
	B	47.07±0.79	23.07±1.25	3.63±0.10	6.36±0.85
	C	46.55±1.84	23.81±0.28	3.55±0.02	6.71±0.08
海带	A	50.57±0.94	22.17±0.73	2.30±0.18	9.63±0.65
	B	54.18±1.26	25.15±0.96	3.17±0.33	7.94±0.53
	C	50.30±0.23	26.06±0.93	4.11±0.29	6.33±0.33

4. 皱纹盘鲍的耗氧率

双因素方差分析显示，饵料和鲍规格对皱纹盘鲍的耗氧率没有显著影响（$P>0.05$）。各规格的皱纹盘鲍摄食不同饵料的耗氧率见图 4-35。

相同规格的皱纹盘鲍摄食不同海藻的耗氧率结果显示，A 组与 B 组皱纹盘鲍耗氧率受到饵料的影响显著：A 组中，孔石莼组与刺松藻组显著高于马尾藻组（$P<0.05$）；B 组中，马尾藻组显著高于海带组（$P<0.05$）；C 组中各饵料组内无显著差异（$P>0.05$）。孔石莼组中，A 组显著高于 B、C 两组（$P<0.05$）；刺松藻组中，A 组显著高于 B 组（$P<0.05$）；其余各组内无显著差异（$P>0.05$）。

各规格的皱纹盘鲍摄食不同饵料耗氧率的变化趋势（图 4 - 36）显示，皱纹盘鲍摄食马尾藻时，耗氧率的大小情况为 B 组＞C 组＞A 组；其余 3 组均呈现随壳长增长先降低、后升高的趋势，其中孔石莼组中 B 组与 C 组相差不大。

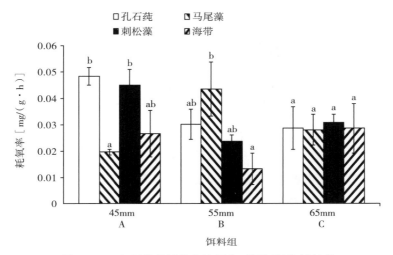

图 4 - 35　各规格的皱纹盘鲍摄食不同饵料的耗氧率

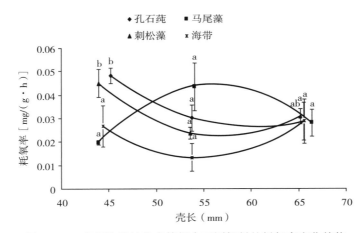

图 4 - 36　各规格的皱纹盘鲍摄食不同饵料的耗氧率变化趋势

5. 皱纹盘鲍的排氨率

不同规格的皱纹盘鲍摄食不同海藻的排氨率见图 4 - 37。双因素方差分析显示，鲍鱼规格与饵料对皱纹盘鲍排氨率的影响均显著（$P < 0.05$）。

各规格组方差分析显示，A 组内海带组显著低于其他三组（$P < 0.05$）；B 组内，孔石莼组显著高于海带组（$P < 0.05$）；C 组内无显著性差异（$P > 0.05$）。孔石莼组中，A 组显著高于 C 组（$P < 0.05$）；马尾藻组中，A 组显著高于 B、C 两组（$P < 0.05$）；其余两组无显著差异（$P > 0.05$）。

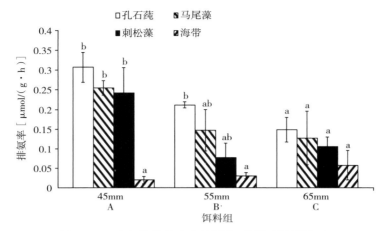

图4-37　各规格的皱纹盘鲍摄食不同饵料的排氨率

从各规格的皱纹盘鲍摄食不同饵料的排氨率变化趋势（图4-38）中可以得出，除海带组的皱纹盘鲍排氨率随壳长的增长上升外，其余三组均呈下降趋势，其中，刺松藻组中C组排氨率高于B组，但差异不大。

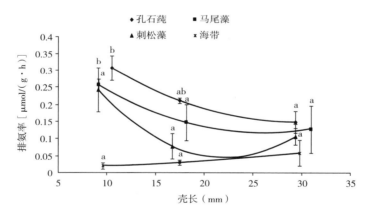

图4-38　各规格的皱纹盘鲍摄食不同饵料的排氨率变化趋势

6. 皱纹盘鲍的氧氮比

各实验组皱纹盘鲍的氧氮比见表4-31，海带组的皱纹盘鲍氧氮比均高于其他海藻组，为29.83~82.87，其余实验组的皱纹盘鲍氧氮比为5.63~20.31。氧氮比的最高值出现在投喂海带的A规格组。

7. 结论

鲍对不同饵料的摄食情况的研究有很多。张琼在几种海藻投喂皱纹盘鲍幼鲍效果中得到的结果显示，皱纹盘鲍对几种饵料的摄食率（以湿重计、以干重计）分别是刺松藻高于马尾藻高于孔石莼，摄食率的高低顺序和本实验结果一致。李敏等实验结果显示，经过单种饲料强制驯化后，黑鲍对不同海藻的摄食率出现一定的变化。潘忠正等认为，皱纹盘鲍是北方种，生长环境中的天然饵料以褐藻类海带和裙带菜为主，经过长期进化，也使其偏爱摄食褐藻。在本实验结果中，各规格组中皱纹盘鲍对刺松藻的摄食率与海带的相接近。排除刺松藻含水量最高的影响，从摄食率（以干重计）来看，各规格组中刺松藻组与海带组均无显著差异。

表 4-31　各实验组皱纹盘鲍的氧氮比

饵料	规格	氧氮比	饵料	规格	氧氮比
孔石莼	A	11.35±1.35	刺松藻	A	11.91±1.91
	B	8.78±0.785		B	20.31±0.31
	C	12.44±2.44		C	19.49±9.49
马尾藻	A	5.63±0.63	海带	A	82.87±2.87
	B	15.47±5.47		B	29.83±9.83
	C	18.97±8.97		C	36.45±6.45

从摄食率随壳长增长的变化趋势上来看，壳长为 55 mm 的 B 组在摄食率上与壳长为 66 mm 的 C 组没有显著差异，均高于 A 组。Amir 在 2000 年用石莼和江蓠投喂皱纹盘鲍，饲料转化率超过 5％，成活率大于 75％。实验结果表明，就摄食率方面，皱纹盘鲍对海带表现出明显的喜食性。在一定程度上刺松藻也可以作为皱纹盘鲍的自然饵料使用。

Park 在皱纹盘鲍摄食海带的排粪率与排氨率、温度和壳长的关系中得出鲍摄食海带时的排粪率为 0.19～1.43 g/(kg·d)，以鲍鱼湿重为 9.62 g、17.47 g、29.82 g 计算，其排粪率湿重应为 0.001 83～0.042 6 g/(个·d)，与实验所得结果相符合。从图 4-33 中可以看出，马尾藻组的排粪率干重在 B 组与 C 组中为最大值。Park 指出，皱纹盘鲍的排粪率随着壳长的增加而增高，与本实验结果一致。Fleming 对壳长为 8.5～12 cm 的黑唇鲍在 13.5 ℃下的特定排粪率做了调查，其中排粪率与摄食率干重的比值在 21.7％～76％，与本实验存在一定的差异，可能与研究对象不同有关。在野生的皱纹盘鲍肠的内容物中发现，有许多未被完全消化的硅藻，笔者认为鲍的消化能力有很大的局限性。在实验中同样发现，摄食马尾藻的鲍，排泄的粪便中会有大量黏膜包裹的马尾藻残渣，而实验结果中，C 规格组的皱纹盘鲍摄食马尾藻在排粪率干重中出现了最大值。

毕远溥等曾在温度、体重对皱纹盘鲍耗氧量和排氨量的影响中指出，在同一温度下鲍的体重越大，其耗氧量越大，而平均单位体重耗氧量随着鲍体重的增大反而减小。中国对虾、鱼类的耗氧率情况也与此类似。实验中得出，在水温 10 ℃、摄食不同海藻的处理条件下，耗氧率与体重没有明显的相关性。王伟定与陈政强都认为小个体鲍由于其生长迅速、生理活动较强、基础代谢率高，所以耗氧率较高，A 组的鲍在摄食孔石莼和刺松藻时，体现出较高的耗氧率；而 B 组的皱纹盘鲍则在摄食马尾藻时，需要消耗更多的氧气，应该与其生理状态有着密切的关系。

Evans 实验中指出，12 ℃时壳长为 1～8 cm 的红鲍的特定排氨率（TAN）为 7.3～

17.3 mg/(kg·d)。Neori 得出壳长为 3～6 cm 的绿鲍在 16.9～26.9 ℃时的排氨率为 76.7 mg/(kg·d)。而 Park 在 12 ℃、16 ℃、20 ℃时，测得摄食海带的皱纹盘鲍的排氨率为1.2～3.6 mg/(kg·h)，相当于 28.8～86.4 mg/(kg·d)，与本实验中各组皱纹盘鲍的排氨率范围较为接近。可见，氨氮的排泄与研究对象及其摄食的饵料、养殖环境有关。

氧氮比是动物呼吸排泄的重要生理指标，是揭示动物代谢规律的重要参数。Mayzaud 指出，当机体的蛋白质代谢占主导地位时，氧氮比最低，为 7～9.3。张继红等实验得出，栉孔扇贝的氧氮比为 11.9～111.04，并指出蛋白质、脂肪和碳水化合物作为栉孔扇贝的代谢底物，且其供能比随温度变化而变化。10 ℃下，皱纹盘鲍摄食各种不同饵料的氧氮比，维持在 5.8～23.8，说明蛋白质与脂肪发挥着较为重要的代谢供能作用，且在不同的摄食条件下，代谢底物的功能比较平衡。而摄食海带的 A 与 C 规格组出现较高的氧氮比可能是因为对该饵料的长期适应条件下，糖类和脂肪代谢更为活跃。

实验分析了室内水温为 10 ℃时，3 种不同藻类对不同规格皱纹盘鲍的摄食率、排粪率、耗氧率及排氨率的影响。但是，在自然海区生长环境下，各生长时期的皱纹盘鲍摄食 3 种海藻的饵料效率、生长情况的意义会更大，有待下一步深入的实验研究。

五、刺参

（一）温度、饵料质量对不同规格刺参摄食率、吸收效率的影响

刺参属棘皮动物门、海参纲，为典型的沉积食性动物，具有较高的经济价值。刺参对养殖海区底质的摄食及其生物扰动，在浅海底栖生态系统的物质循环和能量流动中具有重要作用。尽管可摄取多种物质，但刺参只能消化、利用从沉积物中获得的有机成分，主要为底质中的有机质、某些细菌和原生动物等。这不仅降低了水体有机物含量，也可有效抑制水体有害物质的积累，在海水养殖系统中扮演"清道夫"的角色。2011 年，我国海参的年产量达到 137 754 t，较 2005 年增加了 111.01%。目前，我国刺参养殖业已成为继海带、对虾、扇贝和海水鱼养殖之后又一新的支柱产业。然而近年来刺参养殖中出现了价格持续走低、养殖密度不合理、规模盲目扩大及以粗放型养殖为主等问题，这在很大程度上阻碍了该行业的持续发展。

摄食率、吸收效率能够直接反映刺参对物质、能量的利用情况，是刺参摄食生理的重要指标之一，也是刺参能量动力学的基本参数之一。刺参的摄食生理受多种因素的影响，其中，温度、体重和饵料质量是影响刺参摄食生理的重要参数。有关刺参摄食率的研究已较多，而对有机物摄食率的相关报道尚较少。本实验研究了温度、饵料质量对不同体重刺参摄食生理的影响，量化了它们之间的相关关系，以掌握刺参有机物摄食率的变化规律，为刺参的底播增殖以及工厂化健康养殖提供基础数据。

1. 实验期间的环境条件和饵料的营养成分分析

实验期间的溶氧维持在 5.0 mg/L 以上，pH 介于 7.98～8.36，盐度范围为 30.70～30.99，这些指标在刺参生长的适宜范围内。饵料的基本成分见表 4-32。

表 4-32　实验饵料配方及营养成分

项目		组别			
		Ⅰ	Ⅱ	Ⅲ	Ⅳ
配方（%）	海泥	100	88	76	64
	海带粉	—	12	24	36
营养成分（%）	粗蛋白	0.75	1.84	2.93	4.01
	粗脂肪	2.8	2.99	3.17	3.36
	粗灰分	87.6	82.78	77.95	73.13
	水分	5.8	5.81	5.82	5.84
	有机物	4.71	8.43	12.15	15.88

2. 饵料对不同体重刺参摄食的影响

在实验有机物浓度范围内，随着有机物含量的增加，不同规格刺参的摄食率都表现出逐渐增大的趋势（图 4-39 左）。回归分析结果显示，饵料有机物含量与刺参摄食率之间符合以下关系式：$OIR = a \times OC/(OC + b)$，其中 a 为最大摄食率 OIR_{max}，b 为半饱和常数，代表刺参摄食有机物的能力；b 值越小，摄食能力越大。不同规格刺参的相关系数见表 4-33。结果显示，小规格（A 组）的刺参，摄食有机物的能力最强，其次是 C 组和 B 组（B、C 两组无显著差异），D 组摄食有机物的能力最弱。

表 4-33　饵料有机物含量与不同规格刺参的摄食率回归方程的参数

实验组	a	b	R^2
A（4.77%）	10.719	3.71	0.847
B（15.12%）	8.535	4.686	0.756
C（34.77%）	6.591	4.066	0.599
D（78.13%）	4.762	6.618	0.232

有机物含量、体重对刺参摄食率的影响极其显著（$P < 0.01$），但其交互作用对摄食率的影响不显著（$P > 0.05$）（表 4-34）。有机物含量、体重与刺参摄食率的定量关系式为 $OIR = 12.55 \times WW^{-0.361} + 7.92 \times OC/(OC + 4.373) - 4.70$（$R^2 = 0.973$，$P < 0.01$）。

桑沟湾生态环境与生物资源可持续利用

表 4-34　有机物含量、刺参体重对摄食率影响的方差分析结果

变异来源	自由度	平方和	均方	F 值	P 值
有机物含量（OC）	3	33.646	11.215	39.190	0.000
体重（WW）	3	145.912	48.637	169.955	0.000
饵料（OC）×体重（WW）	9	2.708	0.301	1.052	0.423
误差	32	9.158	0.286	—	—
总变异	47	191.423	—	—	—

　　刺参的吸收效率与摄食率的变化趋势不同。饵料有机物含量为 4.71% ～ 12.15%，随着 OC 增加，吸收效率逐渐增大；OC 大于 12.12% 时，吸收效率随 OC 的增加而降低（图 4-39 右）。对于相同的饵料，刺参的规格越小，吸收效率越大，总体趋势为 A 组＞B 组＞C 组＞D 组。

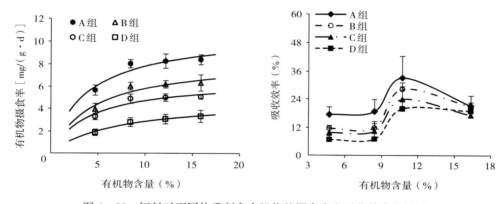

图 4-39　饵料对不同体重刺参有机物的摄食率和吸收效率的影响

　　有机物含量与体重对刺参的吸收效率均有极其显著性影响（$P<0.01$），而其交互作用对吸收效率的影响不显著（$P>0.05$）（表 4-35）。在 4 个饵料（Ⅰ组、Ⅱ组、Ⅲ组、Ⅳ组）条件下，A 组刺参的吸收效率显著高于 C 组、D 组。

表 4-35　饵料质量、刺参体重对吸收效率影响的方差分析结果

变异来源	自由度	平方和	均方	F 值	P 值
有机物含量（OC）	3	1 774.90	591.63	20.07	0.00
体重（WW）	3	599.64	199.88	6.78	0.00
饵料（OC）×体重（WW）	9	124.60	13.84	0.47	0.88
误差	32	943.19	29.47	—	—
总变异	47	3 442.33	—	—	—

3. 温度对不同体重刺参摄食的影响

在实验温度范围内，随着水温的升高，4 个规格刺参的摄食率、吸收效率都表现出增大的趋势（图 4-40）。但是，不同规格的增大幅度不同，规格越小的刺参，受温度的影响越大，增幅也越大。

在温度为 5.1 ℃时，4 个规格的刺参摄食率之间无显著性差异，但是，随着水温的升高，不同规格之间的差异显著（$P < 0.05$）。在水温为 16.1 ℃时，A 组刺参的吸收效率达 21.7%，而大规格组（D 组）的吸收效率仅为 9.98%。

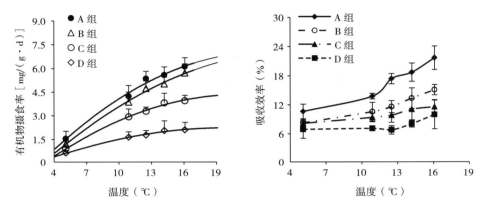

图 4-40　温度对不同规格刺参的有机物摄食率和吸收效率的影响

不同规格刺参的摄食率与水温的关系式符合二次函数关系：$OIR = c \times T^2 + d \times T + e$，系数 c、d、e 的值见表 4-36。体重、水温及其交互作用对刺参摄食率的影响均极显著（$P < 0.01$）；而温度、体重对刺参吸收效率的影响极显著（$P < 0.01$），但其交互作用对吸收效率的影响不显著（$P > 0.05$）；水温、体重与刺参摄食率的关系式：$OIR = 2.2 \times WW^{-0.384} + 0.033 \times WW^{-0.384} \times T^2 + 0.077 \times T$（$R^2 = 0.939$，$P < 0.01$）。

表 4-36　温度与不同规格刺参的摄食率回归方程的参数

实验组	c	d	e	R^2
A（4.77%）	−0.016 4	0.769	−1.977	0.990
B（15.12%）	−0.012 7	0.678	−1.930	0.996
C（34.77%）	−0.013 4	0.568	−1.659	0.997
D（78.13%）	−0.007 5	0.298	−0.724	0.994

4. 结论

（1）饵料质量对刺参摄食的影响　饵料质量是影响刺参生长、摄食、分布的重要因素之一。通常，随着饵料中有机物浓度的增加，刺参的摄食率会降低，但因饵料中有机物含量的增加，刺参对有机物的摄食率并未降低。本研究发现，在实验的饵料条件下，刺参对有机物的摄食率与饵料中有机物含量呈正相关，但是刺参的吸收效率却并未随有机物含量增加而一直增加，可见刺参能通过吸收效率来调节对有机物的吸收能力。以往的研究发现，为了满足生长和代谢的能量需求，海洋生物存在不同程度的自身调节能力，以补偿外界食物条件的变化对其产生可能的负面影响，从而有效避免因有机物含量过高而导致过饱食或者有机物含量过低而造成能量摄入不足。例如，据报道在悬浮颗粒物浓度较高或有机物含量较低的条件下，滤食性贝类通过调节其生理过程（如吸收效率和滤水率）来适应及补偿外界食物条件的变化（如食物浓度或有机物含量的变化等）。当然，刺参摄食率的变化不仅受饵料中有机物含量的影响，而且受其他环境及自身因素的综合影响，是非常复杂的。例如，投喂纯海带粉（有机物含量达 57.5%）的饵料效果低于投喂海带粉与表层泥适宜配比的饵料效果。在我国刺参养殖过程中，饵料中添加一定比例表层泥的历史已久，虽然尚不能完全解释这一现象，但可能与表层泥中含有沙砾和少量的益生菌有关。本研究发现，饵料中有机物含量对刺参的吸收效率有显著影响。在饵料的有机物含量为 12.15% 时，吸收效率最高，且此时刺参具有较强的有机物摄食能力。因此适当调整饵料中有机物含量，可以促进刺参的摄食和生长。

（2）温度对刺参摄食的影响　　刺参具有"冬眠""夏眠"的习性，其摄食等生理活动对温度变化极其敏感。本研究发现，在适宜的温度范围内，刺参对有机物的摄食率、吸收效率随温度的增加而增加，且不同规格刺参的增加幅度存在差异，这从刺参的摄食率与温度的关系（$OIR = c \times T^2 + d \times T + e$）也可以反映出来。耦合的二次项系数 $|c|$ 代表了刺参摄食率受温度影响的程度，该值越大，受温度的影响程度越大。可见，小规格刺参受温度影响更大（表 4 - 36）。在室内的工厂化养殖过程中，适当提高水温，有助于刺参的摄食、生长；同时温度的增加不能太高，以免刺参"夏眠"而停止摄食。本研究发现刺参的吸收效率随体重的增加而下降，这与赵永军等 2004 年的研究结果相一致。研究表明，刺参经常保持满腹状态，终日不断摄食，消化管一昼夜可充满 1.14 次。相比于大的刺参，体重小的刺参消化道具有较大的比表面，增大了单位食物量与肠道的接触面，这可能是小刺参具有较高吸收效率的原因。

（3）饵料质量、体重及温度、体重双因素对刺参摄食率的影响　　虽然刺参的摄食生理受到多种因素共同作用，如体重、光周期、盐度及其生理状态等，但是，水温和饵料是影响其摄食能力的关键因素。本实验获得了刺参摄食率与有机物含量、体重的定量关系式 $[OIR = 12.55 \times WW^{-0.361} + 7.92 \times OC/(OC + 4.373) - 4.70 \ (R^2 = 0.973)]$，及摄食率与水温、体重的定量关系式（$OIR = 2.2 \times WW^{-0.384} + 0.033 \times WW^{-0.384} \times T^2 + 0.077 \times T$）；另外，也获得了容量评估模型所必需的参数：刺参摄食的最大摄食率和摄食的半饱和常数，这将有助于进一步开展自然海域刺参底播增殖容量的评估。

（二）桑沟湾东楮岛海区刺参的食物来源分析

1. 刺参的脂肪酸组成

刺参的脂肪酸组成见表 4 - 37，共检测出 15 种脂肪酸，其中含 6 种饱和脂肪酸（saturated fatty acid，SFA）、4 种单不饱和脂肪酸（monounsaturated fatty acid，MUFA）和 5 种多不饱和脂肪酸（polyunsaturated fatty acid，PUFA）。不同时间下刺参体壁样品中总脂肪酸含量差异不显著（$P > 0.05$）。由表 4 - 37 可知，C16：0 是饱和脂肪酸的主要成分，占总脂肪酸的 11.02%。C16：1 与 C18：1（n - 7）是单不饱和脂肪酸的主要成分，分别占总脂肪酸的 10.82%、6.33%。C20：4（n - 6）和 C20：5（n - 3）（EPA）是多不饱和脂肪酸中含量最高的两种成分，分别占总脂肪酸含量的 8.50% 和 10.43%。

表 4 - 37　刺参体壁脂肪酸组成、含量的时间变化

脂肪酸	不同时间的含量（%）			
	4 月 9 日	6 月 8 日	8 月 15 日	10 月 24 日
C14：0	0.70±0.11	1.18±0.12	1.56±0.05	1.32±0.07
C16：0	7.90±0.03	10.28±0.04	14.30±0.04	11.61±0.02
C16：1	7.00±0.14	12.52±0.18	12.70±0.19	11.07±0.13
C17：0	0.84±0.09	0.69±0.12	1.38±0.17	1.27±0.13
C18：0	6.94±0.11	9.16±0.10	8.26±0.13	8.08±0.02
C18：1（n - 9）	3.31±0.06	2.60±0.02	3.00±0.11	2.40±0.02
C18：1（n - 7）	5.10±0.00	7.04±0.04	6.14±0.02	7.04±0.02
C18：2（n - 6）	1.38±0.01	1.84±0.01	1.42±0.02	1.12±0.01
C18：3（n - 3）	0.96±0.21	1.25±0.13	1.00±0.07	0.86±0.13
C18：4（n - 3）	0.74±0.04	0.82±0.03	0.68±0.02	0.73±0.00
C20：0	1.70±0.03	1.34±0.02	1.41±0.06	1.58±0.03
C20：1（n - 9）	4.15±0.03	2.54±0.05	3.17±0.05	3.54±0.03
C20：4（n - 6）	12.19±0.36	6.56±0.27	6.54±0.22	8.70±0.18
C20：5（n - 3）/EPA	10.34±0.19	12.30±0.00	10.62±0.03	8.46±0.07
C22：6（n - 3）/DHA	6.14±0.06	5.44±0.06	5.19±0.03	4.74±0.07
SFA	18.08±0.21	22.65±0.11	26.91±0.17	23.86±0.13
MUFA	19.56±0.18	24.70±0.04	25.01±0.05	24.05±0.05
PUFA	31.75±0.33	28.21±0.13	25.45±0.20	24.61±0.14

2. 硅藻类脂肪酸标志物含量的时间变化

刺参体壁中两种硅藻类脂肪酸标志物含量的时间变化情况见图 4-41。EPA 的变化范围为 8.46%～12.30%，其最低值出现在 10 月并且显著低于 4 月、6 月、8 月。而在 6 月出现最高值，含量占总脂肪酸的 12.30%。而 DHA/EPA 随时间的变化显著（$F=8.166$，$P=0.008$），变化范围为 0.44～0.59，最高值、最低值分别出现在 4 月、6 月。

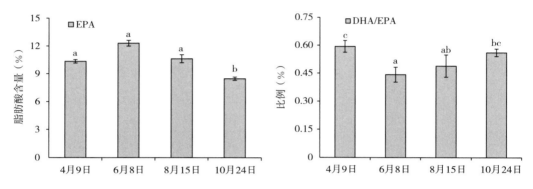

图 4-41　刺参体壁中硅藻类脂肪酸标志物含量的时间变化

3. 鞭毛藻类脂肪酸标志物含量的时间变化

刺参体壁中鞭毛藻类脂肪酸标志物（DHA）含量随时间的变化如图 4-42 所示，变化范围为 4.74%～6.14%，且 DHA 占总脂肪酸含量的比值存在显著的时间变化（$F=35.834$，$P=0.001$）。其最高值、最低值分别出现在 4 月、10 月，说明在 4 月刺参食物来源中鞭毛藻类所占比例较大。

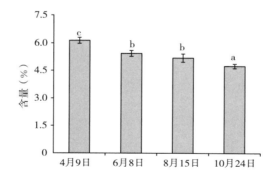

图 4-42　刺参体壁中鞭毛藻类脂肪酸标志物（DHA）含量的时间变化

4. 大型绿藻类脂肪酸标志物含量的时间变化

大型绿藻类脂肪酸标志物 C18:3（n-3）含量的时间变化如图 4-43 所示。实验期间 C18:3（n-3）含量差异不显著（$F=3.968$，$P>0.05$），占总脂肪酸的 0.86%～1.25%，含量较低。其中，6 月含量最高，10 月最低。

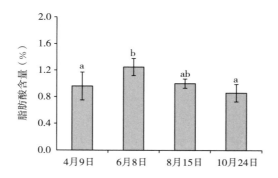

图 4 - 43　刺参体壁中大型绿藻类脂肪酸标志物［C18:3（n-3）］含量的时间变化

5. 褐藻类脂肪酸标志物含量的时间变化

褐藻类脂肪酸标志物含量具有显著的时间变化（$F=300.58$，$P<0.001$）。如图 4 - 44 所示，脂肪酸标志物 C20:4（n-6）在刺参体壁中脂肪酸组成中相对含量较高，为 $6.54\%\sim12.19\%$。其中，在 4 月和 10 月具有较高水平，而在 6 月和 8 月较低。这表明在 4 月和 10 月褐藻类食物来源对刺参的贡献可能较大，而在 6 月和 8 月褐藻类占刺参食物的比重较低。

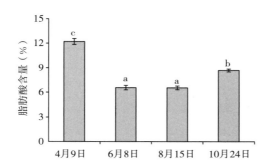

图 4 - 44　刺参体壁中褐藻类脂肪酸标志物［C20:4（n-6）］含量的时间变化

6. 细菌类脂肪酸标志物含量的时间变化

刺参体壁中两种细菌类脂肪酸标志物含量的时间变化见图 4 - 45。C18:1（n-7）占总脂肪酸含量较高，为 $5.10\%\sim7.04\%$，且具有明显的时间变化（$F=38.537$，$P<0.001$）。6 月和 10 月明显高于 4 月和 8 月，说明在 6 月和 10 月细菌类有机物占刺参食物的比例较高。而另一种脂肪酸标志物 C18:1（n-7）/C18:1（n-9）含量同样具有明显的时间变化（$F=41.915$，$P<0.001$），其变化规律与 C18:1（n-7）一致，其中 4 月比例最低为 1.54。

7. 陆源有机质脂肪酸标志物含量的时间变化

如图 4 - 46 所示，刺参体壁中陆源有机质脂肪酸标志物［C18:2(n-6)］含量较低，具有明显的时间变化（$F=499.5$，$P<0.001$），含量为 $1.12\%\sim1.84\%$；其中 6 月最高，而在 10 月最低。

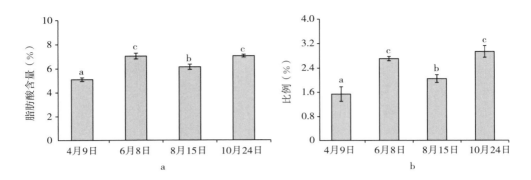

图 4 - 45　刺参体壁中细菌类脂肪酸标志物含量的时间变化

a. C18 : 1 （n－7）　　b. C18 : 1 （n－7）/C18 : 1 （n－9））

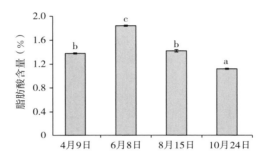

图 4 - 46　刺参体壁中陆源有机质脂肪酸标志物含量的时间变化

8. 刺参食物组成的时间变化

以刺参体壁中 7 种脂肪酸标志物（硅藻类、鞭毛藻类、大型绿藻类、褐藻类、细菌类和陆源有机质）的含量或比值为变量，对 4 次采集的刺参体壁样品进行主成分分析，对山东荣成东楮岛海区刺参食物组成进行分析。各脂肪酸标志物在第一、第二主成分上的分量见表 4 - 38。其中第一主成分以大型绿藻类、褐藻类、细菌类为主，贡献率约达 49.44%（表 4 - 39），且褐藻类脂肪酸标志物与另外两种标志物呈负相关；而第二主成分以硅藻类、鞭毛藻类及陆源有机质为主，贡献率达 45.07%，3 种脂肪酸标志物均呈正相关。第一、第二主成分对刺参食物来源的累积贡献率达 94.52%，表明通过第一、第二主成分能够反映在不同时间下刺参食物来源的差异。

表 4 - 38　刺参体壁中脂肪酸标志物的特征值

主成分	EPA	DHA	C18:3 (n-3)	C20:4 (n-6)	C18:1 (n-7)	C18:1 (n-7)/ C18:1 (n-9)	C18:2 (n-6)
1	0.589	−0.419	0.770	−0.874	0.800	0.677	0.696
2	0.806	0.890	0.629	0.204	−0.570	−0.664	0.715

表 4-39　主成分方差与方差贡献

成分	初始特征值			提取百分比/提取和载入		
	合计	方差百分比	累计百分比	合计	方差百分比	累计百分比
1	3.461 1	49.444 4	49.444	3.461	49.444	49.444
2	3.155 1	45.072 5	94.517	3.155	45.072	94.517
3	0.383 8	5.483 08	100	—	—	—
4	1.90×10^{-16}	2.70×10^{-15}	100	—	—	—
5	1.40×10^{-16}	1.90×10^{-15}	100	—	—	—
6	-6.00×10^{-17}	-8.00×10^{-16}	100	—	—	—
7	-9.00×10^{-17}	-1.00×10^{-15}	100	—	—	—

　　不同时间下采集的刺参体壁样品在第一、第二主成分上的分量如图 4-47 所示。分别以第一、第二主成分为 x、y 轴制图，将不同时间采样的刺参体壁样品分成 4 个象限。2013 年 4 月 9 日采集的样品位于第四象限内，以高含量的硅藻类脂肪酸标志物（EPA/DHA）、鞭毛藻类脂肪酸标志物（DHA）、褐藻类脂肪酸标志物［C20：4（n-6）］与其他样品分开。而 2013 年 6 月 8 日的样品位于第一主成分的右端、第二主成分的上端，以高含量的大型绿藻类脂肪酸标志物［C18：3（n-3）］、褐藻类脂肪酸标志物［C20：4（n-6）］及细菌类脂肪酸标志物［C18：1（n-7）］为主。2013 年 8 月 15 日的刺参体壁样品靠近第一、第二主成分零点的位置，说明此时第一、第二主成分对刺参食物的贡献均较低。而 2013 年 10 月 24 日采集的刺参样品位于第三象限内且在第二主成分的下端，此时具有较高含量的是硅藻类、鞭毛藻类和陆源有机质标志物。

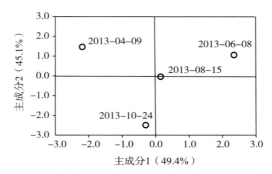

图 4-47　刺参在不同时间下食物组成的主成分分析

9. 结论

　　（1）刺参的食物组分分析　　刺参在海底爬行运动，通过口腔周围的触角来收集颗粒物（如矿物质、生物、腐殖质包括其他生物的粪便等）。尽管多种物质可被刺参消化，但沉积食性的刺参只能消化利用沉积物中的有机成分，食物来源组成复杂。木下田中 1939

年对北海道的刺参进行胃含物分析表明：刺参的肠道内容物包含硅藻类、原生动物、螺类及双壳类的幼贝、桡足类、尘埃和细菌类等。而张宝琳等1992年对灵山岛附近刺参的胃含物进行分析，结果表明，其内含物以粗沙为主，包括混在其中的一些藻类残体及软体动物（14种）等。在本实验中，硅藻类、鞭毛藻类、原生动物、褐藻类、大型绿藻类、细菌类及陆源有机质等都是刺参的可能食物来源，且其食物来源组成在不同时间下差异显著。

① 硅藻类与鞭毛藻类。刺参在耳状幼体阶段主要以单胞藻为食，包括硅藻、盐藻、金藻和三角褐指藻等。由表4-37可知，EPA在单不饱和脂肪酸中含量最高（8.46%～12.30%），同时，DHA/EPA比值较低且均小于1（0.44～0.59），表现出典型的硅藻类脂肪酸特征。这表明硅藻类在刺参的食物组成中占较大比例，是刺参重要的食物来源之一。EPA表现出明显的时间性变化，在6月和8月较高，表明此时硅藻作为刺参重要的食物来源的贡献比4月和10月大。6月和8月水温较高，正值硅藻生长旺盛期，从而成了刺参饵料组成中的重要组成部分。这与高菲等2010年研究的春季、冬季时，硅藻对刺参的食物贡献更大的结果不同。研究表明，添加在饲料中的硅藻粉有诱食作用，刺参摄食硅藻粉时其摄食率显著高于对照组。鞭毛藻类（包括金藻、甲藻）也是刺参重要的食物来源，其脂肪酸标志物DHA含量（4.74%～6.14%）随时间逐渐下降。这可能与海区生物群落的季节演替有关。

② 褐藻类与大型绿藻类。褐藻类脂肪酸标志物C20:4（n-6）的相对含量在实验期间都很高（6.54%～12.1%），尤其在4月和10月。褐藻类也是典型的低温类群，在4月和10月水温较低时生长更为旺盛。大型藻类脱落的碎屑经沉积作用成为海底沉积物的一部分，是沉积食性生物潜在的食物来源之一。而6月和8月水温较高，大型绿藻类生物开始替代褐藻类成为优势类群，该时期刺参食物组成中相应的大型绿藻类有机质所占比重也有所增加。

③ 微生物与陆源有机质类。微生物不仅是刺参重要的饵料之一，同时能促进动物体的营养吸收，提高转化率。木下田中、孙奕分别在刺参消化道内发现了大量的细菌类生物。本实验用脂肪酸标志物C分析也表明，细菌类是刺参重要的食物来源之一，脂肪酸标志物C18:1(n-7)的含量和C18:1（n-7）/C18:1（n-9）的比例均为在6月和10月较高，而在4月和8月较低。这可能是刺参食物组成变化、细菌生物量变化、刺参夏眠等多种因素共同作用的结果。此外，本研究表明，陆源有机质也是刺参食物组成之一，含量很低（1.12%～1.84%）；在6月含量显著高于其他3个月（$P<0.05$）。这可能是由于降雨、河流、大风等因素，陆源有机质会流入浅海海区并成为海洋生物的潜在食物。

（2）刺参的主要食物组分与饲料开发　通过脂肪酸标志法测定，硅藻类、鞭毛藻类、原生动物、褐藻类、大型绿藻类、细菌类及陆源有机质等都是海区刺参的食物组分之一。研究表明，添加在饲料中的硅藻粉有诱食作用，刺参摄食硅藻粉时其摄食率显著高于对照组；而褐藻门中的鼠尾藻，是刺参的天然优质饵料。近年来，关于用大型绿藻类（石莼、浒苔）及褐藻类（鼠尾藻、马尾藻、海带）等制备人工配合饲料的研究已有较多报道。另外，金波昌等人研究了用陆源有机质（黄泥）作为饲料添加剂代替海泥的可行性，结果表明，用黄泥代替海泥是可行的并能降低刺参饲料成本。而刘营的研究也表明，在饲料中添加20％～40％的黄泥是经济、环保、可行的。

刺参食物组分的时间变化与海区生态系统的群落演替密切相关，而各组分的比重取决于刺参对各组分的摄食、吸收效率。本实验用脂肪酸标志法分析了桑沟湾东楮岛海区刺参食物来源组成的时间变化，为开发营养均衡、转化率高的人工配合饲料提供参考。

六、大型藻类

鼠尾藻隶属褐藻门、墨角藻目、马尾藻科、马尾藻属，是我国沿海地区重要经济藻类之一。鼠尾藻具备胶体成分少的特点，做成的海参饲料对水体污染小，是理想的海参饲料制造原料之一。近年来，随着海参养殖业的快速发展，对鼠尾藻的需求逐年增加，过度地采摘，对野生鼠尾藻资源构成了严重的威胁。目前，国内已有多家科研单位相继展开了鼠尾藻的研究，主要集中于生物学、人工育苗、遗传多样性及藻类生理特性。

桑沟湾藻类养殖对象以海带为主，每年4—7月为海带的收获期，海区有较多的空闲筏架。鼠尾藻生长适宜温度在9.6～19.8 ℃，在桑沟湾海区满足该温度区间的时间为4月中下旬至7月上旬，因此在桑沟湾开展鼠尾藻养殖，一方面能充分利用筏架资源，另一方面通过鼠尾藻养殖改善养殖海区生态环境。本文通过研究鼠尾藻在桑沟湾的生长特性，旨在为桑沟湾鼠尾藻人工养殖的开展提供理论依据。

桑沟湾养殖海区附着生物种类多、数量大。过多的附着生物可能会影响鼠尾藻的生长及品质，其潜在的影响不容忽视。人工养殖条件下，仅有少量文章报道了其敌害生物。本实验通过直接采集鼠尾藻藻体上样品的方法，对桑沟湾鼠尾藻养殖过程中出现的附着生物群落结构进行了研究。旨在阐明鼠尾藻养殖过程中附着生物的种类、数量月份变化规律，为污损生物的防范提供理论依据。

1. 材料与方法

（1）材料　实验所用鼠尾藻苗种于4月中旬购买于浙江省温州市洞头县，为野生苗种。苗种装入聚乙烯编织袋（100 cm×50 cm），每个袋子装苗15 kg，同时放入海水冰瓶冷却，经24 h长途运输，到达山东省荣成市楮岛水产有限公司，于翌日悬挂于桑沟湾海区进行养殖。养殖海区水深6～8 m，实验海区面积1/15 hm²。

（2）实验方法　养殖方法：鼠尾藻是潮间带耐强光藻类，4 000 lx以上光强更有利于藻体侧枝的生长，藻体适合浅水层养殖，故本实验采用平养方式进行养殖，即将苗绳两端分别挂于两行筏架上，利用藻体自身浮力，藻体悬浮于海区表层。实验所用苗绳为聚乙烯绳，长度3 m，直径0.5 cm。夹苗时3～4枝鼠尾藻为一簇，每绳夹苗60簇。分枝4

枝以下的鼠尾藻连同盘状固着器一起夹于苗绳上，分枝4枝以上的则保留4枝分枝，其余剪下夹到其他苗绳上。1/15 hm² 实验海区共养殖鼠尾藻300绳。

测量方法：在养殖实验期间，每隔10 d采集一次样品，每次采样30株，剥离附着生物后，测量藻体主枝长度、湿重、生殖托长度，同时测取所剥离附着生物的湿重。测量结束后，用70%乙醇固定附着生物样品，保存于4℃的冰箱，以备分类鉴定。鼠尾藻藻体则置于60℃烘箱里烘干48 h，烘干后测量藻体干重。用 YSI-Pro10（美国）测定海区环境因子（水温、溶解氧、盐度、pH），水样采集处理按照《海洋监测规范》（GB 17378—2007），NH_4^+-N 采用次溴酸钠氧化法，NO_3^--N 采用锌-镉还原法，NO_2^--N 采用重氮偶氮法，$PO_4^{3-}-P$ 采用磷钼蓝法测定。DIN为 NH_4^+-N、NO_3^--N、NO_2^--N 浓度之和。

（3）计算方法　鼠尾藻干湿比为藻体干重与湿重的比值。

特定生长率按如下公式计算：

$$特定生长率=(\ln m_t-\ln m_0)/t\times100\%$$

式中　m_0——初始藻的鲜重（g）；

　　　m_t——实验结束时藻的鲜重（g）；

　　　t——实验持续的天数（d）。

（4）数据处理　采用 Excel 整理数据及绘制图表，数据用平均值±标准差（$M\pm SD$）形式表示。

2. 结果与分析

（1）桑沟湾养殖海区环境因子变化　海区环境因子变化见表4-40。4月21日海水温度为10.4℃，随后呈现逐步上升趋势，每隔6~7 d水温上升1℃，6月24日水温超过20℃。溶解氧变化区间在7.15~9.78 mg/L。盐度保持在31左右。海区 pH 在8.01~8.26变化。DIN浓度为4.17~14.86 μmol/L，$PO_4^{3-}-P$ 浓度为0.20~1.23 μmol/L。

表4-40　实验海区水温、溶解氧、盐度、pH、DIN、$PO_4^{3-}-P$ 的变化

日期 （月-日）	温度 （℃）	溶解氧 （mg/L）	盐度	pH	DIN （μmol/L）	$PO_4^{3-}-P$ （μmol/L）
4-21	10.4	9.78	31.04	8.26	9.64	0.45
4-30	12.1	8.23	31.54	8.07	14.86	0.65
5-11	14.6	7.69	30.78	8.01	10.03	1.23
5-22	16.2	7.56	31.12	8.12	5.63	0.64
5-30	17.1	8.34	30.87	8.21	8.51	0.77
6-8	18.4	8.12	30.75	8.14	4.17	0.67
6-24	20.4	8.96	31.00	8.17	7.14	0.35
6-30	21.4	7.15	31.02	8.04	6.32	0.20

（2）鼠尾藻生长曲线　鼠尾藻藻体长度变化见图4-48，4月21日至5月30日期间，藻体呈现快速生长趋势，日增长比例达到2.79%；而5月30日至6月30日为-0.47%，呈现下降趋势。养殖期间藻体长度均长最大值为112.31 cm。

生殖托直至5月10日以后才少量出现，随后长度呈现持续增长趋势（图4-48），且出现生殖托藻体的比例也持续增大。藻体生长至6月24日，大部分生殖托上的生殖孔明显打开，部分藻体完成精卵的排放。

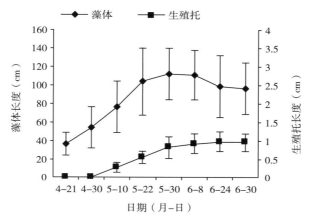

图4-48　鼠尾藻藻体与生殖托长度的变化

鼠尾藻湿重在4月21日至5月30日期间呈现持续快速增长趋势，6月8日达到最大值，随后开始下降（图4-49）。单株藻体重量最大均值为59.78 g。

鼠尾藻干重在4月21日至6月24日期间呈现上升趋势，直至6月24日达到最大值，之后随着藻体湿重变化也呈现下降趋势（图4-49）。

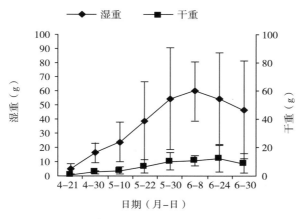

图4-49　单株鼠尾藻平均干重与湿重的变化

鼠尾藻干湿比呈现上升趋势，由0.146（4月21日）上升至0.190（6月30日）（图4-50）。

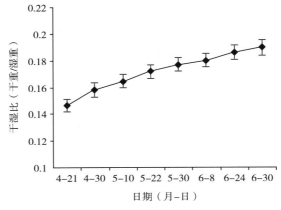

图 4-50　鼠尾藻平均干湿比的变化

6 月 24 日，鼠尾藻生物量最大时，统计掉苗率为 10.3％。测量藻体根部直径大小为 (0.18±0.03)cm。

鼠尾藻在养殖 10～49 d，湿重增长迅速，其特定生长率呈现先上升后下降趋势（表 4-41）。特定生长率与水温之间的拟合相关方程为：

$$y = -0.44x^2 + 13.15x - 93.93 \times 100\% \quad (R^2 = 0.837\ 5)$$

式中　　x——海水温度（℃）；

　　　　y——特定生长率（％）。

表 4-41　鼠尾藻特定生长率与水温变化

养殖天数（d）	特定生长率（％）	温度（℃）	养殖天数（d）	特定生长率（％）	温度（℃）
10～20	3.75	13.4	32～40	4.32	16.7
20～32	4.09	15.4	40～49	1.04	17.8

（3）附着生物研究　实验结果显示，鼠尾藻藻体上的附着生物群落结构复杂，附着生物种类包括藻类、海鞘类、环节动物、腔肠动物、软体动物、甲壳动物和海绵动物，实验鉴定了大型附着生物 16 种（表 4-42）。

鼠尾藻养殖前期（4 月），附着生物种类只有 4 种，每株藻体上附着生物量均值为 0.10 g。随着水温的升高及鼠尾藻生物量的增大，附着生物的种类及生物量随之增加（图 4-51），5 月 30 日，附着生物种类达到 10 种，单株藻体上附着生物量均值达到 0.21 g。6 月 30 日附着生物达到 16 种，每株藻体上附着生物量均值达到 0.77 g。6 月 30 日，扁颌针鱼鱼卵是附着生物的主要构成种类，其次是海鞘类与海绵动物，随机调查的 30 株藻体上共计发现扁颌针鱼鱼卵 600 粒，预计 1 亩*实验海区鱼卵可达 126 万粒。

---

　　* 亩为非法定计量单位，1 亩＝1/15 hm²。

表 4 - 42　4—6 月鼠尾藻藻体上的大型附着生物种类

种类	4 月	5 月	6 月	种类	4 月	5 月	6 月
马尾藻 Sargassum spp.	＋	＋	＋＋	柄海鞘 Styela clava	—	＋	＋
海带 Laminaria japonica	—	＋	＋	日本拟背尾水虱 Paranthura japonica	—	—	＋
石莼 Ulva linza	＋	＋	＋	华美盘管虫 Hydroides elegans	—	—	＋
长石莼 Ulva lactuca	—	—	＋	索沙蚕 Lumbrineris japonic	—	＋	＋
紫贻贝 Mytilus edulis	—	—	＋	鲍枝螅 Halocordyle disticha	—	—	＋
栉孔扇贝 Chlamys farreri	—	—	＋	藻钩虾 Ampithoe sp.	＋	＋＋	＋＋
多棘麦秆虫 Caprrella acanthogaster	＋	＋	＋	海绵 Pachychalina variabilis Dendy	—	—	＋＋＋
玻璃海鞘 Ciona intestinalis	—	＋	＋＋	扁颌针鱼鱼卵 eggs of Ablennes anastomella	—	＋	＋＋＋

注："＋"表示出现；"—"表示没有出现。"＋"越多，表示数量越大。

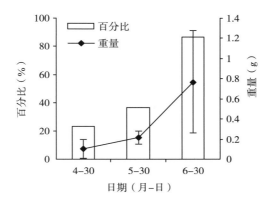

图 4 - 51　单株藻体上附着生物的平均湿重及出现
附着生物的鼠尾藻百分比的变化

3. 结论

（1）鼠尾藻养殖　鼠尾藻养殖时间受到海水的温度限制。通常情况下，海水温度满足 10～20 ℃的月份时间段为鼠尾藻的养殖期（表 4 - 42），在温州海区满足鼠尾藻生长的时间段为 2—5 月，在威海海区满足鼠尾藻生长的时间段为 3—7 月，在大连海区满足鼠尾藻生长的时间段为 4—11 月。因此，从鼠尾藻养殖时间段的角度来说，应选择夏季最高温度不超过 20 ℃的海区，而北方海区具有明显的优势。

鼠尾藻养殖方式也会对鼠尾藻的产量产生较大的影响。有研究证明，使用海带绳夹苗所养出来鼠尾藻的长度，要低于使用聚乙烯绳的。较重的苗绳，使得养殖绳不易保持水平，向下倾斜，对喜阳性鼠尾藻的生长并不利。本实验所采用藻苗为南方大规格苗，所用苗绳为直径 0.5 cm 的轻质聚乙烯绳，鼠尾藻自身的浮力较大（鼠尾藻气囊发达），并不存在苗绳向下倾斜的问题。因此，在鼠尾藻气囊未长出前，应注意养殖绳所处的水层位置，避免水层过深而影响鼠尾藻的生长。此外，营养盐、pH 等其他环境理化因子可能对鼠尾藻的产量有影响，仍需进一步研究探索。

研究结果表明，桑沟湾理化因子稳定，满足鼠尾藻生殖托、藻体快速生长的需求。本实验结果表明，每公顷实验海区共收获藻体湿重 43.95 t，产量要高于其他实验研究结果（表 4 - 43），鼠尾藻适宜在桑沟湾养殖。按照 3 元/kg（鲜重）的单价，预计每 667 m² 产值 8 790 元，除去苗种等成本，每 667 m² 效益可达 4 000 元左右。因此，在桑沟湾大规模开展鼠尾藻养殖是可行的。

表 4 - 43　鼠尾藻不同区域的生长特性

项目	威海 （2006 年）	青岛 （2013 年）	威海 （2005 年）	威海 （2013 年）	大连 （2011 年）
月份	3—7 月	3—6 月	3—7 月	3—7 月	4—11 月
最大均长（cm）	73.7	38	79.1	90	60
每 667 m² 产量（kg）	1 920	—	1 680	1 500	—
适宜生长温度（℃）	12～18	12～18	10～20	—	—
衰亡温度（℃）	20	24	—	—	—
掉苗率（%）	8.7	—	—	—	4

（2）水温与鼠尾藻生长　温度对鼠尾藻的生理、生长有显著的影响。本实验拟合得到特定生长率与水温的相关函数方程为：$y = -0.44x^2 + 13.15x - 93.93$（$R^2 = 0.837\,5$），依据函数所得到最佳生长温度为 14.9 ℃。詹冬梅等曾研究了海上养殖鼠尾藻长度增加最快的温度，其结果为 15～16 ℃。孙修涛等曾研究了鼠尾藻新生枝条的适宜条件，其温度结果为 16 ℃。这表明温度在 15 ℃左右，鼠尾藻的生长处于最佳状态。鼠尾藻适宜生长温度在 10～20 ℃，温度超过 20 ℃时，藻体生物量发生衰亡，这与本实验研究结果相一致。在鼠尾藻养殖过程的中后期，应加强对水温变化的关注，并及时观察鼠尾藻的性成熟情况。当水温超过20 ℃或者大部分藻体生殖孔打开时，应对鼠尾藻进行采收。

（3）鼠尾藻与附着生物　温度是影响生物群落特征的最重要因素。鼠尾藻养殖期间水温从 10.4 ℃上升至 21.4 ℃，附着生物生物量也呈现上升趋势。研究表明，桑沟湾海区附着生物的生物量随温度上升而增加。

本研究的结果显示，在桑沟湾养殖鼠尾藻，主要附着生物为扁颌针鱼鱼卵、玻璃海鞘、强壮藻钩虾、马尾藻。邹吉新等 2005 年的实验结果是大量贻贝附着；原永党等的结果则是贻贝、麦秆虫、钩虾。不同的地域之间，环境理化因子不同，导致附着生物群落的生物种类不同，东海的污损生物优势种与黄海、渤海明显不同。扁颌针鱼为暖水性凶猛上层鱼类，生活在近海浅水水域，每年 5—6 月在沿海各海口均能产卵。本实验研究发现，桑沟湾人工养殖鼠尾藻附着生物中，扁颌针鱼鱼卵占据了较大的生物量比例，发现的鱼卵预计达 126 万粒，说明人工养殖条件下鼠尾藻藻场是扁颌针鱼理想的排卵场所，但过多的鱼卵可能会影响鼠尾藻的品质。一般情况下，海水温度上升至 20 ℃ 之前，就要对鼠尾藻进行采收，而在这个温度之前，海区并不会暴发式地出现附着生物。因此，鼠尾藻生长受附着生物的影响较小。

实验结束，每公顷实验海区共收获鼠尾藻藻体湿重 43.95 t，估算附着生物共 4.83 kg，附着生物占鼠尾藻总湿重的 0.16%，对鼠尾藻成品品质影响不大。但是附着生物是否与掉苗率有关，仍需进一步研究。

（4）存在的问题

① 鼠尾藻养殖中后期藻体湿重生长不明显。4 月 21 日至 5 月 30 日藻体湿重特定生长率为 6.1%，5 月 30 日至 6 月 24 日藻体湿重特定生长率为 0.49%。5 月 30 日每绳鼠尾藻藻体已达 12.14 kg，藻体相互缠绕覆盖，所采集的样品，藻体颜色出现明显的异常，裸露在外部的藻体呈现黄褐色，覆盖在内部的藻体呈现黑褐色，其原因可能是密度制约所引起的光线不足、缺氧、水体交换不足。胡凡光等 2013 年的鼠尾藻养殖实验也出现了藻体由褐色变成黑褐色的现象，造成这种现象的原因可能是光照减弱。出现这个问题主要归因于养殖方式，筏架设施、水流与挂苗方式存在着一些不足，需要进一步改进。

② 本次实验结束，藻体掉苗率为 10.3%。原因 1，鼠尾藻根部过细。经过 3 个月的养殖，鼠尾藻根部仍然很细，6 月 30 日收获的样品，直径大小为（0.18±0.03）cm，过细的根部可能会导致鼠尾藻掉苗现象。原因 2，海区风浪因素。如何降低鼠尾藻掉苗率问题，仍需进一步深入研究。

第三节　养殖活动对环境的影响

一、海带碎屑的降解

我国是世界第一养殖大国，据统计，2011 年藻类养殖面积约为 11.923 万 hm²，年产量达 163.65 万 t。其中，海带的产量稳居首位。养殖的大型藻类因生长速度快、生物量大的特点，通常成为浅海养殖生态系统的优势种，在浅海营养物质循环中发挥重要作用。大型藻类被称为最具潜力的生物净化器，其在光合作用过程中，不仅能够利用二氧化碳释放氧气，同时利用水体中的溶解性无机氮和磷，起到净化水质的作用。而通过收获，则可使海域中的碳、氮、磷等被有效地移除。然而，在养殖过程中大型藻类会产生部分脱落，并且在进入衰亡期后，藻体的梢部会逐渐腐烂分解。脱落后死亡及衰亡期的大型藻类发生腐烂，不仅改变水体的物理化学性质、消耗氧气，同时向水体中释放出大量的营养盐，这一过程会使水环境产生较大变动，进而会对海洋生态系统的稳定性产生影响。目前，关于海带养殖、生长、光合作用等方面的研究较多，对于其腐烂降解速率及影响因子的研究鲜有报道。本文在实验室可控条件下，选择桑沟湾主要养殖大型藻类——海带作为研究对象，测定了海带的腐烂降解速率以及底质、溶解氧因子对海带降解速率的影响，以期为了解养殖藻类在养殖生态系统物质循环中的作用提供基础数据。

（一）材料与方法

1. 样品采集

2014 年 7 月 31 日于桑沟湾海带养殖区取生长良好的海带，尽快运回实验室。用干净海水清洗，去除衰老死亡植株及其他附着藻类后，每 10 cm 剪取一段并从中带部剪开备用。用抓斗式采泥器采集桑沟湾藻类养殖区表层沉积物（0～10 cm），去除动植物残体和砾石后，混匀冷藏备用（4 ℃）。同时，用采水器采集表层海水备用。

2. 实验方法

实验分组情况如下：（Ⅰ）海水对照组；（Ⅱ）海带＋海水；（Ⅲ）底泥＋海带＋海水；（Ⅳ）底泥＋海带＋厌氧条件＋海水；（Ⅴ）底泥＋海水。实验组中海带湿重均为 50 g。

实验分 2 个部分：①底质（加底泥、无底泥）对海带降解过程的影响（实验组Ⅱ以Ⅰ为对照组，实验组Ⅲ以Ⅴ为对照组）。②水中溶解氧含量（正常海水、厌氧条件）对海带降解过程的影响（实验组Ⅲ、Ⅳ以Ⅴ为对照组）。每组设置 3 个重复。

具体操作：实验采用 5.5 L 塑料桶，塑料桶外壁覆黑纸以避免光照产生的影响。按照分组设置，加入底泥的实验组操作为：准确称取 0.30 kg 沉积物均匀平铺于塑料桶底部，然后放入 50 g 海带，并向所有塑料桶中缓慢注入 5 L 的过滤海水，除厌氧处理组外每个塑料桶放置一气石，并悬挂于塑料桶中间部位、中间水层，适量充气防止底泥上浮，确保各气石位置相同，充气量一致。实验过程中，监测离水体表面 3 cm 处的pH、溶解氧（DO）、盐度等指标变化情况。根据藻类降解变化情况，定期在距水泥界面 3 cm 处用虹吸法取 150 mL 水样，分析上覆水中各类营养盐成分变化情况。实验监测共 27 d，于 2014 年 8 月 1 日开始，其间第 3 天、第 9 天、第 15 天、第 21 天、第 27

天取得实验水样。

3. 样品分析

按《海洋调查规范》GB 17378—2007 规定的方法进行样品的采集、处理和保存。DO、水温和盐度等指标使用 YSI 水质分析仪 Pro10（美国）测定。实验水样经 0.45 μm 醋酸纤维滤膜过滤后，分别采用碱性过硫酸钾氧化法、次溴酸钠氧化法、锌-镉还原法及重氮-偶氮法测定 TN、TP、铵盐（$NH_4^+ - N$）、硝酸盐（$NO_3^- - N$）及亚硝酸盐（$NO_2^- - N$）；采用磷钼蓝法测定 DIP。$DIN = NH_4^+ - N + NO_3^- - N + NO_2^- - N$；$DON = TN - DIN$；$DOP = TP - DIP$。

4. 数据分析与计算方法

海带降解过程营养盐的释放速率根据以下公式计算：

$$R = \frac{W_n - C_0 V_0}{A_0 \cdot t}$$

$$W_n = C_n [V_0 - (n-1)V_{取}] + \sum_{i=1}^{n-1} C_{i-1} V_{取}$$

式中　　　　R——上覆水营养盐的释放速率 $[\mu mol/(g \cdot d)]$；

W_n——第 n 次取样时水体营养盐浓度（$\mu mol/L$）；

C_0、V_0——初始营养盐浓度（$\mu mol/L$）和水样体积（L）；

A_0——实验海带初始质量（g）；

t——实验天数（d）；

C_n——第 n 次采样测得营养盐浓度（$\mu mol/L$）；

$V_{取}$——每次取样水体体积（L）；

C_{i-1}——第 $i-1$ 次取样时水体营养盐浓度（$\mu mol/L$）。

测定实验组各营养盐浓度需减掉其对照组浓度以比较底质、DO 不同条件下各营养盐的变化规律。

采用 SPSS16.0 统计软件进行统计学分析，单因素方差分析检验组内差异，$P < 0.05$ 视为差异显著，$P < 0.01$ 视为差异极显著。

（二）结果与分析

实验过程中海水的温度、溶解氧、pH、盐度等水质参数见表 4-44。温度波动范围 19.6~22.7 ℃。正常充气组处理溶解氧波动范围 4.53~6.36 mg/L。厌氧组处理溶解氧迅速下降至 0.25 mg/L 以下。除厌氧组外，各组 pH 均处于正常水体 pH 范围内。厌氧组 pH 出现了下降的趋势，平均值为 6.93±0.39，可能是因为厌氧状态下，海带碎屑等分解不充分，就会产生和积累各种有机酸，主要是腐殖酸，从而使水体 pH 降低。

表4-44　实验过程中水温、溶解氧、pH、盐度的变化

理化参数	时间（d）	Ⅰ组	Ⅱ组	Ⅲ组	Ⅳ组	Ⅴ组
温度（℃）	3	21.3±0.07	21.6±0.08	21.6±0.12	21.7±0.13	22±0.07
	9	21.7±0.13	21.9±0.15	21.7±0.16	22.4±0.08	21.3±0.17
	15	22.7±0.20	22.2±0.17	21.9±0.09	22±0.06	21.1±0.16
	21	21.3±0.07	21.4±0.21	21.6±0.23	21.8±0.14	21.3±0.17
	27	19.6±0.09	20.1±0.06	20.1±0.13	19.7±0.09	20.3±0.06
溶解氧（mg/L）	3	6.36±0.23	5.91±0.11	5.33±0.17	0.25±0.06	5.81±0.12
	9	5.56±0.09	5.65±0.17	5.1±0.11	0.07±0.03	4.53±0.09
	15	5.68±0.12	4.91±0.13	4.93±0.21	0.07±0.03	5.01±0.31
	21	5.75±0.09	5.66±0.23	5.32±0.15	0.06±0.02	6.21±0.34
	27	5.69±0.13	6.44±0.15	4.55±0.17	0.09±0.03	5.02±0.23
pH	3	8.29±0.02	8.34±0.04	8.04±0.02	6.86±0.23	8.24±0.04
	9	8.22±0.03	8.36±0.03	8.38±0.05	6.41±0.22	8.5±0.15
	15	8.31±0.03	8.27±0.03	8.15±0.04	7.28±0.19	7.49±0.13
	21	8.3±0.04	8.31±0.04	8.11±0.04	6.94±0.28	8.27±0.10
	27	8.05±0.09	8.26±0.02	8.14±0.03	7.16±0.23	8.51±0.17
盐度	3	31.14±0.21	31.06±0.34	31.13±0.45	30.71±0.34	30.6±0.45
	9	30.82±0.31	31.04±0.21	30.92±0.41	30.74±0.31	30.84±0.56
	15	31.11±0.09	30.77±0.12	30.92±0.29	30.6±0.23	30.77±0.43
	21	32.49±0.24	31.44±0.31	31.59±0.20	30.69±0.24	30.98±0.35
	27	31.47±0.31	32.85±0.23	31.75±0.47	30.74±0.17	33.1±0.37

1. 底泥对海带降解速率的影响

总体来看，海带降解的速率加底泥组（Ⅲ组）大于未加底泥组（Ⅱ组），并且降解过程中，不同元素（氮、磷）释放速率不同（图4-52）。在第9天时，Ⅲ组的DIN显著高于Ⅱ组（$P<0.01$），但是，Ⅱ组、Ⅲ组水体中的DIP、TP浓度没有显著的变化；在第15天时，Ⅲ组的TN、TP、DIN、DIP都显著高于Ⅱ组（$P<0.01$）。在实验结束时，加底泥组的水体中TP、DIN、DIP含量都显著高于未加底泥组（$P<0.01$），但是TN没有显著性差异（$P>0.05$）。

Ⅱ组、Ⅲ组中，海带的降解程度不同。对于氮来讲，Ⅲ组中，DIN占TN的比例由开始的3%增至实验结束时的57%；而Ⅱ组没有明显的增加。对于磷，Ⅲ组的DIP与TP

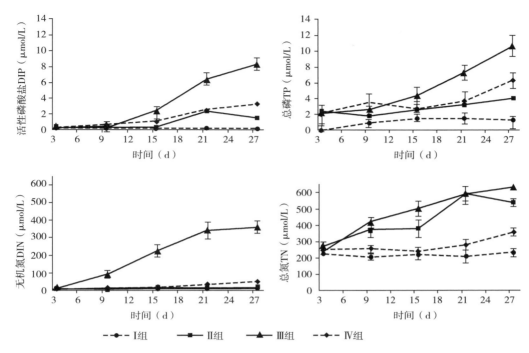

图 4-52　底泥对水体中 DIP、TP、DIN、TN4 种指标浓度的影响

的比值由初始的 16％增至 78％；Ⅱ组增至 38％。

底泥的加入影响海带降解产生的 DIN 组成。总体来讲，DIN 的组成以硝酸盐为主，其次为氨氮。氨氮在溶解无机氮的比例，Ⅱ组由初始的 25％降至结束时的 17％，Ⅲ组降至 14％，最终的比例差异不大。但是，在第 9 天时，出现了相反的现象，Ⅱ组的比例急剧上升至 44％，Ⅲ组降至 5％。

由 TN 的变化趋势图可以看到，该两组处理 TN 曲线变化规律与 DIN、DIP 及 TP 的变化趋势不同，Ⅱ组、Ⅲ组水体中 TN 含量都显著增加。虽然在实验结束时，Ⅲ组的 TN 略高于Ⅱ组，但是差异不显著（$P > 0.05$）。

海带的降解极大地改变了水体营养盐结构，Ⅱ组、Ⅲ组处理 N/P 范围分别为（4.44±0.04）～（56.78±10.16）；（20.39±2.92）～（736.47±121.54）（表 4-45），远远偏离经典 Redfield 值（N/P＝16∶1）。Ⅲ组 N/P 呈现先增加到最大值 736.47±121.54 后逐渐降低到 39.75±3.97 的趋势。底泥的加入使得 N/P 变化更明显，Ⅲ组 N/P 平均值为 207.83±301.37，明显高于Ⅱ组。

表 4-45　水体氮磷比随时间变化

时间（d）	Ⅱ组	Ⅲ组
对照	16.82±1.26	16.82±1.26

（续）

时间（d）	II组	III组
3	52.14±9.47	20.39±2.92
9	11.36±1.01	736.47±121.54
15	56.78±10.16	173.61±15.49
21	4.44±0.04	68.91±4.18
27	10.98±0.22	39.75±3.97
平均值	27.14±25.14	207.83±301.37

2. 溶解氧对海带降解的影响

溶解氧对水体中 TN 浓度、TP 浓度、DIN 浓度有显著的影响（$P<0.05$）（图 4-53），然而，其对氮、磷的作用趋势刚好相反。对于磷，不论是 DIP 还是 TP，都是厌氧组（IV组）高于正常组（III组）；但是，对于氮，却是 III 组高于 IV 组。

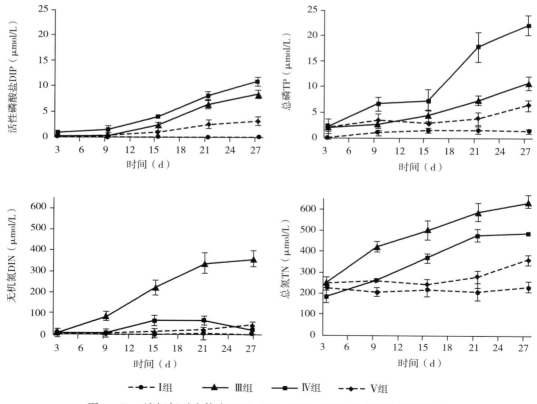

图 4-53 溶解氧对水体中 DIP、TP、DIN、TN4 种指标浓度的影响

对于Ⅳ组，水体中 TP 在第 21 天迅速增大，在实验结束时，TP 达 22.10 $\mu mol/L$，是Ⅲ组的 2.1 倍；但是，DIP 在 TP 中的比例没有显著变化，仅由初始的 44% 增至 48%；而Ⅲ组，DIP 在 TP 中的比例增至 78%。也就意味着，Ⅳ组中，有机磷的含量较高，降解不充分。

虽然两组处理中，TN 的变化趋势相近，但是，因Ⅲ组中 DIN 的迅速增加，使得Ⅲ组与Ⅳ组中 DIN 占 TN 的比例显著不同。实验结束时，Ⅳ组中 DIN/TN 为 6%，而Ⅲ组的比例高达 57%。

分析Ⅲ组、Ⅳ组 N/P 看到（表 4-46），其对水体 N/P 的影响正好相反，Ⅲ组中海带的降解显著提高了水体的 N/P。而厌氧状态下，水体 N/P 逐渐降低，在第 27 天时仅为 2.36±0.54。实验周期内平均值为 9.38±6.55。水体营养盐结构同样发生明显改变。

表 4-46　水体氮磷比随时间变化

时间（d）	Ⅲ组	Ⅳ组
对照	16.82±1.26	16.82±1.26
3	20.39±2.92	13.22±2.76
9	736.47±121.54	4.20±0.52
15	173.61±15.49	18.35±1.89
21	68.91±4.18	8.75±0.11
27	39.75±3.97	2.36±0.54
平均值	207.83±301.37	9.38±6.55

3. 海带降解过程中氮、磷的释放速率

分析整个实验过程中水体氮、磷释放速率（表 4-47），对于Ⅲ组，TN、TP、DIN、DIP 27 d 内释放速率分别为 1.802 $\mu mol/(g \cdot d)$、0.033 $\mu mol/(g \cdot d)$、1.234 $\mu mol/(g \cdot d)$、0.028 $\mu mol/(g \cdot d)$，均高于Ⅱ组的 1.476 $\mu mol/(g \cdot d)$、0.010 $\mu mol/(g \cdot d)$、0.039 $\mu mol/(g \cdot d)$、0.005 $\mu mol/(g \cdot d)$。而对于 DON，Ⅱ组的 1.437 $\mu mol/(g \cdot d)$ 却显著高于Ⅲ组的 0.568 $\mu mol/(g \cdot d)$。TN 浓度低的情况下却拥有更高的 DON 浓度，意味着底泥的加入大大增加了 DON 转化为 DIN 的速率。Ⅱ、Ⅲ组之间 DOP 的降解速率同为 0.005 $\mu mol/(g \cdot d)$。由于海带组织本身氮、磷含量的不同，因而海带氮、磷降解速率存在较大差别。

Ⅳ组磷（TP、DIP、DOP）的释放要显著高于Ⅲ组，厌氧状态促进了磷的释放。对于 TN、DIN 却与之相反，特别指出的是Ⅳ组 DIN 释放速率为 0.097 $\mu mol/(g \cdot d)$，仅为Ⅲ组 DIN 的 8%，而此过程 TN 为Ⅲ组的 71%。即厌氧状态下抑制了 DIN 的释放，从而使得水体 DON 上升明显。Ⅳ组 DON 释放速率 1.178 $\mu mol/(g \cdot d)$ 显著高于Ⅲ组的 0.568 $\mu mol/(g \cdot d)$。

分析不同时间段内释放速率可以看到，各营养盐因子释放速率总体呈现前半段快于后半段的规律，降解速率随时间增长逐渐放缓，只有在Ⅳ组厌氧状态下的磷呈现不同的态势，其降解速率随时间而逐渐增大。

表 4-47　不同处理条件下水体各营养盐释放速率

| 组别 | 指标 | 不同时间的释放速率 [$\mu mol/(g \cdot d)$] | | | | |
		3	9	15	21	27
Ⅱ组	TN	4.744	2.684	1.675	2.087	1.476
	DIN	0.118	0.004	0.049	0.023	0.039
	DON	4.625	2.680	1.626	2.064	1.437
	TP	0.046	0.010	0.012	0.010	0.010
	DIP	0.006	0.004	0.003	0.004	0.005
	DOP	0.044	0.005	0.010	0.005	0.005
Ⅲ组	TN	3.902	3.255	2.450	2.130	1.802
	DIN	0.063	0.934	1.395	1.501	1.234
	DON	3.839	2.321	1.055	0.629	0.568
	TP	0.039	0.017	0.021	0.028	0.033
	DIP	0.008	0.000	0.015	0.026	0.028
	DOP	0.031	0.017	0.007	0.006	0.005
Ⅳ组	TN	2.007	1.500	1.568	1.587	1.275
	DIN	0.264	0.020	0.419	0.296	0.097
	DON	1.743	1.481	1.149	1.291	1.178
	TP	0.040	0.059	0.040	0.074	0.072
	DIP	0.030	0.017	0.024	0.036	0.043
	DOP	0.011	0.042	0.016	0.039	0.029

（三）讨论

1. 海带降解过程的影响因素

大型藻类的降解分为两个阶段，第一阶段是低分子物质的渗出，第二阶段是结构物质的降解，通常第一阶段的降解速率较高。本实验的结果与此一致。在降解的前 3 d，营养盐释放速率较高，尤其是 DON、DOP 的释放速率远远高于 DIN、DIP 的释放速率，可能是大量低分子物质从细胞中渗出的缘故。藻体的降解受多种因素的影响，如底质、沉积物中微生物的分布、溶解氧状况及周边环境的温度等。

微生物是影响大型藻类等有机物降解的主要因素之一。通常，底泥因含有丰富的营养物质，成为微生物生长繁殖的场所。底泥由于微生物的存在而参与海洋生态系统的物质循环和能量流动，通过微生物的同化作用和异化作用分解藻类残体而形成海底生态系统的碳循环、硫循环、氮循环，进而影响海洋生态系统中的营养盐及分布、转化。本实验发现，Ⅴ组仅添加底泥的海水 DIP 浓度、TP 浓度、DIN 浓度、TN 浓度相对应对照组Ⅰ组有明显的升高，即底泥自身的营养盐成分通过微生物的化学作用下释放出来。添加底泥的实验Ⅲ组，海带的降解速度显著高于未加底泥的实验Ⅱ组，可能与添加底泥带入大量的微生物有关。

溶解氧影响有机物的降解速率及过程。通常，在有氧条件下，通过好氧细菌的作用，有机物可以彻底氧化分解，发生化学反应： $(CH_2O)_{106}(NH_3)_{16}H_3PO_4 + 138O_2 \longrightarrow 106CO_2 + 16HNO_3 + 122H_2O + H_3PO_4$。同时 Fe^{3+} 与磷结合，以 $FePO_4$ 形成沉积，从而抑制磷的释放。而在厌氧状态下，通过厌氧细菌的作用，发生化学反应：

$(CH_2O)_{106}(NH_3)_{16}H_3PO_4 + 84.8HNO_3 \longrightarrow 84.8H_2 + 42.4N_2 + 148.4H_2O + 16NH_3 + H_3PO_4$，并继续发生脱氮作用，$5NH_3 + 3HNO_3 \longrightarrow 4N_2 + 9H_2O$，从而降低水体中氮含量，同时不溶性的 $Fe(OH)_3$ 变成可溶性的 $Fe(OH)_2$，使与 Fe 结合的磷大量释放进入水体。本实验中，厌氧处理Ⅳ组在磷的释放速率方面要超过充气处理Ⅲ组，而在氮的释放速率方面要显著低于正常充气Ⅲ组。实验结果与实验条件（好氧、厌氧）显著相关。

2. 海带降解过程对水质的影响

在 6—7 月，大量海带碎屑的腐烂降解，营养盐短时间的集中释放，可能会影响水质，刺激浮游植物的生长，有诱发赤潮的潜在危险。本实验中不同底质、溶解氧条件下，水体中碳、氮相较于对照组在 27 d 内浓度都迅速提高。TN、TP 分别较开始阶段扩大了 2.01～2.65、1.61～9.77 倍。实验Ⅲ组，DIN、TN、DIP、TP 浓度变化都极为显著；实验Ⅳ组除 DIN 外，其余营养盐浓度同样迅速提高。

海带碎屑的降解，不仅对营养盐浓度有影响，而且，由于海带降解过程中氮、磷释放的速率不同，会使 N/P 发生较大改变。实验中Ⅱ组、Ⅲ组、Ⅳ组 N/P 相较于对照组发生明显变化，远远偏离经典 Redfield 值。而营养盐结构的改变，会对浮游生物的组成、数量、种类、优势种等产生深远影响。孙晓霞等 2011 年的研究发现近 10 年来，胶州湾营养盐结构发生巨大变化，浮游植物种类随之减少，数量迅速降低。谢琳萍等 2012 年证实渤海、黄海营养盐结构变化，N/P、Si/N 和 Si/P 比值均偏离 Redfield 比值，浮游生物的生长受到影响。营养盐结构的变化将引起营养盐同时或交替限制浮游生物生长的现象。

海带碎屑的降解是复杂的过程，不仅与外界环境因子（如温度、盐度、摄食生物等）有关，而且还受海带自身的元素组成等因素的影响。海带在养殖生态系统中的生态功能还有待进一步研究。

（四）结论

（1）底质对海带降解过程 DIN、TN、DIP、TP 释放速率具有显著影响，添加底泥实验组营养盐浓度显著高于未加底泥实验组。

（2）溶解氧条件不同，营养盐释放存在较大差异，好氧条件促进氮（DIN、TN）的释放，厌氧条件促进海带组织磷（DIP、TP）的释放。

（3）海带碎屑的降解过程显著改变了水体营养盐的浓度和结构，特别是有底泥参与条件下，水体营养盐浓度迅速提高，N/P 变化更为显著。

二、海带养殖对叶绿素 a 浓度的影响

叶绿素 a 浓度是表征海洋中浮游植物现存生物量和光合作用有机碳同化能力的重要指标，是海域肥瘠程度和评价海域生态环境的重要依据。叶绿素 a 浓度的高低在一定程度上能反映海区海水质量状况，与海水养殖活动密切相关，养殖模式、养殖种类和养殖水域水质等均能引起叶绿素 a 浓度的改变。目前，有关养殖海域叶绿素 a 浓度分布及其变化的研究已有报道，但有关海带养殖活动对水域叶绿素 a 浓度影响及其因素的研究未见报道。桑沟湾湾内、外海带养殖总面积达 75 km²，淡干总产量每年达 8 万 t，已成为桑沟湾海水养殖的支柱产业之一（方建光 等，1996）。桑沟湾春季（5 月）海带处于快速生长期和繁盛期，其对营养盐的大量吸收能与浮游植物的生长形成竞争，而夏季（8 月）海带已基本完成收获，缓解了营养盐限制的压力，因而能促进浮游植物的生长繁殖。自 20 世纪 80 年代以来，已有学者对桑沟湾的营养盐、海草床和浮游植物等进行了深入的研究，但对于桑沟湾海带养殖收获前后叶绿素 a 浓度变化及其定点连续监测的研究报道较少。

为了查明海带养殖收获前后叶绿素 a 浓度的变化及其影响因素，本文于 2014 年 5 月和 8 月对桑沟湾主要养殖区表层、底层海水叶绿素 a 浓度进行了两个航次的调查，分析了桑沟湾两个季节不同养殖区叶绿素 a 浓度的变化特征，同时结合所调查的温度、盐度、pH 和营养盐等分布特征，分析了桑沟湾叶绿素 a 浓度与理化因子的关系。本研究有助于掌握桑沟湾海带收获前后叶绿素 a 浓度的变化特征及其影响机制，为多元养殖模式下养殖水域固碳潜力的计量及估算提供科学依据。

（一）材料与方法

1. 调查站位

于 2014 年 5 月和 8 月在桑沟湾进行两个航次的大面调查。航次调查设置两条航线，B 为海带区 24 h 连续监测站点（图 4 - 54）。两条调查船按照两条航线同时进行调查，共计 13 个站位。两条航线的航行线路分别为：航线 1，18 - 15 - 10 - 6 - 3 - 1 - 21；航线 2，19 - 14 - 11 - 5 - 4 - 22。两个航次的调查时间为 09：00—11：00。

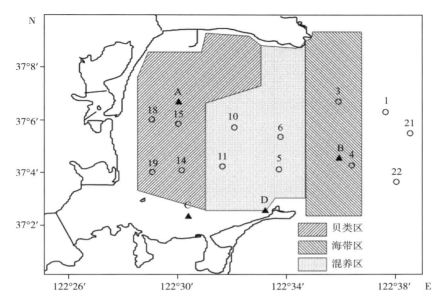

图 4 - 54　桑沟湾春季主要养殖区叶绿素 a 浓度调查站位设置

A. 贝类区监测站点　B. 海带区监测站点　C. 网箱区监测站点　D. 海草区监测站点

2. 样品采集及测定

样品采集参照国家《海洋监测规范》（GB 17378.7—2007）进行。每个站位分别采集表层和底层水样，昼夜连续站的水样采集白天每 2 h 取样 1 次，晚间每 3 h 取样 1 次。所有水样经 0.45 μm 玻璃纤维滤膜过滤后，滴加 2 滴饱和碳酸镁溶液，过滤体积为 500 mL，每个水样 3 个平行，滤膜于 −20 ℃冷冻保存并带回实验室分析。样品的测定采用分光光度法。总氮、溶解无机氮（包括硝酸盐氮、亚硝酸盐氮、氨氮）、总磷、活性磷酸盐、硅酸盐的测定均依据《海洋监测规范》（GB17378.4—2007）第 4 部分：海水分析进行分析检测。

3. 数据处理

实验数据采用 Microsoft Excel 2010 和 SPSS17.0 统计分析软件进行统计学分析，单因素方差分析检验组间差异，皮尔森相关分析和双侧显著性检验叶绿素 a 浓度与环境因子回归关系显著性。

（二）结果

1. 环境参数

春季、夏季除盐度、pH 和溶解无机氮差异不显著外，其余理化因子均差异显著（表 4 - 48）。春季水温、总氮、硝酸盐、亚硝酸盐、总磷和硅酸盐均显著低于夏季（$P<0.05$），而春季氨氮和无机磷均显著高于夏季（$P<0.05$）。

表4-48　桑沟湾春季、夏季相关环境理化因子

理化因子	2014 年 5 月		2014 年 8 月	
	平均值	范围	平均值	范围
水温（℃）	14.45±2.09[a]	11.45~16.93	22.56±1.59[b]	20.00~25.70
盐度	30.40±0.53[a]	29.23~30.95	30.68±0.17[a]	30.35~30.84
pH	8.18±0.07[a]	8.07~8.26	7.97±0.24[a]	7.19~8.16
总氮（μmol/L）	260.25±131.29[a]	24.73~512.33	671.97±81.55[b]	553.21~917.45
无机氮（μmol/L）	12.25±2.77[a]	6.01~17.63	12.92±2.63[a]	7.45~17.29
硝酸盐（μmol/L）	3.68±1.21[a]	1.49~6.08	8.96±2.30[b]	4.29~13.9
亚硝酸盐（μmol/L）	0.34±0.21[a]	0.08~1.16	0.66±0.20[b]	0.19~0.89
氨氮（μmol/L）	8.23±2.37[a]	3.81~12.39	3.30±1.46[b]	1.07~6.58
总磷（μmol/L）	0.61±0.55[a]	0.05~1.93	4.77±3.92[b]	2.68~22.98
无机磷（μmol/L）	0.88±0.13[a]	0.64~1.21	0.37±0.13[b]	0.10~0.63
硅酸盐（μmol/L）	1.47±0.42[a]	0.84~2.29	5.16±2.39[b]	1.82~12.20

注：表中同一行带有不同字母的数据表示相互之间差异显著（$P<0.05$），下同。

2. 航线调查及连续观测

桑沟湾夏季叶绿素 a 浓度显著高于春季（图4-55）。春季航线1，叶绿素 a 浓度范围在0.14~1.40 μg/L，表层、底层均值分别为（0.68 ± 0.45）μg/L 和（0.47 ± 0.35）μg/L。除1# 站位叶绿素 a 浓度底层高于表层外，其余站位表层叶绿素 a 浓度均高于底层，即外海区底层叶绿素 a 浓度高于表层，贝类区、混养区和藻类区表层叶绿素 a 浓度高于底层（$P<0.05$）。春季航线1表层、底层叶绿素 a 浓度整体表现出自湾内向湾外逐渐降低的趋势。夏季航线1，叶绿素 a 浓度范围在0.65~5.72 μg/L，表层、底层均值分别为（3.61 ± 1.54）μg/L 和（2.88 ± 1.90）μg/L。贝类区叶绿素 a 浓度底层高于表层，而海带区和外海区表层叶绿素 a 浓度均高于底层，夏季航线1表层叶绿素 a 浓度分布趋势为海带区＞混养区＞外海区＞贝类区（$P<0.05$）；而底层叶绿素 a 浓度分布趋势为贝类区＞混养区＞海带区＞外海区。

桑沟湾夏季叶绿素 a 浓度显著高于春季（图4-56）。春季航线2，叶绿素 a 浓度范围在0.11~0.92 μg/L，表层、底层均值分别为（0.73±0.34）μg/L 和（0.53±0.32）μg/L。除22# 站位底层叶绿素 a 浓度高于表层外，其余站位表层叶绿素 a 浓度均高于底层，即外海区底层叶绿素 a 浓度高于表层，贝类区、混养区和藻类区表层叶绿素 a 浓度高于底层（$P<0.05$）。春季航线2表层、底层叶绿素 a 浓度整体表现出自湾内向湾外逐渐降低的趋势。夏季航线2，叶绿素 a 浓度范围在1.30~5.69 μg/L，表层、底层均值分别为（3.10±1.75）μg/L 和（3.44±0.90）μg/L。贝类区底层叶绿素 a 浓度高于表层，而海带区表层叶绿素 a 浓

度高于底层，夏季航线 2 表层叶绿素 a 浓度分布趋势为海带区＞混养区＞外海区＞贝类区（$P<0.05$）；而底层叶绿素 a 浓度分布趋势为贝类区＞混养区＞海带区＞外海区。

春季海带区叶绿素 a 浓度变化范围在 0.24～0.95 $\mu g/L$，均值为（0.70±0.19）$\mu g/L$，海带区叶绿素 a 浓度昼夜波动较小（图 4 - 57）。而夏季海带区叶绿素 a 浓度变化范围在 2.01～4.66 $\mu g/L$，均值为（3.04±0.82）$\mu g/L$，海带区叶绿素 a 浓度昼夜波动较大。桑沟湾海带区夏季叶绿素 a 浓度显著高于春季（$P<0.05$）。

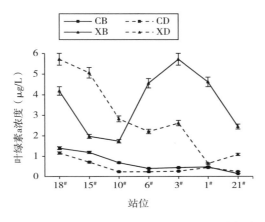

图 4 - 55　桑沟湾春季、夏季航线 1 表层、底层叶绿素 a 浓度

（注：CB 和 CD 分别为春季表层和春季底层，XB 和 XD 分别为夏季表层和夏季底层，下同）

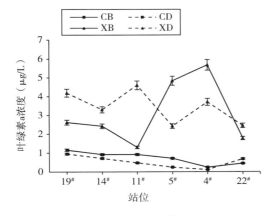

图 4 - 56　桑沟湾春季、夏季航线 2 叶绿素 a
浓度表层、底层分布特征

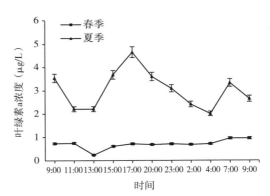

图 4 - 57　桑沟湾春季、夏季海带区叶绿素 a
浓度 24 h 定点连续监测

3. 不同养殖区叶绿素 a 浓度变化

桑沟湾春季不同养殖区叶绿素 a 浓度范围为 0.30～1.87 $\mu g/L$，最高值出现在贝类区表层，最高值为（1.41±0.18）$\mu g/L$，最低值出现在混养区底层，最低值为（0.30±0.12）$\mu g/L$（图 4 - 58）。桑沟湾夏季不同养殖区叶绿素 a 浓度范围为 1.39～5.70 $\mu g/L$，最高值出现在海带区表层，最高值为（5.70 ± 0.02）$\mu g/L$，最低值出现在外海区底层，

最低值为（1.39 ± 0.94）μg/L。桑沟湾夏季不同养殖区叶绿素 a 浓度均显著高于春季。表 4-49 为桑沟湾春季、夏季不同区域营养盐平均浓度及硅磷比、氮磷比、硅氮比数据。从表中看出，春季桑沟湾不同区域硅磷比范围在 1.44～3.21，氮磷比范围在 9.98～14.62，硅氮比范围在 0.10～0.32。夏季桑沟湾不同区域硅磷比范围在 11.06～22.57，氮磷比范围在 29.62～55.28，硅氮比范围在 0.27～0.47。

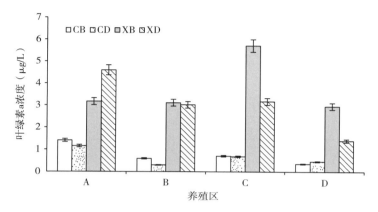

图 4-58　桑沟湾春季、夏季不同养殖区叶绿素 a 浓度均值变化

A. 贝类养殖区　B. 混养区　C. 海带养殖区　D. 外海区

表 4-49　桑沟湾春、夏季不同区域营养盐平均浓度与摩尔比

调查区域	季节	硅酸盐（μmol/L）	溶解无机氮（μmol/L）	磷酸盐（μmol/L）	Si/P	N/P	Si/N
贝类养殖区	C	2.57±0.62	7.98±2.15	0.80±0.03	3.21	9.98	0.32
	X	7.90±1.59	16.72±5.48	0.35±0.08	22.57	47.77	0.47
混养区	C	1.52±0.42	10.25±2.84	0.91±0.08	1.67	11.26	0.15
	X	3.76±1.75	13.75±1.14	0.34±0.12	11.06	40.44	0.27
海带养殖区	C	1.74±0.42	7.66±2.09	0.76±0.05	2.29	10.08	0.23
	X	7.06±1.13	17.69±7.16	0.32±0.07	22.06	55.28	0.40
外海区	C	1.31±0.13	13.30±2.22	0.91±0.07	1.44	14.62	0.10
	X	5.12±1.90	12.44±2.96	0.42±0.09	12.19	29.62	0.41

注：C 为春季；X 为夏季。下同。

4. 叶绿素 a 浓度与环境因子的相关性分析

桑沟湾春季表层叶绿素 a 浓度主要与温度、硅酸盐呈显著正相关，与盐度呈显著负相关；而底层叶绿素 a 浓度主要与温度呈显著正相关，与盐度呈显著负相关（表 4-50）。桑沟湾夏季底层叶绿素 a 浓度与盐度呈显著正相关，除此之外，桑沟湾夏季表层、底层叶绿素 a 浓度与其余理化因子均无显著相关性。

表 4 - 50　桑沟湾春季、夏季叶绿素 a 浓度与环境因子的皮尔森相关性

季节	水层	皮尔森	温度（℃）	盐度	pH	TN	DIN	TP	PO_4^{3-}	SiO_3^{2-}
春季	B	相关性	0.804**	−0.706**	0.144	−0.216	−0.131	0.083	−0.436	0.853**
		P 值	0.001	0.007	0.638	0.478	0.669	0.786	0.136	0.000
	D	相关性	0.567*	−0.661*	−0.337	0.292	0.324	0.160	−0.531	0.063
		P 值	0.043	0.014	0.260	0.333	0.280	0.602	0.062	0.873
夏季	B	相关性	−0.094	−0.037	−0.458	−0.275	0.030	−0.332	−0.193	−0.054
		P 值	0.759	0.905	0.116	0.363	0.922	0.268	0.528	0.861
	D	相关性	−0.543	0.568*	0.246	0.440	−0.374	−0.429	−0.522	−0.194
		P 值	0.055	0.043	0.418	0.132	0.208	0.132	0.067	0.525

注：B 和 D 分别为表层和底层，不同处理之间带有 * 表示差异显著，** 表示差异极显著。

（三）讨论

1. 叶绿素 a 浓度的变化特征

桑沟湾三面环陆，湾口向东，水深 0～20 m，湾内平均水深约 7.5 m，为典型的浅水半封闭海湾，各站位间的水深不一，底层深度变化幅度较大，近年来逐渐形成了由湾内向湾外依次排列的贝类养殖区、海带和贝类混养区、海带养殖区的多元养殖模式（方建光 等，1996）。而多元的养殖模式，就必然会引起该海域叶绿素 a 浓度的改变。桑沟湾海带的养殖与收获，能通过影响湾内海水的营养盐浓度分布从而引起叶绿素 a 浓度的改变。通过分析叶绿素 a 浓度的变化特征，能够在一定程度上反映该海域的水质状况，从而为指导生产提供数据支持。本研究表明，桑沟湾夏季叶绿素 a 浓度总体水平显著高于春季，且表层均高于底层，春季叶绿素 a 浓度的整体趋势是从湾内向湾外逐渐递减的，与郝林华等（2012）研究结果相符合。桑沟湾春季贝类区牡蛎、扇贝等高密度的养殖，其摄食压力并未明显降低该区域叶绿素 a 浓度（图 4 - 58）；而混养区和海带区的海带处于高速生长阶段，吸收大量的营养盐，限制了该区域浮游植物对营养盐的吸收，使该区叶绿素 a 浓度降低，这说明桑沟湾春季营养盐的限制作用较贝类的摄食压力强，即上行控制＞下行控制。研究还表明，夏季表层叶绿素 a 块状分布明显，高值区出现在海带养殖区，低值区出现在贝类养殖区；夏季底层叶绿素 a 块状分布也较为明显，高值区出现在贝类和海带养殖区，低值区出现在外海区。另外，夏季航次调查结果表明，两条航线的叶绿素 a 浓度从湾底到湾口变化很大，这可能与大面走航时，因取样时间上的差异而导致的监测误差有关，因此，应加强长期、连续数据的获取。

桑沟湾海带养殖区 24 h 定点连续监测结果显示，海带养殖区夏季叶绿素 a 浓度显著

高于春季（$P<0.05$），春季叶绿素 a 浓度昼夜波动较小，而夏季叶绿素 a 浓度昼夜波动较大。之所以出现这种状况，笔者认为春季海带养殖区高密度的筏式养殖，阻碍了海带区的水体流动，影响水交换，使潮流作用对海带养殖区叶绿素 a 浓度的昼夜变化影响较弱，同时也阻碍了潮流作用对海带养殖区营养盐的输入与输出，从而使叶绿素 a 浓度的昼夜波动较小。另外，5 月桑沟湾海带已具备上市规格（3～6 m），其高密度的养殖势必会影响海水的透光度，进而影响浮游植物的生长；而夏季海带收获后，海带养殖区则成为空闲海区，使该区域水交换情况好转，潮流能畅通无阻地通过该海区，为该海区带来充足的营养盐，而使叶绿素 a 浓度的昼夜波动较大，这在以往的研究中已得以证实（蒋增杰等，2012）。

2. 影响叶绿素 a 浓度变化的因素

海水中营养盐是海洋浮游植物生长和繁殖的关键因子，是海洋初级生产力和食物链的基础。本研究表明，桑沟湾春季水温、总氮、硝酸盐、亚硝酸盐、总磷和硅酸盐均显著低于夏季（表 4-49）。桑沟湾春季海带处于高速生长阶段，吸收大量的营养盐，限制了该区域浮游植物对营养盐的吸收，使该区叶绿素 a 浓度降低；而夏季海带已全部收获，使混养区和海带养殖区大片海域成为空闲海区，而该海区的浮游植物缺少了营养盐的竞争而快速生长，使夏季叶绿素 a 浓度明显高于春季，营养盐是制约海带养殖区浮游植物生长繁殖的主要因素。氮、磷、硅是海洋浮游植物必不可少的营养盐，由于不同海区的状况不同，以上几项营养盐都有可能成为浮游植物生长的限制因子。营养盐对于浮游植物生长的影响是迅速和灵敏的。Justic 等（1995）提出，系统评估何种营养为限制性元素的标准：当 Si/N>1 且 N/P<10，氮是限制性元素；当 Si/P>22 且 N/P>22，则磷是限制性元素；而当 Si/P<10 且 Si/DIN<1 时，则硅是限制性元素。Fisher 等 1992 年提出，营养盐半饱和常数评价标准：N=2 μmol/L；P=0.2 μmol/L；Si=2 μmol/L，来判断浮游植物是否受到营养盐的限制。本研究结合这两种方法来判断桑沟湾海带养殖区的浮游植物是否受到营养盐的限制，结果表明，桑沟湾春季除贝类区外（Si>2 μmol/L），其他调查区域均存在硅限制，即 Si/P<10、Si/DIN<1 且 Si<2 μmol/L。而夏季不同调查区域 DIN>2 μmol/L，P>0.2 μmol/L，Si>2 μmol/L，因此，夏季桑沟湾不同调查区域营养盐充足，浮游植物的生长繁殖并未受到营养盐的限制。

研究已表明，水体叶绿素 a 浓度受水温、盐度、pH、营养盐和养殖活动等因素的影响。本研究发现，桑沟湾春季表层水体叶绿素 a 主要与温度、硅酸盐呈显著正相关，说明春季温度越高、硅酸盐浓度越高，越有利于浮游植物的生长。研究已发现，桑沟湾浮游植物种类主要由硅藻类和甲藻类组成，硅藻是绝对优势种（春季平均为 63.0 × 10⁴个/m²），而硅酸盐是硅藻的必需营养元素。硅藻喜低温，最适合的温度通常低于18 ℃。而桑沟湾春季水温在 11.45～16.93 ℃，是硅藻生长的理想温度，因此，桑沟湾春季海带养殖区硅酸盐可能是该海域浮游植物生长的主要限制因子，这与已有的推测一致。本研究还发现，桑沟湾夏季底层叶绿素 a 浓度与盐度呈显著正相关，而与其他因子均无显著相关性，说明在一定范围内，夏季底层高盐水域有利于浮游植物的生长，而其他理化因子并不是影响桑沟湾浮游植物生长繁殖的主要限制性因素。

另外，水体混浊度、潮流和潮汐作用也是影响叶绿素 a 浓度变化及其分布的重要因素，在今后的研究中应增加对桑沟湾海域水体混浊度、潮流等数据的监测。总体看来，桑沟湾海带养殖收获前后叶绿素 a 浓度的变化及分布受温度、硅酸盐、盐度、养殖环境状况和水文环境的共同影响。

三、5 种滤食性贝类的摄食行为

为降低网箱养殖的环境压力，基于滤食性贝类的多营养层次的综合养殖技术成为目前的研究热点。研究方法主要包括滤食性贝类在网箱区和对照区的生长速率的对比研究，采用脂肪酸、稳定同位素示踪分析贝类的食物来源或网箱残饵、鱼粪对贝类的食物贡献等。在实验室内或现场，直接测定滤食性贝类对网箱养鱼的残饵及粪便的吸收效率、吸收率，是最为便捷、有效的方法。由于不同贝类内在（鳃的生理结构）、外在条件（生长环境不同，对环境的长期适应而导致摄食行为不同）的差异，使不同种类的贝类对网箱周围颗粒物的滤除效果可能存在较大的差异。量化滤食性贝类对网箱养鱼的残饵及粪便的吸收效率、吸收率，选择 IMTA 适宜的种类组合，是确定 IMTA 系统效率的关键。

牙鲆是我国北方海域网箱养殖的主要品种之一，虾夷扇贝、栉孔扇贝、长牡蛎、紫贻贝及菲律宾蛤仔是北方常见的养殖种类，不论是养殖产量、规模都位于前列，是建立基于滤食性贝类的鱼＋贝 IMTA 的潜在候选种类。本章的目的是通过研究这 5 种贝类对牙鲆的残饵和粪便的摄食行为，以增加对其摄食生理生态学特性的了解，确定建立基于滤食性贝类的鱼＋贝 IMTA 的最佳种类，为我国北方海域可持续发展的 IMTA 模式的构建提供理论基础。

(一) 材料与方法

1. 材料来源

实验在荣成楮岛进行，虾夷扇贝取自山东寻山集团有限公司，所取贝类带回实验室将其外壳的附着生物去除，暂养。实验鱼粪、饲料（鳗）、沉积物来自楮岛海域牙鲆养殖网箱，以上饵料经低温烘干磨碎过筛（100 μm）后悬浮于过滤海水中。水温（20.3±2.0）℃，盐度 31.48±0.27，pH 8.13±0.28，溶解氧（7.06±0.33）mg/L。

2. 实验设计与方法

实验一：根据网箱周围悬浮颗粒物浓度 [TPM：（36.00±4.58）mg/L]，设置鱼粪、残饵、沉降物 3 个实验组。实验采用静水的方法，容器分别盛 4 L 过滤海水，每个实验组设置 4 个平行和 1 个空白对照。为了防止饵料的沉底，轻微充气。实验持续 2 h 后，收集粪便和假粪，并且取水样 500 mL，抽滤到预先经 450 ℃灼烧后的玻璃纤维滤膜上，用于测定实验前、后悬浮颗粒物 TPM、有机物 POM 及无机物 PIM 的浓度。实验结束后，将贝类分别置于过滤海水中排空 2 h，再次收集粪便。实验结束后，测定实验用贝的壳高、湿重等生物学指标。

实验二：为了了解饵料浓度和质量对长牡蛎、栉孔扇贝、虾夷扇贝、菲律宾蛤仔、紫贻贝摄食行为的影响，在实验一的基础上，每个实验组增加了 2 个浓度梯度。实验方法同上。

3. 摄食生理指标的计算方法

按照周毅和杨红生（2002 a）的方法，主要计算公式如下：

（1）对颗粒无机物的过滤速率（IFR）　其中，IRR 为假粪中无机物的生成速率（mg/h）；IER 为粪便中无机物的生成速率（mg/h）。

$$IFR＝IRR＋IER$$

（2）滤水率（CR）　其中，PIM 为海水中颗粒无机物的含量（mg/L）。

$$CR＝IFR/PIM$$

（3）对颗粒有机物的过滤速率（OFR）　其中，POM 为海水中颗粒有机物的含量（mg/L）。

$$OFR＝CR×POM$$

（4）对颗粒有机物质的摄食率（OIR）　其中，ORR 为假粪中颗粒有机物的生成率（mg/h）。

$$OIR＝OFR－ORR$$

（5）对颗粒有机物的吸收率（AR）　其中，OER 为粪便中颗粒有机物的生成率（mg/h）。

$$AR＝OIR－OER$$

（6）吸收效率（AE）　根据以下的公式对摄食行为指标进行标准化处理，便于不同实验组进行比较：

$$AE＝AR/OIR×100\%$$

$$Y_s＝Y_e×（1/W_e)^b$$

其中，Y_s 为贝类的标准生理指标，Y_e 为实验测得的生理指标，W_e 为实验所用虾夷扇贝的组织干重。b 值通常为 0.44～0.94，本文取值为 0.67。

4. 数据的统计与分析

应用 SSPS10.0 软件进行单因素方差（ANOVA）及 LSD Multiple Comparisons 两两比较，$P<0.01$ 视为差异极其显著，$P<0.05$ 视为差异显著。

（二）实验结果

1. 实验一结果

（1）各实验组水体中悬浮颗粒物的特性 3个实验组（饲料、沉积物、鱼粪）的总悬浮颗粒物浓度（TPM）、悬浮颗粒有机物浓度（POM）、悬浮颗粒无机物浓度（PIM）及有机物比率（f）等见表4-51。饲料组、沉积物组、鱼粪组总悬浮颗粒物的平均浓度间无显著性差异（ANOVA，$P>0.05$），但是，各组间的有机物浓度（POM）及有机物比率差异显著（ANOVA，$P=0.046<0.05$；$P=0.008\,6<0.05$），其中，饲料组显著高于沉积物组及鱼粪组（LSD Multiple Comparisons，$P<0.05$）；从高到低的顺序为饲料组＞鱼粪组＞沉积物。

表4-51 各实验组悬浮颗粒物的特性

实验组	TPM（mg/L）	POM（mg/L）	PIM（mg/L）	f（%）
饲料	32.32±3.01	9.87±1.92[ab]	22.45±2.87	30.60±5.16[a]
沉积物	32.64±3.42	6.26±0.91[al]	26.38±2.69	19.15±1.60[a]
鱼粪	32.81±3.48	7.62±1.02[b]	25.19±2.77	23.24±3.48[a]

注：同一列中，不同字母表示差异性显著。

（2）实验所用贝类的基本生物学特性 实验所用贝类的生物学指标见表4-52。各组间贝类的生物学指标无显著性差异。

表4-52 实验所用贝类及其生物学指标

种类	总干重（g）	组织干重（g）	壳长（mm）	壳高（mm）
虾夷扇贝	20.13±6.92	2.43±0.77	69.49±5.20	67.97±6.00
长牡蛎	29.79±0.95	0.74±0.043	59.09±0.67	78.12±0.88
栉孔扇贝	4.81±0.87	0.75±0.10	42.66±2.25	46.38±2.32
菲律宾蛤仔	5.69±0.95	1.00±0.12	35.17±0.67	17.34±0.88
紫贻贝	29.06±0.86	3.42±0.61	47.76±3.85	86.98±7.14

（3）5种贝类对不同饵料的摄食能力 实验结果显示（图4-59），5种贝类对鱼粪、残饵（饲料）及网箱周围沉积物都是可以摄食的。但是，不同种类摄食行为不尽相同。

饲料组：单因素方差分析结果显示，5种贝类对于饲料的滤水率差异极其显著（$df=18$，$P=0.009\,2<0.01$），其中，长牡蛎的滤水率最大，除与栉孔扇贝无显著性差异外，显著高于其他3种贝类；紫贻贝的滤水率最低，与虾夷扇贝无显著性差异，显著低于其他

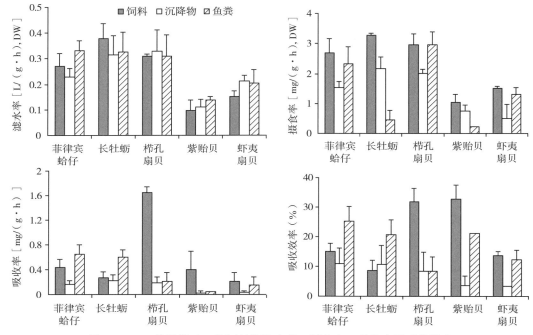

图 4 - 59　5 种贝类对 3 种饵料的滤水率、摄食率、吸收率及吸收效率

3 种贝类。5 种贝类对于饲料的摄食率无显著性差异（$P>0.05$），其中，长牡蛎、栉孔扇贝的摄食率显著高于紫贻贝（$P<0.05$）。5 种贝类的吸收率无显著性差异（$P>0.05$）；但是，栉孔扇贝的吸收率最高，显著高于其他 4 种贝类（LSD，$P<0.05$）。5 种贝类的吸收效率之间无显著性差异（$P>0.05$），LSD 多重分析结果显示，长牡蛎的吸收效率显著低于栉孔扇贝和紫贻贝（$P<0.05$）。

　　沉积物组：5 种贝类对于沉积物的滤水率差异极其显著（ANOVA，$df=18$，$P=0.005<0.01$）。栉孔扇贝的滤水率最高，与长牡蛎、菲律宾蛤仔无显著性差异，显著高于紫贻贝和虾夷扇贝。5 种贝类的摄食率差异极其显著（$P<0.01$），吸收率之间差异显著（$P<0.05$）。其中，栉孔扇贝、长牡蛎、菲律宾蛤仔的吸收率之间无显著性差异，显著高于紫贻贝和虾夷扇贝。5 种贝类对沉积物的吸收效率无显著性差异（$P>0.05$）。实验期间，虾夷扇贝出现假粪，以干重计，假粪的产生率为（0.58 ± 0.012）g/h；其他贝类无假粪产生。

　　鱼粪组：5 种贝类对鱼粪的滤水率差异性极其显著（ANOVA，$df=18$，$P=0.001<0.01$）。其中，栉孔扇贝、长牡蛎、菲律宾蛤仔之间无显著性差异，都显著高于紫贻贝和虾夷扇贝。5 种贝类的摄食率差异极其显著（$P<0.01$），吸收率差异显著（$P<0.05$）。其中，菲律宾蛤仔的吸收率最高，但与长牡蛎的吸收率无显著差异，两者都显著高于紫贻贝；栉孔扇贝、紫贻贝、虾夷扇贝三者之间吸收率无显著差异，都显著低于菲律宾蛤仔的吸收率。5 种贝类的吸收效率无显著性差异（$P>0.05$），菲律宾蛤仔的吸收效率最高，栉孔扇贝最低，两者之间差异显著（LSD，$P<0.05$）。

2. 实验二结果

（1）悬浮颗粒物及实验贝类的特性　在实验一的基础上，每个实验组增加 2 个浓度梯度。悬浮颗粒物的浓度见表 4-53。总体的趋势是饲料组的有机物含量最高，其次是鱼粪组，沉积物组的有机物含量最低。

表 4-53　各实验组悬浮颗粒物的特性

实验组	TPM (mg/L)	POM (mg/L)	PIM (mg/L)	f (%)
饲料	44.90±7.50	10.51±1.19	34.39±6.52	23.65±2.31
	45.22±2.20	19.61±3.09	25.60±2.21	43.29±5.49
沉降物	45.83±5.31	7.28±1.23	38.55±4.18	15.82±1.17
	37.75±1.44	8.05±0.59	29.70±1.15	21.31±1.20
鱼粪	44.77±2.74	10.55±0.60	34.23±2.24	23.57±0.72
	32.08±5.55	9.14±1.61	22.94±3.98	28.50±0.97

（2）不同贝类摄食行为与食物可获得性的关系　对有机物的吸收效率（OAE）与有机物比率（f）呈正相关关系（图 4-60），关系式分别如下：

菲律宾蛤仔 $OAE(\%)=27.24\ln f-72.07$（$R^2=0.468,F=13.195,P=0.002<0.01$）；

长牡蛎 $OAE(\%)=43.35\ln f-109.5$（$R^2=0.222,F=5.160,P=0.036<0.05$）；

栉孔扇贝 $OAE(\%)=50.23\ln f-135.6$（$R^2=0.452,F=19.040,P=0.000<0.01$）；

虾夷扇贝 $OAE(\%)=38.84\ln f+72.7$（$R^2=0.378,F=8.566,P=0.018<0.05$）；

紫贻贝 $OAE(\%)=46.60\ln f-123.0$（$R^2=0.492,F=9.511,P=0.008<0.01$）。

从关系式的系数来看，栉孔扇贝的吸收效率对有机物比率变化的幅度最大，其次是紫贻贝，菲律宾蛤仔的变化幅度最小。

5 种贝类对有机物的吸收率（OAR）与有机物浓度（POM）呈显著的线性正相关关系（图 4-61），关系式如下：

菲律宾蛤仔：$OAR=0.059×POM-0.082$（$R^2=0.457,F=11.795,P=0.004<0.01$）；

长牡蛎：$OAR=0.541×POM-3.423$（$R^2=0.853,F=104.775,P=0.000<0.01$）；

栉孔扇贝：$OAR=0.207×POM-0.999$（$R^2=0.582,F=32.082,P=0.000<0.01$）；

虾夷扇贝：$OAR=0.118×POM-0.555$（$R^2=0.329,F=5.591,P=0.033<0.05$）；

紫贻贝：$OAR=0.104×POM-0.552$（$R^2=0.615,F=20.766,P=0.001<0.01$）。

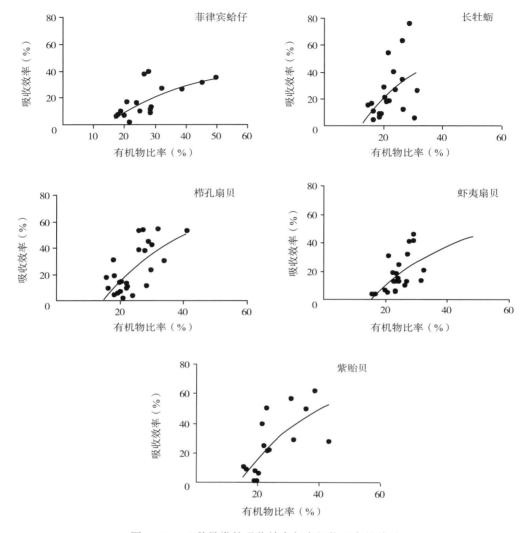

图 4-60　5 种贝类的吸收效率与有机物比率的关系

　　其中，长牡蛎的吸收率与 POM 的相关性最好。从关系式的系数来看，长牡蛎的吸收率随 POM 的变化幅度最大，其次是栉孔扇贝，菲律宾蛤仔变化幅度最小。

　　虽然菲律宾蛤仔的滤水率有随着 TPM 的增加而降低的趋势，但是，相关性不显著（$P=0.666>0.05$）；其他 4 种贝类的滤水率也都与 TPM 无显著的相关性。菲律宾蛤仔、紫贻贝的 ORR 与 TPM 相关性不显著（$P>0.05$）。长牡蛎、栉孔扇贝、虾夷扇贝假粪的产生率（ORR）随 TPM 的增加而增加，符合方程式（$ORR=a\times TPM+b$），5 种贝类的方程式系数见表 4-54。由方程计算，长牡蛎、栉孔扇贝、虾夷扇贝假粪产生的 TPM 阈值分别为 26.24 mg/L、21.64 mg/L、27.00 mg/L。

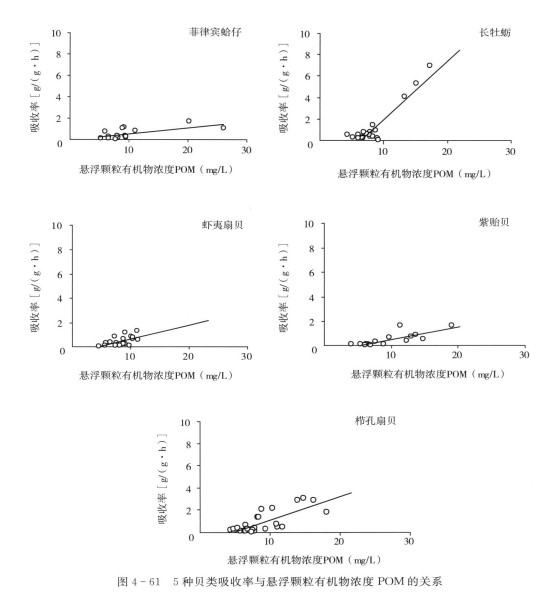

图 4-61　5 种贝类吸收率与悬浮颗粒有机物浓度 POM 的关系

表 4-54　假粪产生率与悬浮颗粒物浓度（TPM）的关系式

贝类品种	a	b	n	r	P	TPM 阈值（mg/L）
菲律宾蛤仔	0.013	0.114	25	0.089	0.666＞0.05	—
长牡蛎	0.136	−3.738	27	0.743	0.000＜0.01	26.24
栉孔扇贝	0.107	−2.315	29	0.614	0.000＜0.01	21.64
紫贻贝	0.042	−1.134	27	0.353	0.065＞0.05	—
虾夷扇贝	0.092	−2.216	19	0.840	0.000＜0.01	27.00

（三）结论

滤食性贝类能否有效地摄食、吸收、利用鱼粪和残饵，是成功建立基于滤食性贝类的 IMTA 模式的关键。本文的研究结果显示，这 5 种贝类对残饵、鱼粪及沉积物都可以摄食，但是，滤水率、摄食率等低于贝类对自然海水或单胞藻的摄食，不同种类之间的摄食行为也存在差异。

在网箱养殖区，悬浮颗粒物的浓度和质量受投饵频率、数量以及水文、天气等多重因素的影响而存在季节性和昼夜的波动。贝类对悬浮颗粒物数量和质量变化的适应能力，是反映其生存、生长的关键指标。滤食性贝类有一定的调节摄食行为的能力，以便能够在食物条件变化较大的生境中生存和生长。通常，在悬浮颗粒物浓度较高或有机物含量较低的条件下，滤食性贝类调节吸收效率（OAE）和滤水率（CR），来适应及补偿外界食物条件的变化。这种调节能力又因种类不同而异，例如，欧洲鸟尾蛤通过降低滤水率，以防止过高浓度的颗粒物阻塞鳃丝；美国牡蛎通过形成假粪，来适应水体中悬浮颗粒物质量和数量的变化。本文发现，菲律宾蛤仔的滤水率有随着 TPM 的增加而降低的趋势，另外，有假粪产生，但假粪产生率与 TPM 相关性不显著。其他 4 种贝类的滤水率与 TPM 无显著的负相关关系；当 TPM 较高而 f 较低时，主要以产生假粪的形式调节摄食率和能量的获取。假粪产生的阈值及数量与 TPM 有关。本实验的 5 种贝类中，长牡蛎、栉孔扇贝、虾夷扇贝假粪产生率与 TPM 显著正相关。其中，栉孔扇贝 TPM 阈值分别为 21.64 mg/L，与 Kuang 等在 1997 年的研究结果（当 TPM 达 17.7 mg/L，栉孔扇贝有少量假粪产生）相近。假粪产生的阈值受多种因素的影响，即使是同一种类，假粪产生的 TPM 阈值的结果相差很大。例如，Navarro 和 Thompson1994 年在实验中发现，当 TPM 为 3 mg/L 时，巨扇贝就会有假粪产生，假粪产量为总沉积量的 15%；而 MacDonald 等 2011 年的研究显示，巨扇贝在自然海区 TPM 高达 10 mg/L 时也不产生假粪。可见，假粪产生是非常复杂的生理生态过程，有待进一步的研究。本实验的 5 种贝类的吸收效率都随着有机物含量的增加呈对数函数增加。该结果与前人对贻贝的研究结果相一致。通常随着有机物含量的增加，OAE 增加速度趋缓，并逐渐接近 100% 的渐近线。本实验可能受有机物含量范围（14%～48%）的限制，并未出现 AE 趋向渐近线的趋势。

吸收率反映贝类对颗粒物的利用情况，是鱼＋滤食性贝类综合养殖系统中，体现贝类个体潜在生长情况的一个重要指标。对于饲料，栉孔扇贝的吸收率最高；对于鱼粪，菲律宾蛤仔和长牡蛎的吸收率较高；对于沉积物，长牡蛎、栉孔扇贝、蛤仔三者比较接近（图 4-59）。

摄食率能够反映贝类对水体中悬浮颗粒物的去除能力。通过贝类的摄食，将较小的颗粒重新包装，以较大的颗粒形式排出（粪便），可以加快水体中颗粒物的沉降，降低水体中悬浮颗粒物的浓度，达到净化水质的作用。总体上看，长牡蛎、栉孔扇贝、菲律宾蛤仔对悬浮颗粒物的去除效果好于紫贻贝和虾夷扇贝（图4-61）。另外，长牡蛎、菲律宾蛤仔对于饲料、沉积物、鱼粪的去除效果存在显著性差异（ANOVA，$P<$ 0.05），菲律宾蛤仔对饲料、鱼粪的去除效果好于沉积物；长牡蛎对鱼粪的去除效果显著低于对饲料、沉积物的去除效果。在网箱养殖区，除悬浮颗粒物除残饵和鱼粪外，还有其他的颗粒物，如底质中颗粒物受风浪扰动而再悬浮等，有机物含量远低于单纯的残饵或鱼粪。由于饲料、鱼粪等颗粒的理化性质不同，在水中的扩散速度和距离存在差异，因此，在网箱周围不同位置存在的比例会不同。针对不同区域不同的悬浮颗粒物，可以选择不同的滤食性贝类，以提高对悬浮颗粒物的去除效果。例如，残饵较多，蛤仔、长牡蛎、栉孔扇贝的去除效果可能会比较好。因此，在鱼+滤食性贝类综合养殖系统中，不论是考虑对水体中颗粒物的去除能力，还是考虑贝类自身的生长能力，长牡蛎、栉孔扇贝、菲律宾蛤仔是较好的候选种。

四、栉孔扇贝养殖笼内水质变化

筏式养殖过程中的污损生物已经成为世界性的、普遍存在和面临的问题，引起了人们广泛的关注。污损生物大量附着于网笼网衣、网笼隔板及贝壳上，阻塞网目，影响网笼内、外的水质交换，与养殖生物争食夺饵，加速网笼的老化，加大养殖器材的重量，妨碍养殖生物的生长，降低水产品的品质等，从而影响养殖业的生产效率和产量、产值。自1997年，我国北方养殖栉孔扇贝大规模死亡，经济损失惨重。至今，导致大规模死亡的原因尚存争议，养殖环境的恶化诱导有害病原菌的滋生可能是主要原因之一。在桑沟湾研究的初步结果显示，栉孔扇贝高死亡率的发生期与污损生物的附着旺季（7—9月）极其吻合。由于网笼内水环境的测量难度较大，迄今关于污损生物对贝类网笼内环境的影响报道很少。Ross等2002年通过潜水员来取得网笼内的水样，分别进行了各参数的测定。

桑沟湾是我国北方主要贝藻养殖基地，是一个典型的半封闭型海湾。由于大面积的死亡，栉孔扇贝的产量已由1997年的45 000 t降为2005年的2 000 t。桑沟湾目前的养殖现状和出现的问题，反映了目前我国北方贝类养殖业的普遍性问题。开展污损生物对栉孔扇贝养殖网笼内环境影响的现场测定研究，对于我们探讨栉孔扇贝大规模死亡原因，保证贝类养殖可持续发展，具有十分重要的现实意义。

（一）材料与方法

1. 时间与地点
实验在山东荣成桑沟湾崖头养殖场所属海区进行，该实验点位于桑沟湾的底部。

2006 年 5 月布置实验，分别于 7 月 15 日、8 月 15 日、9 月 15 日、9 月 25 日及 11 月 15 日进行现场取样，对栉孔扇贝养殖笼内、外的水环境参数进行测定分析。

2. 实验方法

为了分析不同养殖密度对笼内水环境的影响，设置 4 个不同密度的实验组，分别为 20 个/层、25 个/层、30 个/层、40 个/层，每组设 5 个平行样。5 月布置实验时，网笼上没有污损生物。7 月，随着污损生物的生物量增加和附着面积增大，网笼内、外的水交换情况减弱，这时开始网笼内、外环境因子的测定。网笼内水样采用虹吸法获得，该方法已申请国家发明专利，在本文中只进行简单介绍：将取样管通过扇贝笼底盘上的孔插入笼内，将取样管置于扇贝笼的中央，另一端固定在养殖筏架的浮筏上，适应 5 d 后开始取样，将取样管与取样瓶口胶塞上的管相连，由手动真空泵抽真空取样。为避免管内存水的影响，先抽取的水用于取样瓶的冲洗，然后再采集水样。每个笼内分别取水样 800 mL，同时取网笼外的水样 2 个。测定细菌总数的水样，装入已消毒灭菌的小塑料瓶中（30 mL），立即加入固定液（戊二醛，3 mL）固定。其他水样尽快带回实验室进行测定、分析。

样品的分析按照《海洋调查规范》中的要求执行。水样经 0.45 μm 醋酸纤维滤膜过滤后，分别采用次溴酸钠氧化法、锌-镉还原法及重氮-偶氮法测定 $NH_4^+ - N$、$NO_3^- - N$ 及 $NO_2^- - N$；分别采用磷钼蓝法及硅钼蓝法测定可溶性活性磷酸盐和活性硅酸盐。叶绿素 a 的测定方法参照 Parsons 等 1984 年所描述的荧光法，水样经 0.45 μm 滤膜过滤，90％丙酮萃取后，用荧光计测定。

利用 YSI6600 测定养殖海区（笼外）的水温、盐度、pH 等参数。7 月大潮汛期，利用自容式 SD6000 海流计 25 h 连续监测实验海区的流速，测定的时间间隔为 10 min。实验结束后，测定每个养殖笼内栉孔扇贝的存活率和生长情况。

3. 数据分析

实验数据采用 SPSS 10.0 统计软件进行单因素方差分析（One-way ANOVA），$P <$ 0.05 为差异显著水平，$P < 0.01$ 为差异极其显著水平。

（二）结果与讨论

1. 实验海区水文、物理参数的基本情况

在实验期间，海水的盐度平均为 30.51±1.22，8 月受降雨及陆地径流的影响，海水的盐度略低，为 28.83。pH 比较稳定，平均为 7.6±0.3。实验期间海水的温度变化较大，在 11.6～23.7 ℃范围（图 4 - 62），水温的最高值出现在 9 月中旬，到 9 月下旬水温开始下降。

实验海区的海水流速较小，最大流速为 18 cm/s，最小流速为 1 cm/s，25 h 的平均流速为（6.76±4.32）cm/s（图 4 - 62）。

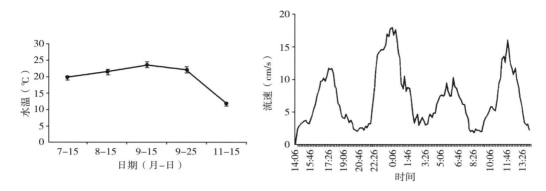

图 4-62　实验期间的水温变化情况及扇贝养殖实验区的海水流速

2. 养殖栉孔扇贝的存活、生长情况

死亡率为实验结束时总的死亡数量与初始养殖数量的比值。高密度组（40 个/层）的死亡率最高，平均为（27.7±16.2）%，各平行实验笼之间的差异也较大（标准偏差较大）；死亡扇贝的壳高在 50～57 mm 范围内，众数值为 53 mm。其他各组的死亡率为 2.3%～5.6%，没有随养殖密度增大而升高的趋势（图 4-63）。

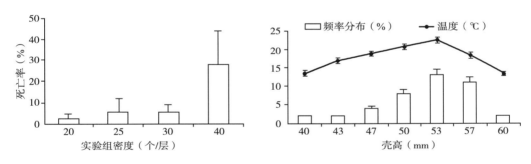

图 4-63　不同实验组栉孔扇贝的累计死亡率

3. 网笼内、外叶绿素 a 浓度的对比

图 4-64 显示网笼内、外叶绿素 a 浓度的变化情况。7 月，实验海区发生了中肋骨条藻的赤潮，水色呈浅褐色。笼外的叶绿素 a 浓度高达 11.6 mg/m³，但是，各实验组笼内的叶绿素 a 浓度显著低于笼外（$P<0.01$）。8 月，笼内的叶绿素 a 浓度低于笼外，1～4 实验组的叶绿素 a 浓度分别降低了 43%、27%、65% 和 61%；实验组 30 个/层及 40 个/层的网笼内叶绿素 a 浓度显著低于笼外（$P<0.05$）。虽然 9 月各实验组及网笼外的叶绿素 a 浓度没有统计学上的显著差异，但是，9 月 15 日 40 个/层组网笼内的叶绿素 a 浓度降低 54%；9 月 25 日组的叶绿素 a 浓度降低 50%，叶绿素浓度仅为 0.64～0.67 mg/m³；11 月随着水温的降低，网笼上的污损生物的生物量减少，网笼内、外的水交换比较好，所以，网笼内、外的叶绿素 a 浓度没有显著性差异。

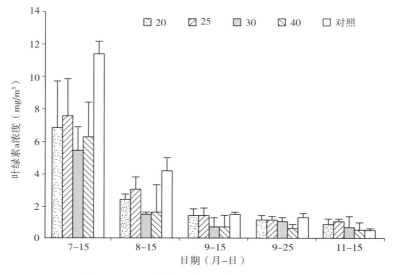

图4-64　网笼内、外叶绿素a浓度的变化

4. 网笼内、外营养盐浓度的对比

实验期间，笼内、外及各实验组之间的磷酸盐、硅酸盐浓度没有显著性差异（One-way ANOVA，$P > 0.05$）（图4-65）。7月笼外的溶解性无机氮（DIN）的浓度接近23 μmol/L，

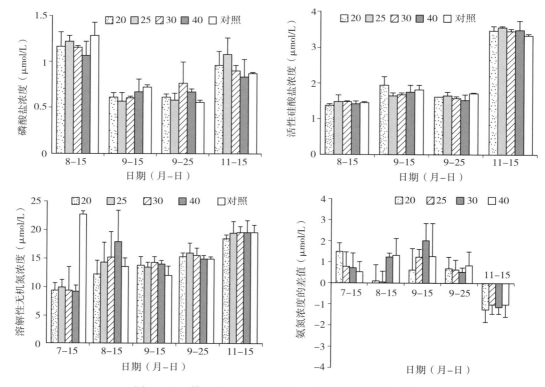

图4-65　栉孔扇贝养殖网笼内、外营养盐浓度的变化

显著高于各实验组的笼内 DIN 浓度；其他月份，笼内、外溶解性无机氮浓度没有显著性差异。8 月，尽管网笼内、外的 DIN 没有显著性差异，但是，随着养殖密度的增加，笼内 DIN 呈递增的趋势，并且，25 个/层、30 个/层及 40 个/层组的 DIN 浓度高于笼外。按照国家《海洋水质标准》（GB 3097—1997），对笼内、笼外的水质状况进行评价，结果见表 4 - 55。总体来讲，磷酸盐浓度符合国家《海洋水质标准》规定的二类标准（8 月除外）。溶解性无机氮浓度笼内、外的差异较大，7 月笼内 DIN 符合一类水质标准，笼外为三类，高浓度的 DIN 为该海域的中肋骨条藻赤潮暴发提供了营养支持；8 月和 9 月中旬，笼内水质的氮含量符合二类海水水质标准，而笼外水质为一类。

表 4 - 55　栉孔扇贝养殖网笼内、外的营养盐水平

营养盐	组别	日期（月-日）				
		7 - 15	8 - 15	9 - 15	9 - 25	11 - 15
氮	笼内	一类	二类	二类	二类	二类
	笼外	三类	一类	一类	二类	二类
磷	笼内	无数据	三类	二类	二类	二类
	笼外	无数据	三类	二类	二类	二类

5. 网笼内、外细菌总数的对比

图 4 - 66 显示 7 月和 8 月网笼内、外水体中细菌总数的检测结果。7 月，网笼内、外的细菌总数没有显著性差异，网笼内细菌总数的平均值为（5.82 ±1.43）×10⁵ 个/mL，网笼外的细菌总数为（4.76 ±0.19）×10⁵ 个/mL。8 月，网笼内细菌总数显著增加，尤其是栉孔扇贝高密度组（40 个/层），细菌总数达（520±28.29）×10⁵ 个/mL，是笼外水体中细菌总数的 15 倍，而且显著高于其他密度组。

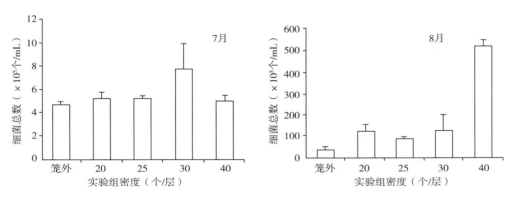

图 4 - 66　栉孔扇贝养殖网笼内、外水体中的细菌总数

（三）分析与讨论

本实验的结果显示，8—9 月，扇贝的养殖密度高于 30 个/层时，网笼内的叶绿素 a 浓度显著降低，降低幅度平均达 50%以上。9 月下旬，40 个/层组的网笼内的叶绿素 a 浓度仅为 0.64～0.67 mg/m³，已经低于贝类生长所需的最低食物需求，食物成为高密度组扇贝生长的限制因子。

浮游植物是滤食性贝类的主要食物。网笼内的浮游植物一方面由水交换从网笼外带入，一方面来自网笼内浮游植物再生。实验所用的扇贝养殖网笼的直径是 36 cm，层间距是 20 cm，每层的水体约为 20.3 L。在桑沟湾，栉孔扇贝［壳高（5.4 ±0.7)cm］8 月的滤水率为（1.40 ±0.39)L/(h·个)。以此来计算，1～4 实验组的栉孔扇贝群体分别需要 0.73 h、0.58 h、0.48 h 和 0.36 h，就能将该层的海水滤过一遍，其清滤的时间远远快于浮游植物繁殖生长所需的时间。因此推测，水交换所带来的浮游植物是网笼内养殖扇贝的主要食物来源。监测结果显示，8—9 月是污损生物的附着高峰期，8 月污损生物的生物量达最高值 1.21 kg/m²，9 月的生物量为 1.17 kg/m²。滤食性的玻璃海鞘是桑沟湾附着生物群落的优势物种，夏季玻璃海鞘的数量巨大，1 个扇贝笼上的海鞘可高达 400 个。因此，在夏季高温期，污损生物一方面阻碍了网笼内、外的水交换，使得网笼内的浮游植物等食物不能及时补充；另一方面，滤食性的污损生物也与养殖的贝类争夺饵料，再加上高密度养殖扇贝自身的摄食作用，使得网笼内的叶绿素 a 浓度显著降低，食物限制会影响扇贝的生长，而且会影响贝类的体质和抗逆性能力。食物限制可能是高密度组栉孔扇贝死亡率较高的原因之一。

另外，网笼内、外的水质条件也存在差异。氨氮是贝类的主要排泄产物之一，通常占贝类排泄氮的 70%以上。并且，贝类的氨氮排泄率随着水温的升高而增大。本文比较了养殖网笼内、外氨氮浓度的差值，7—9 月的 4 次调查结果均显示，网笼内的氨氮浓度高于网笼外。尤其是 8 月和 9 月，随着贝类养殖密度的增加，网笼内、外氨氮浓度的差值增大，这一结果与扇贝氨氮排泄量增大及污损生物增多阻碍水交换有关。7 月，扇贝养殖区的溶解性无机氮的浓度出现了异常的高值，由此引发了中肋骨条藻赤潮的发生。网笼内的无机氮浓度显著低于网笼外，可能是由于污损生物阻碍水流交换。由于养殖生物及养殖设施对水流的阻碍作用，养殖筏架内外的水流相差较大，经过 20 排筏架后，养殖区内的海水平均流速降低了 29.6%，而且网笼内的流速比网笼外降低 64%。缓慢的流速不仅影响浮游植物等食物的输入，而且影响了贝类排泄废物的输出。

再者，细菌总数通常受水温、水体中营养盐浓度、溶解氧等指标的影响。细菌总数，尤其是弧菌数的增加，预示着水产养殖病害的发生概率增大。因此，在夏季高温期，高密度组的食物供给相对缺乏，笼内的环境质量（氨氮浓度、细菌总数等）相对较差，导致扇贝的死亡率显著高于低密度组。当然，笼内水样的获取是一件非常困难的事情。本文设计的虹吸采样方法，也并非尽善尽美。在虹吸的过程中，由于水的流动性较强，不能完全避免网笼外的水瞬时流入的影响，可能会使实验结果出现一些偏差。

（四）结论

（1）网笼内、外磷酸盐、硅酸盐浓度没有显著性差异，但是，细菌总数及氨氮浓度的差异较大。

（2）与营养盐浓度的变化相比，网笼内、外叶绿素 a 浓度的变化更为显著和强烈；由于污损生物对水流的阻碍及食物竞争作用，使食物可能成为高密度组扇贝生长、存活的限制因子。

（3）网笼内栉孔扇贝的养殖密度不仅与网笼内的水质、叶绿素 a 浓度有一定的关系，而且当每层的养殖密度高达 40 个/层时，栉孔扇贝的死亡率也显著增加。

五、栉孔扇贝对颗粒有机物的摄食压力

由于养殖密度和产量较高，滤食性贝类的养殖活动对海洋碳循环的影响引起人们的关注。不仅收获贝类能够从海域中移出大量的颗粒有机碳（particle organic carbon，POC），而且贝类养殖过程（滤食、呼吸、排粪等生理活动）也对养殖海区的 POC 产生较大的影响。目前，国内、外学者就贻贝养殖的碳氮通量、虾夷扇贝的碳收支情况、生物沉降及其对底栖生物群落的影响、养殖贝类对浮游植物和悬浮颗粒物的摄食等方面进行了广泛的研究。但是，养殖栉孔扇贝对我国主要养殖海区桑沟湾 POC 的摄食压力未见报道。

本文采用室内静水法对栉孔扇贝的清滤率与水温的关系进行了测定，结合 1999 年 5 月和 2000 年 4 月对桑沟湾自然海区主要环境参数和栉孔扇贝的生物量现场调查资料，分析了养殖栉孔扇贝对桑沟湾 POC 的利用率和对初级生产的摄食压力，为养殖容量的评估和科学养殖管理提供指导。

（一）材料与方法

1. 桑沟湾海区栉孔扇贝的养殖情况及其生活环境参数的调查

调查、测定方法详见文献（张继红 等，2003）方法。

2. 栉孔扇贝清滤率的测定

平均壳长为（54.2±4.0)mm 的栉孔扇贝取自桑沟湾养殖网笼。放置于 20 L 的水族箱中暂养，每天换水 10 L，投喂三角褐指藻。

用恒温培养箱控制温度，升温幅度为每天升高 1 ℃，在每个温度下适应 3 d 后进行实验。本实验设定的温度为 1 ℃、3 ℃、5 ℃、10 ℃、15 ℃、23 ℃、25 ℃、27 ℃、28 ℃、

29 ℃和 30 ℃。3 L 的烧杯中放置栉孔扇贝 1 个，共设平行样 15 个，空白对照 1 个（3 L 的烧杯中不放扇贝）。温度为 1～15 ℃的实验组所用的饵料为三角褐指藻，对于高温（23 ℃、25 ℃、27 ℃、28 ℃、29 ℃和 30 ℃）的实验组，由于低温种三角褐指藻沉底现象严重，改用大小相近的金藻（这两种微藻的大小在 4～7 μm，三角褐指藻和金藻的众数值分别为 5.2 μm 和 5.5 μm）。初始浓度不超过 2.5×10^7 个/L，以防产生假粪影响贝类清滤率。饵料的浓度（个/L）用颗粒计数器测定（Coulter Multisizer Ⅱ）。在 15 ℃相同的条件下，比较了两种不同饵料微藻对栉孔扇贝清滤率的影响。实验结束后经烘箱 60 ℃烘干（48 h），测栉孔扇贝的组织干重。

3. 有关计算公式及数据处理

清滤率（CR：L/h）：$CR = V \times (\ln C_0 - \ln C_t) / t$

摄食率（FR：μg/h）为滤水率与饵料中 POC 浓度的乘积（本文中清滤率等于滤水率）。

其中，C_0 和 C_t 是实验开始和结束时饵料的浓度；V 是实验的水体体积；t 为实验持续的时间。

通过公式 $Ys = (Ws/We)^b \times Ye$ 将对扇贝实测的生理指标（清滤率）换算成组织干重为 1 g 的标准生理指标。其中：Ys 为标准生理指标（清滤率）；Ye 为实测的生理指标（清滤率），未经体重校对；Ws 为标准组织干重（1 g）；We 为实验所用栉孔扇贝的组织干重；对于清滤率，b 值为 0.62。

应用 ANOVA 分析、F 检验法及 Tukey's HSD 检验进行数据的分析比较。

（二）结果

1. 桑沟湾海区栉孔扇贝的养殖情况及其生活环境参数

桑沟湾总面积约为 140 km²，平均水深约 7.5 m。栉孔扇贝是桑沟湾的主要养殖对象之一。栉孔扇贝主要以网笼挂养，每 667 m² 悬挂 400 笼，一般每笼 10 层，每层放栉孔扇贝 15～30 个。4 月和 5 月栉孔扇贝的平均壳长分别为（36.8±5.5）mm 和（40.6±2.3）mm，平均组织干重分别为（0.30±0.18）g 和（0.45±0.19）g。

桑沟湾自然海区调查站位的设置情况如图 4-67 所示。4 月和 5 月桑沟湾水温平均分别为（11.84±1.31）℃和（13.94±3.02）℃。4 月各站位之间的水温相差不大，5 月各站位之间的水温差异性显著（$P < 0.05$）。4 号站位和 1 号站位的水温较高，分别为 17.6 ℃和 17.8 ℃，这两个站位的盐度也比其他站位的偏低，可能是受内陆径流的影响；5 号站位的水温最低，为 9.6 ℃，可能是由于 5 号站位处于湾口受外湾水流的影响较大的原因。4 月和 5 月各站位的盐度和 pH 之间无显著性差异。

总体来说，5 月叶绿素 a 浓度、POC 和初级生产力均高于 4 月。5 月和 4 月叶绿素 a 浓度分别为 0.745～1.723 μg/L 和 0.36～1.01 μg/L；初级生产力分别为 79.3～

220.8 mgC/(m² · d)和57.2～196.6 mgC/(m² · d)。5 月 POC 的含量为 345～529 μg/L，平均为 432 μg/L。4 月，各站位的平均值为 139.92 μg/L，明显低于 5 月的值。

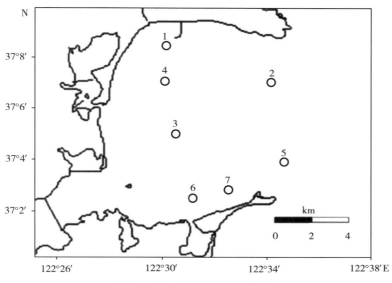

图 4-67　调查站位设置情况

2. 栉孔扇贝的清滤率与温度的关系

在 15 ℃条件下，栉孔扇贝对三角褐指藻和等鞭金藻的清滤率分别为（8.0±2.25）[L/(h · g)，DW] 和（10.5 ±2.36）[L/(h · g)，DW]，经统计学分析无显著性差异（$F=3.31$，$df=29$，$P>0.05$），因此，认为本文中饵料种类不是影响清滤率变化的主要原因。在实验期间，没有栉孔扇贝死亡。但是，当温度超过 23 ℃时，个体之间清滤率的差异极大。栉孔扇贝的清滤率与温度的关系类似高斯曲线(图 4-68)。其关系式如下：

$$CR=\{234.7\div[7.17\times(6.283)^{0.5}]\}\times\exp\{-0.5\times[(T\times22.14)\div7.174)]^2\}(r^2=0.85, df=9, P<0.01)。$$

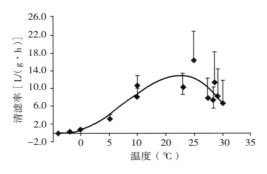

图 4-68　温度对栉孔扇贝清滤率的影响

3. 养殖栉孔扇贝对颗粒有机碳（POC）现存量及浮游植物（PP）的摄食压力

栉孔扇贝在各站位的清滤率、对碳的摄食率及对 POC 现存量的利用率和浮游植物的摄食压力见表4-56。在一定的范围内，随着温度的升高，贝类的摄食等代谢活动加快。4月和5月桑沟湾的平均水温分别为（11.84±1.31）℃和（13.94±3.02）℃，从整体上来看，温度对栉孔扇贝摄食生理活动的影响不大。4月各站位栉孔扇贝的清滤率为2.57～5.60［L/(h·g)，DW］，平均为4.74［L/(h·g)，DW］，5月的清滤率平均为6.91［L/(h·g)，DW］，但个别站位（如1#站位、4#站位）的水温较高，据室内实验结果计算，在该温度下栉孔扇贝的清滤率比其他站位大近1倍。清滤率和饵料浓度是决定摄食率大小的两个主要因素。在5月由于站位1#、站位4#的清滤率较高，因此计算得出该两个站位的摄食率较大。4月在清滤率相近的站位3#和站位7#，由于饵料浓度的差异，而导致两个站位的摄食率相差近3倍。1999年5月栉孔扇贝对POC现存量的摄食压力为10.2%～73.4%，平均为40.8%；2000年4月对POC现存量的摄食压力为6.2%～25.2%，平均18.8%。

表4-56　栉孔扇贝群体对POC现存量及PP的摄食压力

时间	站位（#）	清滤率［L/(h·g)，DW］	个体摄食率（μg/d）	群体摄食率［mg/(d·m²)］	对POC现存量的摄食压力（%）	对PP的摄食压力（%）
1999年5月	1	10.88	62 191	3 109	73.4	167.7
	2	4.26	22 810	1 140	15.3	74.9
	3	5.80	22 175	1 108	20.8	39.8
	4	10.69	52 757	2 637	72.1	186.2
	5	2.83	15 166	758	10.2	63.7
	6	7.30	27 188	1 359	49.2	100.6
	7	6.64	24 899	1 244	44.8	70.5
2000年4月	1	5.39	5 786	2 899	24.3	33.2
	2	2.57	2 375	118	6.2	13.8
	3	5.60	3 545	177	13.4	10.9
	4	4.26	3 111	155	19.2	49.9
	5	4.35	——	——	——	——
	6	5.39	3 941	197	24.3	12.5
	7	5.60	10 918	545	25.2	30.8

（三）讨论

1. 栉孔扇贝的摄食生理

清滤率指单位时间水中食物颗粒完全被滤食的过滤水的体积。滤水率指单位时间滤食性贝类所过滤水的总体积。只有当水中的悬浮颗粒物质的大小等物化因子合适，滤食性贝类对水中悬浮颗粒的保留率为100％的前提下，滤水率才可能等于清滤率。一般认为，滤食性贝类能够100％地滤食大于4 μm的颗粒。实验用饵料微藻的大小为4～7 μm，能被栉孔扇贝完全滤食。故认为所测定的清滤率与滤水率相近。滤水率是常数，受环境因素温度、盐度、流速等的影响较大。测定滤水率的方法国内现有静水法（清滤率法）、模拟现场流水法和生物沉积法。虽然后两种方法采用模拟现场或现场测定，使测定结果更能反映贝类在自然海区的状况，但因自然海区环境状况的复杂性和多变性，任何一种方法都只是对其真实值的估算，都有各自的优缺点。例如，生物沉积法是基于贝类对颗粒物质的保留率为100％的假设条件，实际上自然海区中小于4 μm的颗粒占相当大的比例，栉孔扇贝对其保留率不足50％。而模拟现场流水法只能取近岸的海水，不能反映全湾的情况。由于静水法具有能严格地控制实验条件、操作简单、可靠性较大等优点，是目前国际上极为常用的方法，研究者采用该法测定的结果用于养殖容量评估、贝类生长预测等方面。

　　从调查结果看，桑沟湾各站位的盐度、pH的变化不大，而水温变化较大，尤其是5月，各站位温度之间差异性极其显著（$P<0.01$）。故进行温度对清滤率影响的测定，获得了温度和清滤率之间的关系式，以此来计算栉孔扇贝在各站位的清滤率。虽然各站位之间饵料浓度和POM的含量变化较大，但通过测定清滤率与饵料中叶绿素浓度间的关系，计算各站位栉孔扇贝的清滤率差异性不显著，故在计算栉孔扇贝对POC现存量以及浮游植物的摄食压力时，只考虑了温度的影响。

2. 栉孔扇贝养殖对桑沟湾碳循环的影响

　　桑沟湾4月和5月浮游动物的密度分别为228个/m^2和122个/m^2，低于黄海海区春季浮游动物的密度，而浮游动物对黄海海区浮游植物现存量利用率约为9％，故在桑沟湾浅海贝类养殖区，栉孔扇贝对浮游植物起着主要的调控作用，在很大程度上决定了初级产品的流向和归宿。

　　4月和5月养殖的栉孔扇贝对桑沟湾浮游植物的摄食压力分别为10.9％～49.9％和39.8％～186.2％，平均分别为21.6％和100.5％，各站位间存在显著性差异（$P<0.01$）（表4-56），即4月和5月桑沟湾初级生产产生的碳分别有21.6％和100.5％通过栉孔扇贝的摄食进入主食物链。据栉孔扇贝的碳收支平衡情况可知，其摄入的初级生产部分的1/4以粪便的形式排出体外，形成生物性沉积。可见，栉孔扇贝的养殖活动对桑沟湾碳循环产生了巨大影响。

　　5月站位1#、站位4#、站位6#的栉孔扇贝对POC现存量和浮游植物的摄食压力很高，即站位1#、站位4#、站位6#栉孔扇贝的养殖密度相当大，食物可能成为其生长的限制因素。由于桑沟湾不同海区的环境条件不同，因此，在进行栉孔扇贝养殖时，不能采用同一养殖模式，应视具体情况而定。

六、长牡蛎生物沉积物对环境底质的影响

近几十年来，随着水产养殖事业的迅速发展，其所带来的环境影响也逐步受到人们的关注。以渔场对养殖区底质的影响为例，越来越多的科研人员对渔场养殖产生的有机废物带来的影响进行了相关研究。大量的研究证据均表明，集约化养殖的残饵和粪便等养殖废物，均对养殖环境造成了影响。

与渔场养殖相比，贝类养殖同样存在着相似问题。多数的筏式养殖贝类虽然不需要人工投喂饵料，但其高密度养殖大大加速了海水水体中的有机物质向海底输送的速度。滤食性贝类耦合了养殖海区水体与海底生态系统的关系，大量的生物性沉积物（包括粪便和假粪）会对养殖区底质产生影响。最近的研究主要集中在贻贝、牡蛎等主要养殖种类产生的环境影响，其中包括沿绳养殖贻贝的生物沉积作用、贻贝生物沉积物的产生和扩散、贻贝生物沉积物对周围表层沉积物的影响、贻贝生物沉积物对养殖区底部生物群落的影响、牡蛎生物沉积作用的年际变化、牡蛎生物沉积物对泥滩沉积物与生态的影响、牡蛎生物沉积物对养殖区沉积物有机物的富集作用以及牡蛎生物沉积物的环境干扰等。在这些研究结果中，有些表示未检查到贝类生物沉积物的相关影响，有些报道认为贝类生物沉积物产生的影响还很小，多数则认为贝类的生物沉积物对养殖区的生态环境带来了显著的影响。

稳定同位素是近年来水域生态系统研究领域中重要的新兴技术，被认为是检测海岸带生态系统极为有效的工具，在鱼类养殖废物对环境的影响中应用广泛，如 Ye 等曾利用 $\delta^{13}C$ 对沉积物有机碳的来源进行了定量研究，然而对贝类生物沉积物的定量研究还未见报道。

桑沟湾是中国北方典型的海水养殖海湾，在该湾中有大量的筏式养殖水域，长牡蛎是主要的养殖种类之一。在桑沟湾南岸及湾内部分水域，这些筏式养殖区多以长牡蛎养殖为主。作者在 2013 年 4 月选择了 5 个牡蛎养殖场进行养殖区沉积物的同位素分析，以此尝试对桑沟湾筏式养殖长牡蛎生物沉积物对环境底质影响进行量化研究。

（一）材料和方法

1. 研究时间与地点

样品采集时间为 2013 年 4 月，采样地点位于中国山东荣成的桑沟湾（37°01′—37°09′ N、122°24′—122°35′ E）。桑沟湾平均水深约 7.5 m，主要的养殖方式为筏式养殖。在海湾中部与北部，多为经济贝类与大型海藻的综合养殖区域，湾外为大型海藻的养殖筏架，而湾内与南岸完全为牡蛎养殖所占据。在桑沟湾牡蛎养殖区选择了 5 个牡蛎养殖场，分别为 SG 2、SG 3、SG 4、SG 5、SG 6（图 4 - 69）。此外，还选择了湾外没有人工

养殖的两个点 SG C 和 SG 1 作为对照。SG 7 为湾内没有人工养殖的海域，距离 SG 6 较为接近，作为湾内的空白对照点。在样品采集的同时，通过 YSIproplus 便携式多参数水质监测仪测定海区温度、盐度、pH 等参数指标。采样点水深通过采泥器绞绳上的刻度测定。

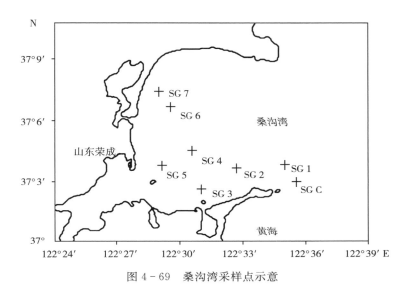

图 4 - 69　桑沟湾采样点示意

2. 样品采集

实验采集的样品主要包括养殖长牡蛎生物沉积物样品，各采样点底质沉积物的样品，SG 2 与 SG 6 点设置沉积物捕集器捕集悬浮颗粒物样品。样品的具体采集方式如下。

3. 长牡蛎生物沉积物样品

从 SG 2 与 SG 6 点取得的养殖长牡蛎，1 h 内运回岸上的实验室，小心清除其表面的泥沙及附着生物后，暂养于沙滤过的海水中。5 h 后，收集长牡蛎生物沉积物样品。

（1）底质沉积物样品　在各采样点使用 Van Veen 抓斗式采泥器采集表层（0～3 cm）沉积物样品，封存于聚乙烯封口袋后放置于冰盒中，运回实验室后－20 ℃冷冻保存备用。

（2）悬浮颗粒物样品　于 SG 2 和 SG 6 点养殖筏架上悬挂实验室设计的沉积物捕集器，捕集器为内径 11 cm、高 55 cm 的聚乙烯塑料管，3 根管捆为一组，互为重复。沉积物捕集器放置 72 h 后取回，静置 2 h 后弃去上清液，收集到的悬浮颗粒物－20 ℃冷冻保存备用。

4. 样品处理

所有的样品均需在 60 ℃下烘干 48 h 以上至恒重。使用玛瑙研钵研磨成粉末。样品在进行稳定同位素分析前需进行酸化处理，以每 0.5 g 样品添加 1 mol/L 盐酸 5 mL 的比例酸化 4 h 以上以去除样品中的无机碳。酸化中的样品每小时要摇匀 2 次，保证样品与盐酸充分接触，使反应完全。酸化结束后，多余的盐酸通过低速离心去除后，再次烘干至恒重，研磨成粉末待用。

稳定碳氮同位素的测定采用 Isoprime 稳定同位素比值质谱仪（DELTA Ⅴ Advantage），稳定同位素丰度按以下公式计算得出：

$$\delta X(‰)=[(R_{样品}/R_{标准})-1]\times 10^3$$

其中，X 为碳或氮，R 为 $^{13}C/^{12}C$ 或 $^{15}N/^{14}N$ 的相对比率，$R_{标准}$ 为国际标准物质 PDB 的碳同位素比值或标准大气氮同位素比值。实验分析结果的相对误差 $\delta^{13}C<\pm 0.1‰$，$\delta^{15}N<\pm 0.2‰$。有机碳氮含量在同位素分析同时得出。

根据分析所得的稳定碳氮同位素数据，有机物的来源甄别采用线性混合模型：

$$\delta^{13}C_M=f_x\delta^{13}C_x+f_y\delta^{13}C_y+f_z\delta^{13}C_z$$

$$\delta^{15}N_M=f_x\delta^{15}N_x+f_y\delta^{15}N_y+f_z\delta^{15}N_z$$

$$1=f_x+f_y+f_z$$

计算底质贡献率时，有机物来源确定为 2 项时，设 z 为 0，即

$$\delta^{13}C_M=f_x\delta^{13}C_x+f_y\delta^{13}C_y$$

$$1=f_x+f_y$$

其中，M 代表有机物受体，x、y、z 分别代表对 M 产生有机物影响的来源，f 代表各种来源对底质有机物的贡献比例。

（二）结果

各采样点的水质参数指标见表 4-57。水温从 SG C 到 SG 7 的升高，可能与采样点水深及采样的先后顺序有关。其中 SG C 与 SG 1 为非养殖区域，位于桑沟湾湾口外侧，水深约为 20 m，为湾内养殖区的 2 倍以上，可以认为其受湾内养殖的影响较小。

经稳定同位素分析获得各样品的稳定碳氮同位素丰度与元素分析仪分析获得的有机碳氮含量在表 4-58 中列出。

表 4-57　各采样点水质参数指标

采样点	水温（℃）	盐度	pH	水深（m）
SG C	6.2±0.3	30.51±0.01	8.43±0.02	22
SG 1	6.3±0.2	30.50±0.01	8.57±0.08	21.4
SG 2	7.4±0.1	30.41±0.01	8.38±0.02	10.4
SG 3	8.8±0.3	30.25±0.15	8.45±0.03	9.4
SG 4	8.3±0.1	30.41±0.01	8.45±0.01	9.3
SG 5	9.4±0.3	30.20±0.10	8.79±0.17	6.7
SG 6	8.9±0.1	30.25±0.05	8.47±0.01	8.5
SG 7	9.0±0.1	20.28±0.01	8.52±0.03	7.4

表 4-58　采集样品的稳定碳氮同位素丰度与有机碳氮含量

样品	采样点	样品指标			
		$\delta^{13}C$ (‰)	$\delta^{15}N$ (‰)	C (%)	N (%)
沉积物	SG C	-22.82 ± 0.01	4.73 ± 0.10	0.28 ± 0.02	0.04 ± 0.01
	SG 1	-22.48 ± 0.03	5.03 ± 0.15	0.27 ± 0.01	0.04 ± 0.00
	SG 2	-21.62 ± 0.01	6.21 ± 0.12	0.69 ± 0.02	0.09 ± 0.01
	SG 3	-22.36 ± 0.07	5.88 ± 0.11	0.30 ± 0.05	0.04 ± 0.00
	SG 4	-22.36 ± 0.02	5.05 ± 0.16	0.92 ± 0.12	0.12 ± 0.04
	SG 5	-22.48 ± 0.11	5.01 ± 0.21	0.16 ± 0.03	0.03 ± 0.00
	SG 6	-22.05 ± 0.33	5.24 ± 0.26	0.17 ± 0.05	0.04 ± 0.00
	SG 7	-22.02 ± 0.14	5.68 ± 0.33	0.14 ± 0.02	0.03 ± 0.00
悬浮颗粒物	SG 2	-21.78 ± 0.03	5.71 ± 0.08	1.37 ± 0.01	0.16 ± 0.01
	SG 6	-21.53 ± 0.07	5.85 ± 0.03	1.57 ± 0.01	0.18 ± 0.01
生物沉积物	SG 2	-18.49 ± 0.46	6.53 ± 0.09	4.54 ± 0.04	0.54 ± 0.02
	SG 6	-18.76 ± 0.16	6.40 ± 0.02	4.34 ± 0.19	0.51 ± 0.01

从稳定碳氮同位素的测定结果可以看出，实验所选取的采样点沉积物稳定碳氮同位素丰度集中于 $\delta^{13}C$：-22.82‰~-21.62‰，$\delta^{15}N$：4.73‰~6.21‰。从 SG C 与 SG 1 两个对照点到各养殖点的碳氮同位素呈富集趋势。两采样点 SG 2 与 SG 6 的牡蛎生物性沉积物的稳定碳氮同位素值相近，分别为 $\delta^{13}C$：（-18.49 ± 0.46）‰与（-18.76 ± 0.16）‰；$\delta^{15}N$：（6.53 ± 0.09）‰与（6.40 ± 0.02）‰。牡蛎生物性沉积物的碳氮同位素值均高于悬浮颗粒物与采样点的沉积物。从沉积物的有机碳氮含量来看，SG 4 采样点有机碳氮含量均处于最高值，分别为 C：（0.92 ± 0.12）%，N：（0.12 ± 0.04）%。最低值出现在 SG 7 采样点，分别为 C：（0.14 ± 0.02）%，N：（0.03 ± 0.00）%。而底质沉积物的有机碳氮含量均低于悬浮颗粒物质中的有机碳氮值。牡蛎生物沉积物的有机碳氮含量在 SG 2 与 SG 6 点较为接近，约为悬浮颗粒物有机碳氮含量的 3 倍。

根据 SG 2 与 SG 6 样品稳定同位素的测定结果，分别以 SG 1 与 SG 7 的沉积物样品测定值为对照，通过稳定同位素来源分析图谱，对 2 个采样点的有机物来源进行计算，获得的分析结果见图 4-70。

从图 4-70 中可以看出，SG 2 采样点悬浮颗粒物的 $\delta^{13}C$、$\delta^{15}N$ 值处于由对照 SG 1 点沉积物、SG 2 点沉积物与长牡蛎生物性沉积物的 $\delta^{13}C$、$\delta^{15}N$ 值所组成的三角形内。可以认为它们是 SG 2 点的悬浮颗粒物有机物来源。通过线性混合模型进行计算，结果表明，在 SG 2 点的悬浮物中，长牡蛎生物性沉积物贡献有机物占 9.95%，对照区沉积物与 SG 2

区沉积物贡献分别为54.19%和35.86%。

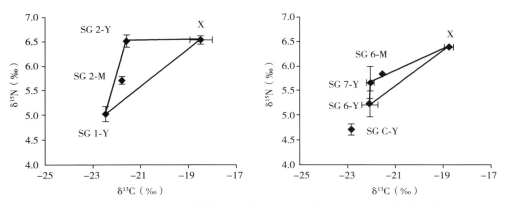

图4-70　SG 2与SG 6采样点沉积物中有机物来源稳定碳氮同位素图谱

而在SG 6采样点的有机物来源图谱中，对照点SG 7沉积物的测定结果显示其不能成为SG 6点的对照区，且SG 6区海水悬浮颗粒物也偏出SG 6与SG 7点沉积物与该区牡蛎生物性沉积物组成的三角形。

根据线性模型，以SG 2与SG 6两个采样点的长牡蛎生物性沉积物的稳定碳氮同位素的平均值为影响源，以SG C采样点沉积物稳定碳氮同位素为空白对照，对桑沟湾海区的各采样点养殖长牡蛎生物性沉积物的影响进行估算，有机物来源对底质有机物的贡献比例计为贡献率，结果见表4-59。

表4-59　长牡蛎生物性沉积物对各采样点沉积物的贡献率

采样点	生物性沉积物贡献率（%）
SG 1	7.88
SG 2	28.64
SG 3	10.98
SG 4	4.06
SG 5	8.11
SG 6	18.38
SG 7	19.69
平均值	13.96±8.62

各采样点的沉积物样品中，养殖长牡蛎的生物性沉积物对各采样点沉积物贡献率的结果为4.06%～28.64%。其中，SG 4点所占的比例最低，为4.06%。SG 5点与养殖区外的SG 1点水平相近，分别为8.11%与7.88%。最高值28.64%出现在SG 2点。各采

样点的数据计算得出的养殖长牡蛎生物性沉积物贡献率平均为（13.96±8.62）％。

（三）讨论与结论

作为海岸带系统重要的研究方法之一，稳定同位素在生态学研究中的应用逐步成熟并日益完善。Vizzini 等（2004）也通过分析养殖区域生产者与消费者的稳定碳氮同位素，对陆基渔场产生废弃有机物的扩散情况进行了评估。Ye 等曾对鲑养殖场的有机物通过稳定同位素 $\delta^{13}C$ 进行了追踪。在贝类的相关研究中，Jiang 等 2013 年尝试定量了不同养殖区域长牡蛎受养殖区鱼类养殖残饵与粪便影响的情况。这些研究均选择了明确的有机物源，在中国北方的海湾中，大规模集约化养殖的贝类通过滤食海区的有机物产生大量生物性沉积物对环境的影响与此前的研究存在较大的差异。作者针对中国北方典型海湾桑沟湾大规模长牡蛎养殖造成的环境影响进行了初步量化研究。养殖区的养殖条件是选择养殖种类的重要限制因子之一。在桑沟湾中，大量的长牡蛎养殖即是养殖条件限制的结果。渔民在保证收获的前提下，对养殖区进行合理有效的利用，在靠近湾内的区域，水深均低于 9m，长牡蛎成为普遍的养殖对象。然而，受养殖年限与外源输入的影响，各点的长牡蛎养殖生物性沉积物对环境底质的影响也各有差异。以 SG 4 点为例，通过 $\delta^{13}C$ 计算得到的生物性沉积物所占的比例仅为 4.06％，而从有机碳氮的含量来看是所有采样点中最高的，这可能与该区域部分集中的鱼类养殖网箱有关（蒋增杰 等，2012）。一方面，养殖网箱减少了养殖区长牡蛎养殖筏架所占的比例；另一方面，鱼类养殖产生的大量残饵和粪便提高了该区的沉积物有机碳氮含量。

通过 SG 2 与 SG 6 两个点的有机物来源同位素图谱比较可以发现。SG 2 点可以较好地体现出长牡蛎养殖区悬浮颗粒物的有机物组成结构，与此前的相关研究结果一致。而在 SG 6 点中则未能完成，以 SG 7 作为对照点，其沉积物 $\delta^{13}C$ 和 $\delta^{15}N$ 的值均高于 SG 6 点，这说明靠近海岸的 SG 7 点受到其他因素的影响，而这个因素有可能同时也影响到 SG 6 点的悬浮颗粒物。结合长牡蛎生物性沉积物对各采样点沉积物贡献率的估算结果来看，SG 7 点长牡蛎生物性沉积物贡献率为 19.69％，这可能与此处水深较浅、水流平缓、适宜悬浮物沉降有关。

在大量生物性沉积物沉降速率的研究中，鱼类粪便与残饵可扩散至 400 m；水深 8 m、平均流速 5.5 cm/s 的贻贝养殖区，生物沉积物的扩散范围为 7~24.4 m；桑沟湾皱纹盘鲍生物性沉积物的扩散范围为 74~134 m。因此，大范围的有机物扩散为采样点的生物沉积物覆盖提供了可能。所以在设定的采样点内，SG 1 与 SG 7 两个采样点虽然没有长牡蛎的养殖活动，但是，就近的牡蛎养殖区排出的生物性沉积物也对这些区域产生了影响。

实验通过稳定同位素法量化桑沟湾养殖长牡蛎生物性沉积物对养殖区沉积物贡献结果表明，在典型的采样点，该方法能较准确地量化出各有机物来源的贡献比例。以 SG C

点为对照，其余 7 个采样点长牡蛎生物性沉积物有机物贡献率为 4.06%～28.64%，平均贡献率为 （13.96±8.62)%。

七、筏式养鲍对水质的影响

近年来，随着养殖规模、密度的不断扩大，养殖对环境的压力日益增大，由此引起养殖生物疾病的暴发、产量和产品质量的下滑，已成为海水养殖业所面临的主要问题。如何保证养殖业的可持续发展成为世界性的研究热点。不论是投饵型的鱼类网箱养殖，还是自养型的滤食性贝类养殖，都面临养殖自身污染问题。我国在鲍筏式养殖方面处于国际领先地位，筏式养鲍在我国南、北沿海逐渐兴起并大有迅速增加的趋势。由于筏式养鲍不同于滤食性贝类的养殖，而类似于网箱养鱼，需要定期投喂饵料，因此，筏式养鲍可能对生态环境产生一定的压力。目前采用该技术养殖鲍的国家很少，仅见南非利用养参的笼子筏式养殖鲍。关于皱纹盘鲍的研究包括饵料、营养成分、繁育、遗传等，但是，有关筏式养鲍的报道主要集中于养殖技术的介绍，很少见筏式养殖鲍对环境影响的研究报道。本文采用有机污染指数、营养水平指数和营养盐浓度阈值法、化学计量法对桑沟湾筏式养鲍区的水质状况进行了分析。通过与海带区、非养殖区同步调查数据以及鲍区历史数据的比较，研究了筏式养鲍对水环境的影响，以期为筏式养鲍产业的可持续发展提供基础数据。

（一）材料与方法

1. 养殖情况与调查站位的设置

在桑沟湾寻山皱纹盘鲍筏式养殖区，一个养殖单元（筏架长 100 m，筏间距 5 m，共计 4 排筏架）内设置调查站位 8 个，站位的设置情况见图 4-71。另外，在湾口的非养殖区设置 1 个空白对照点，在湾中间的海带区设置 1 个点。鲍筏式养殖情况如下：4 月底将鲍从南方运回，开始养殖。养殖方式采用与海带间养，在平挂养殖的海带中间，悬挂鲍养殖笼。100 m 长的筏架上，悬挂 30 个鲍笼；皱纹盘鲍养殖笼，大盘方形，分 4 层，笼身总高 600 mm。鲍的规格 2.5～3.0 cm，每笼养殖 410 个。海带的养殖从 11 月至翌年的 6 月、8 月和 10 月期间，鲍区没有养殖的海带。

2. 样品的获取及参数的测定

分别于 2009 年 4 月、6 月、8 月、10 月和 12 月，隔月一次进行环境调查。监测严格按照《海洋监测规范》（GB 17378—1998）进行。测定的参数包括温度、盐度、pH、溶解氧、化学需氧量（COD，碱性高锰酸钾法）、溶解态无机盐浓度（氮、磷、硅）、叶绿素 a 浓度（丙酮萃取，分光光度计法）。由于水深比较浅，只取表层水（离水面 0.5m）。温度、盐度、pH、溶解氧采用 YSI6600 多参数水质分析仪测定；其他指标的分析按照

《海洋调查规范》中的要求执行。水样经 $0.45\ \mu m$ 醋酸纤维滤膜过滤后，分别采用次溴酸钠氧化法、锌-镉还原法及重氮-偶氮法测定 $NH_4^+ - N$、$NO_3^- - N$ 及 $NO_2^- - N$；分别采用磷钼蓝法及硅钼蓝法测定可溶性活性磷酸盐和活性硅酸盐。

3. 有机污染状况、营养水平及营养盐限制性评价

同本书第二章第二节有机污染状况、营养水平评价。

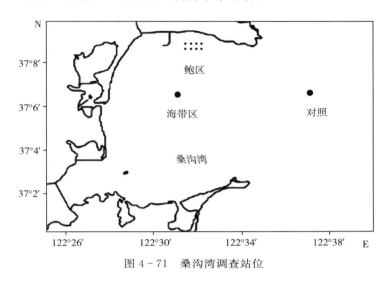

图 4 - 71　桑沟湾调查站位

(二) 主要结果

1. 基本理化环境条件

调查期间鲍养殖区水温介于 $6.2 \sim 23.21\ ℃$，水温高值出现在 8 月，低值出现在 12 月；溶解氧浓度分别介于 $5.91 \sim 10.14\ mg/L$，季节变化趋势与水温相反，在冬季较高，夏季最低；盐度比较稳定，为 $30.97 \sim 31.76$。

2. 鲍养殖区水质参数的季节性变化

在整个调查期间，各站点的 COD 都低于 $2\ mg/L$，符合国家海水水质一类标准（表 4 - 60）。

鲍区 COD 的值季节性变化较小，高值出现在 8 月。整体上，调查海区的溶解性无机氮（$DIN = NH_4^+ - N + NO_3^- - N + NO_2^- - N$）的浓度较低，在 $2.02 \sim 9.25\ \mu mol/L$ 范围内，最低值出现在 6 月，之后逐渐升高，在 10 月达到峰值，12 月略降，季节变化趋势由高到低依次为 10 月、8 月、12 月、4 月、6 月。8 月、10 月属国家二类水质，4 月、6 月及 12 月符合国家一类海水水质标准。活性磷酸盐浓度的最低值出现在 4 月，已经低于浮游植物生长的阈值，之后逐渐增加，在 12 月达到最高值。硅酸盐的季节性变化较大，最高值出现在 12 月，是最低值（4 月，硅酸盐浓度仅为 $0.91\ \mu mol/L$）的 20 倍。4 月和 8 月，鲍区的溶解性无机氮以氨氮为主，硝酸盐次之，6 月氨氮与硝酸盐所占的比例相近，10 月和

12 月是以硝酸盐为主要成分。

表 4-60　桑沟湾鲍筏式养殖区环境因子

理化参数	4 月	6 月	8 月	10 月	12 月
溶解氧（mg/L）	7.16±0.87	6.22±0.51	5.91±0.26	6.77±0.28	10.14±0.85
化学需氧量（mg/L）	0.47±0.098	0.47±0.23	0.56±0.18	0.37±0.20	0.46±0.14
亚硝酸盐（μmol/L）	0.12±0.013	0.087±0.015	0.27±0.012	1.09±0.038	0.097±0.12
硝酸盐（μmol/L）	0.50±0.38	0.98±0.57	1.73±1.18	5.53±0.89	3.70±5.21
氨氮（μmol/L）	2.11±0.37	0.96±0.43	5.94±0.27	2.62±1.24	1.25±0.13
溶解性无机氮（μmol/L）	2.73±0.65	2.02±0.46	7.94±1.27	9.25±1.55	5.04±0.19
活性磷酸盐（μmol/L）	0.086±0.049	0.22±0.028	0.35±0.17	0.37±0.15	0.42±0.055
硅酸盐（μmol/L）	0.91±1.14	3.88±1.52	13.78±2.559	12.24±1.04	18.35±6.09
氮磷摩尔比	37.39±3.34	9.61±3.08	27.12±9.01	24.99±11.53	11.97±1.46
硅氮摩尔比	0.35±0.59	2.04±1.01	1.77±0.41	1.32±0.37	14.70±1.11
叶绿素 a 浓度（μg/L）	1.23±0.55	1.30±0.25	数据缺失	1.60±0.39	2.12±0.36

3. 鲍筏式养殖区的富营养化及有机污染评价

有机污染评价分级和水质营养水平评价分级分别见表 4-61 和表 4-62。鲍筏式养殖区有机污染指数及富营养化评价指数计算结果见表 4-63。评价结果显示，鲍筏式养殖区尚未受到有机污染。4 月、6 月、12 月 A 值均小于 0，水质状态良好；8 月和 10 月 A 值介于 0~1，水质状态较好。调查期间各个月份的 E 值都介于 0~0.5，显示鲍筏式养殖区的水质处于贫营养状态水平。

表 4-61　有机污染评价分级

项目	A 值					
	<0	0~1	1~2	2~3	3~4	4~5
污染分级	0	1	2	3	4	5
水质评价	良好	较好	开始污染	轻度	中度	严重

表 4-62　水质营养水平评价分级

项目	E 值			
	0~0.5	0.5~1.0	1.0~3.0	≥3.0
营养水平分级	1	2	3	4
营养水平	贫营养	中营养	富营养	高富营养

表 4-63 有机污染指数及富营养化评价指数计算结果

项目	不同月份评价指数值				
	4 月	6 月	8 月	10 月	12 月
有机污染指数 A 值	−0.67	−0.29	0.46	0.41	−0.30
营养水平 E 值	0.032	0.060	0.43	0.36	0.29

4. 鲍区、海带区及非养殖区水环境参数的比较

同步调查的结果显示（图 4-72），在整个调查期间，各区的 COD 都低于 2 mg/L，符合国家海水水质一类标准（图 4-72）。除 4 月空白对照点的 COD 显著高于鲍养殖区外，6 月、8 月和 10 月鲍区的 COD 都是略高于对照点。鲍区 COD 的值季节性变化较小，为 0.46~0.56 mg/L，高值出现在 8 月。海带区的 COD 在 4 月和 12 月（海带生长的旺季）都出现了较高的值（1.2 mg/L）。

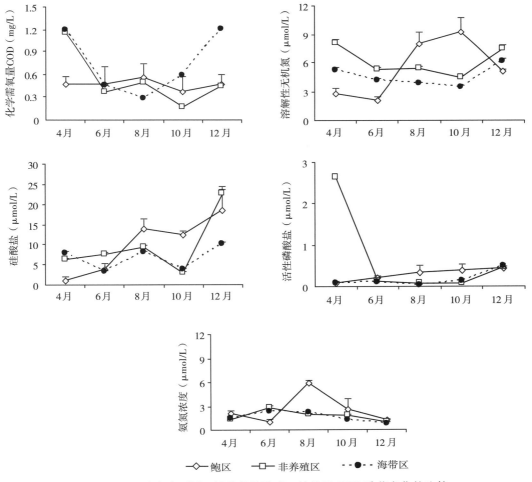

图 4-72 桑沟湾不同区域营养盐浓度、结构及 COD 季节变化的比较

海带区与非养殖区对照的氨氮浓度相近，季节性变化也一致；鲍区在 8 月出现峰值。海带区的无机氮浓度在各个调查月份都低于非养殖区，但是季节性变化趋势一致，都是从 4—10 月逐渐降低，12 月升高；鲍区的溶解无机氮在 4 月显著低于海带区（$F=10.075$，$P=0.01<0.05$）和非养殖区（$F=8.653$，$P=0.015<0.05$），但是在 8 月，溶解无机氮的浓度迅速升高，显著高于海带区（$F=5.408$，$P=0.04<0.05$）和非养殖区（$F=7.099$，$P=0.022<0.05$）。

鲍区的磷酸盐和硅酸盐浓度的季节性变化趋势与其他两个区不同，4—12 月都是逐渐增高，8 月和 10 月的值高于海带区和非养殖区，12 月的值高于海带区，与非养殖区相近。全年磷酸盐的平均值从高至低的顺序为非养殖区＞鲍区＞海带区；硅酸盐平均值从高至低的顺序为鲍区＞非养殖区＞海带区。

综合阈值法和化学计量法分析调查区域的营养盐限制性情况，结果见表 4-64。磷酸盐是各个调查区域的主要限制因子，非养殖区和海带区 80% 的时间表现出较强的磷限制，鲍区 60% 的时间为磷限制。另外，4 月的营养盐浓度较低，鲍区同时受磷和硅的双重限制，对照区同时受氮和硅的双重限制；海带区受磷限制。

表 4-64　3 个调查区域不同季节的营养盐限制情况分析结果

营养盐	4 月	6 月	8 月	10 月	12 月
硅限制					
鲍区	☆				
海带区					
非养殖区	☆				
氮限制					
鲍区					
海带区					
非养殖区	☆				
磷限制					
鲍区	☆		☆	☆	
海带区	☆	☆	☆	☆	
非养殖区		☆	☆	☆	☆

注：☆表示该区存在营养盐限制。

（三）结论

1. 鲍筏式养殖区的水质状况及筏式养鲍对水质的影响

5 个航次的调查结果显示，除 COD 外，其他各项调查指标都表现出明显的季节性变化。8月和10月，溶解性无机氮含量为国家二级水质标准，其他各月份及其他各项调查指标在各个季节都达到国家一级水质标准。通过对筏式养殖区的水质状况的评价可知，鲍养殖区属贫营养水平，尚未受到有机污染。尽管如此，应该引起注意的是，同海带区和非养殖区相比，不论是营养盐浓度、结构、季节性变化趋势，还是营养盐限制性情况都存在不同程度的差异，这种差异可能与鲍的养殖活动有关。8月海带已经全部收获，随着水温的升高，鲍的氨氮排泄能力增大，残饵腐烂速度快，适逢缺乏海带对营养盐的吸收作用，使鲍区溶解性无机氮的浓度（7.94±1.27）$\mu mol/L$ 显著高于非养殖区和海带区；氨氮成为 DIN 的主要成分，占 DIN 的 75%，而非养殖区的氨氮仅占 DIN 的 35%。海域营养盐浓度的季节性变化是受人类活动、气候变化多重压力共同影响的结果。由于区域的地理位置（水交换能力、底质条件等）、受陆源的影响程度、人类的养殖种类、模式等活动的不同，不同区域的营养盐特性往往不同，其差异是否是由于养殖活动所致很难区分判断。研究养殖活动对环境的影响，通常采用与空白对照点相比较的方法，两种之间的差异，视为是养殖活动的影响所致。桑沟湾采用这种方法必须谨慎，因为整个桑沟湾除了航道，几乎都用于养殖，很难找到非养殖的区域。本实验只能选取湾口的非养殖区作为对照，由于与养殖区的距离太远，水环境参数可能会受地理位置的影响，例如，同海带区和非养殖区相比，鲍区更靠近沿岸，可能受沿岸径流的影响。为此，在同一区域，对比分析了筏式养鲍前后的水质变化情况（图4-73）。同筏式养鲍前相比，8月溶解性无机氮的浓度显著增加；磷酸盐浓度在4—10月都低于筏式养鲍之前，并且，季节性变化趋势也发生了变化，1999年，磷酸盐浓度的峰值出现在6月，最低值在12月，2009年磷酸盐的浓度在4—12月呈现逐渐递增的趋势；1999年硅酸盐的峰值在10月，2009年出现在12月，回归分析结果显示，1999年与2009年，硅酸盐及无机氮浓度没有显著性差异（$P > 0.05$），磷酸盐浓度差异显著（$P < 0.05$）。从营养盐的比值来看，筏式养鲍前，氮限制的潜在性较大，2009年，磷的限制性较强。可见，尽管与同是投饵型的网箱养鱼相比，筏式养鲍对环境的压力较小，但是，营养盐参数还是发生了一定程度的改变，在进行大规模高密度的筏式养鲍时，应予以关注，以避免因环境变化而引起大规模死亡。

2. 筏式养鲍对水质影响的机理及桑沟湾筏式养鲍的特点

尽管筏式养鲍是一种投饵型的养殖方式，但是，鲍养殖区的水质状况良好，尚未受到有机污染，分析原因，可能与以下五点有关：①不同于网箱养鱼，筏式养鲍主要以新鲜海藻为饵料，有机污染较轻。而网箱养鱼的饵料，不论是冰鲜小杂鱼、加工的鱼糜，还是研制的配合饲料，投喂后都不能被充分利用，输入氮通过鱼的收获而回收的氮不足30%，其余的氮以各种形式富集在水体及沉积物中，污染环境。②同网箱相比，筏式养鲍的笼子，残饵不易流失。养殖者根据不同季节鲍的摄食情况，调整投饵的数量和频率。水温5～17℃，5d投喂1次；在夏季高温期，每3d投喂1次，及时

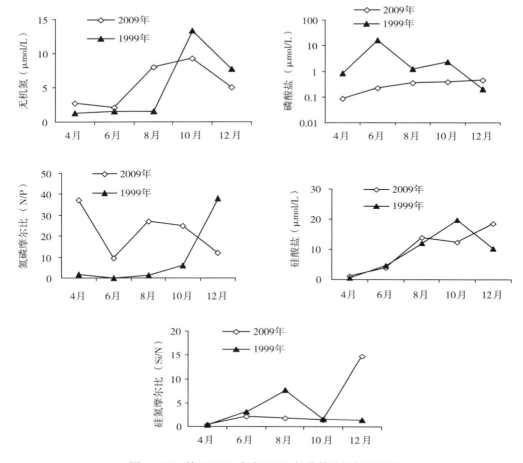

图 4 - 73　鲍区 2009 年与 1999 年营养盐指标的比较

收集清除残饵。③北方的筏式养鲍，通常与海带间养，鲍排泄的氨氮等营养物质可以被海带吸收，不仅促进了海带的生长，而且净化了环境，另外，海带作为鲍的饵料，可以随时投喂，节省了人力和物力。④鲍的生长速度缓慢，需要的饵料量少，鲍自身的排泄产物速率和数量都比较少。⑤同位于黄海海域的海湾，如乳山湾、胶州湾、威海湾等相比，桑沟湾的营养盐浓度较低，这可能与其长期大规模的贝藻养殖有关。大型藻类及滤食性贝类适宜的养殖密度和布局，可以在一定程度上起到净化海水的作用。处于桑沟湾这一大环境中，筏式养鲍区与外部水交换，会使养殖自身污染物质被稀释、输运扩散。由此可见，养殖活动的环境压力会因养殖区域的不同而存在一定的差异。

第四节　桑沟湾主要养殖模式

桑沟湾是山东省海水养殖业的重点海湾，近年来逐渐形成了由湾内向湾外依次排列的贝类养殖区、海带和贝类混养区、海带养殖区的多元养殖模式，养殖方式以筏式养殖为主，网箱养殖和底播养殖为辅。建立并规模化应用的养殖模式包括以下几种。

一、大型藻类与扇贝

利用同一养殖筏架进行扇贝与海带综合养殖。大型藻类采用水平养殖，扇贝采用网笼吊养的方式，即在每 1 600 m² 4 台筏架上吊挂 400 绳大型藻类（11 月至翌年 6 月养殖海带；7—10 月养殖龙须菜），在大型藻类吊绳间每隔 2 绳吊挂 1 个扇贝养殖笼，每 1 600 m² 吊挂 200 笼（图 4 - 74）。

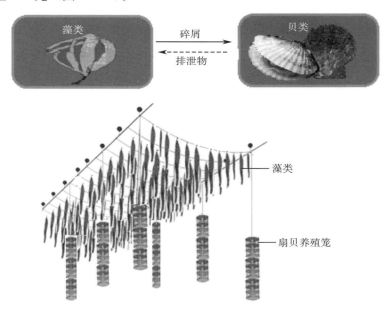

图 4 - 74　大型藻类-扇贝筏式综合养殖模式

二、大型藻类与皱纹盘鲍

利用同一养殖筏架进行鲍与海带复合养殖。在每 1 600 m² 4 台筏架上吊挂 400 绳大型藻类（11 月至翌年 6 月养殖海带；7—10 月养殖龙须菜），在藻类吊绳间每隔 5 绳吊挂 1 个鲍养殖笼，每 1 600 m² 吊挂 80 笼（图 4 - 75）。

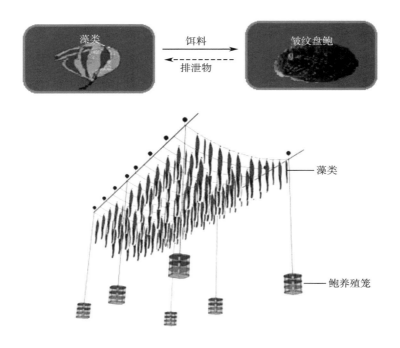

图 4-75　大型藻类-皱纹盘鲍筏式综合养殖模式

三、鲍-藻-参

通过对饵料供需、养殖周期匹配等关键过程的解读，构建了鲍-藻-参综合养殖系统，并在桑沟湾进行了规模化示范（图 4-76）。筏梗绳长 100 m，养殖海带或者龙须菜 100 绳，绳间距 1 m，每绳养殖海带 30 棵或龙须菜 30 株（11 月至翌年 6 月养殖海带；7—10 月养殖龙须菜）。大型藻类采用平挂的方式。在大型藻类中间悬挂鲍笼，每绳挂养鲍笼 20 个，笼间距 5.0 m。每笼 3 层，每层放鲍苗 270 粒，11 月至翌年 6 月每层放 6 个刺参；7—10 月每层放 2~3 个刺参。每 667 m² 产刺参 120 kg，每 667 m² 增加产值 2.4 万元。通过综合养殖，不仅有助于改善养殖区域的生态环境质量，而且可以产生显著的经济价值。

四、鱼-贝-藻

根据网箱养殖鱼类的颗粒态氮、溶解态氮的释放通量和大型藻类光合作用固氮能力以及滤食性贝类对颗粒态有机氮的滤除、吸收效率，构建了鱼-贝-藻综合养殖模式（图 4-77、图 4-78）。

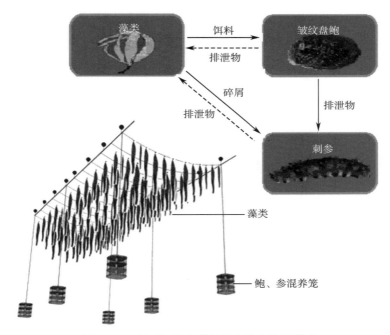

图 4-76　鲍-藻-参多营养层次综合养殖模式

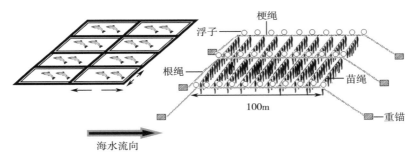

图 4-77　鱼-贝-藻综合养殖布局

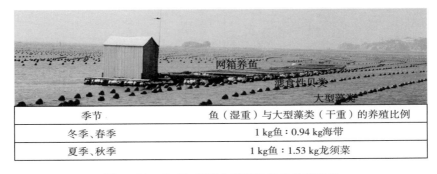

季节	鱼（湿重）与大型藻类（干重）的养殖比例
冬季、春季	1 kg鱼：0.94 kg海带
夏季、秋季	1 kg鱼：1.53 kg龙须菜

图 4-78　鱼-贝-藻综合养殖示意及鱼藻配比

第五章
桑沟湾养殖
容量评估

第一节　虾夷扇贝动态能量收支模型

一、模型参数的测定

养殖生物的个体能量学研究，是种群生物能量学及生态系统动力学的基础。自 1986 年 Kooijman 首次提出基于 k-rule 的个体动态能量收支（dynamic energy budget，DEB）理论后，DEB 模型成功用于贝类、鱼类等多种生物的能量学研究，已建立了贻贝、长牡蛎、蛤类等多种养殖贝类的 DEB 模型。DEB 模型主要描述生物个体通过摄食获取能量及其在不同发育生长阶段的主要生理机能（维持、生长和繁殖）中的能量分配，可用于预测个体的软体部、壳高、性腺等的生长变化，已成功应用于种群动力学研究，为贝类养殖及渔业管理提供指导；能通过饵料的可获得性预测养殖密度对生长的影响，评估海域的养殖容量。

DEB 理论是基于能量代谢的物理、化学特性而建立的，其优点是体现了生物能量代谢的普遍性规律。DEB 模型不仅能够反映生物用于生长能量、量化能量在整个生活史阶段的能量分配，包括用于贝壳、性腺发育等方面的能量，而且，可以非常方便地应用于不同的种类研究、不同海域条件等，使模型的应用范围更为广泛，操作更为便捷。但是，DEB 模型参数的测定及计算比较复杂。模型参数包括基本参数和复合参数两大类，复合参数是由基本参数组成的。基本参数的准确获取将影响其他参数的准确性。本文所拟测定的形状系数、阿伦纽斯温度 T_A 以及 $[\dot{P}_M]$、$[E_G]$、$[E_M]$ 都为 DEB 模型的基本参数。DEB 模型所用的单位为单位表面积或者单位体积，而不是我们常用的单位质量或者单位个体。这就需要一个形状系数 δ_m 来转换。δ_m 为贝壳的形状系数，反映贝壳长度与贝类结构物质的关系。虽然 DEB 模型是目前国际上的研究热点，但是，我国在这方面的研究尚未见到报道。

虾夷扇贝原主产于俄罗斯、日本、朝鲜海域，属冷水性种类，自 1980 年引入我国北方以来，已经成为北方重要的海水养殖品种之一。随着养殖规模和密度的不断扩大，养殖区自身污染严重，养殖生物生长缓慢、病害频发、死亡率剧增，造成了巨大的经济损失，威胁到虾夷扇贝养殖产业的生存和发展，迫切需要养殖容量的理论指导。因此，本文以虾夷扇贝为实验生物，介绍了 5 个基本参数的测定方法，给出了虾夷扇贝 DEB 模型所需的 5 个基本参数，为虾夷扇贝 DEB 模型的构建奠定基础。

（一）材料与方法

1. 形状系数（shape coefficient，δ_m）**的获得**

虾夷扇贝分别于6月、11月取自獐子岛养殖海域，共计116个扇贝。分别测定虾夷扇贝的壳长及软体部湿重。壳长（L）用游标卡尺（日本三丰，CD-6″CSX，精度0.01 mm）测量；贝类的重量采用电子天平（梅特勒-托利多仪器有限公司，PL2002，精度0.01 g）称量，软体部湿重为剥离下的壳内全部组织的鲜重。假设软体部的密度为1 g/cm³，那么，V＝软体部湿重。根据公式$V＝(\delta_m L)^3$，回归获得形状系数δ_m。

2. 阿伦纽斯温度（Arrhenius temperature，T_A）

虾夷扇贝取自大连獐子岛养殖海域，根据虾夷扇贝个体大小分为A、B、C、D和E 5组，暂养温度为（10±1）℃，海水盐度为29.3，其间每天定量投喂新月菱形藻，每2 d全量换水1次。驯养1周后开始实验。温度设置5 ℃、10 ℃、15 ℃、20 ℃、25 ℃ 5个梯度。在每个温度条件下，每个规格的扇贝设5个平行，3个空白对照。每个塑料桶（4.1L）中放1个扇贝，实验时间持续2 h。溶解氧（DO）的测定采用碘量法，根据实验前后溶解氧的浓度变化计算单位干重耗氧率［mg/(h·g)，DW］。

R的计算公式：
$$R＝\frac{DO_0-DO_t}{W×t}×V_0$$

式中　DO_0和DO_t——实验开始和结束时实验水中DO含量（mg/L）；

　　　V_0——实验用水桶的体积（L）；

　　　W——实验贝软组织干质量（g）；

　　　t——实验持续时间（h）。

通过虾夷扇贝的耗氧率R［mg/(h·g)，DW］与水温（T，热力学温度K）倒数的回归，计算阿伦纽斯温度T_A。

T_A的计算公式：
$$\ln R＝a×T^{-1}+b$$

其中，线性回归关系式的斜率a的绝对值为T_A。

3. 模型关键参数［$\dot{P}_M$］、［E_G］、［E_M］**的测定**

［$\dot{P}_M$］、［E_G］、［E_M］为DEB模型构建必需的参数，可通过饥饿实验来获得。其中，［$\dot{P}_M$］为单位时间单位体积维持生命所需的能量，单位为J/(cm³·d)；［E_G］为形成单位体积结构物质所需的能量，单位为J/cm³；［E_M］为单位体积最大储存能量，单位为J/cm³。

测定方法：取同一规格虾夷扇贝300个，置于过滤海水中，进行饥饿实验。实验期间，水温控制在10 ℃，每周换水2次。每隔1～2周取扇贝5个，测定其呼吸耗氧率；另取扇贝15个，测定总湿重、软体部湿重、软体部干重、软体部有机物含量。其中，总湿重为阴干0.5 h后的重量，软体部干重为60 ℃烘干72 h后的重量。软体部有机物含量根据灰分法估算，即将称过干重的软体部置于马弗炉中，450 ℃灼烧 4 h 后称重；根据质量差，获得软体部有机物含量。根据随着饥饿时间的推移，直至软体部干重不再降低、呼吸耗氧率保持恒定，结束实验（约 60 d）。

随着饥饿时间的推移，贝类体内存储的能量逐渐被消耗。当存储的能量被耗尽时，贝类软体部干重基本恒定，不随饥饿时间的推移而改变，此时的软体部重量即为贝类的结构物质。计算方法如下：

$$[E_G] = W_1 \times C_1 \times k / (T_r \times V)$$

式中　W_1——实验结束时保持恒定软体部干重（g）；

　　　C_1——实验结束时贝类软体部有机物含量（%）；

　　　k——有机物的能值（23 000J/g）；

　　　V——软体部的体积（cm^3）；

　　　T_r——生长效率的转换系数（$T_r = 40\%$）。

贝类初始能量与饥饿后剩余的结构物质能量之差，视为贝类体内存储的能量 $[E_M]$：

$$[E_M] = k \times (W_0 \times C_0 - W_1 \times C_1) / V$$

式中　W_0——软体部干重的初始值（g）；

　　　C_0——实验初始时贝类软体部有机物含量（%）。

（二）结果

1. 贝壳的形状系数

根据公式 $V = (\delta_m L)^3$，对软体部湿重的立方根和壳长进行线性回归，所得的斜率即为形状系数（δ_m），获得虾夷扇贝的 δ_m 值为 0.32（图 5-1）。

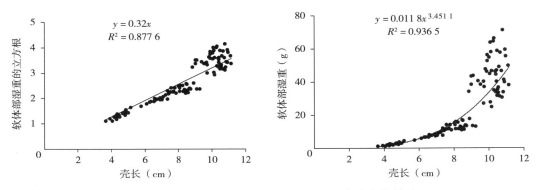

图 5-1　虾夷扇贝软体部湿重及其立方根与壳长的关系

2. 阿伦纽斯温度

实验所用虾夷扇贝的平均壳高为 4.413～8.507 cm，软体部干重的平均值为 0.165～2.880 g（表 5-1）。

表 5-1　实验所用虾夷扇贝的基本生物学特性

参数	规格 A	规格 B	规格 C	规格 D	规格 E
壳高（cm）	4.413±0.046	5.487±0.074	6.433±0.207	7.497±0.325	8.507±0.266
壳长（cm）	4.413±0.193	5.640±0.246	6.373±0.415	7.643±0.358	8.673±0.403
湿重（g）	7.938±1.723	15.056±2.837	24.920±3.982	40.693±4.611	65.933±5.778
软体部干重（g）	0.165±0.026	0.333±0.067	0.690±0.082	1.310±0.442	2.880±0.514

在同一实验温度条件下，虾夷扇贝单位组织干重耗氧率随体重的增加而减小（图 5-2）。

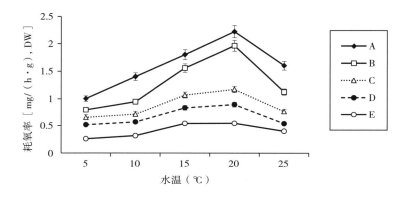

图 5-2　温度对不同规格虾夷扇贝耗氧率的影响

（注：A、B、C、D、E 为 5 种规格的虾夷扇贝，下同）

水温与耗氧率之间呈现典型的倒钟形，在 5~20 ℃内，耗氧率随着水温的升高而增大，在 20 ℃达峰值；之后，耗氧率随着水温的升高而降低。

5 个规格组（A、B、C、D 和 E）的虾夷扇贝耗氧率与水温（热力学温度 K）倒数的线性回归关系分别为：$\ln R = -4\ 293.6 T^{-1} + 15.476$（$R^2 = 0.991\ 8$）、$\ln R = -5\ 209 T^{-1} + 16.642$（$R^2 = 0.964\ 4$）、$\ln R = -3\ 500 T^{-1} + 12.132$（$R^2 = 0.923\ 7$）、$\ln R = -3\ 328 T^{-1} + 11.282$（$R^2 = 0.918\ 1$）、$\ln R = -4\ 488 T^{-1} + 14.795$（$R^2 = 0.894\ 2$）（图 5-3）。$T_A$ 为线性回归方程斜率的绝对值。获得了模型所需的参数——阿伦纽斯温度 T_A，平均值为（$4\ 160 \pm 767$）K。

3. 模型关键参数 $[\dot{P}_M]$、$[E_G]$、$[E_M]$ 的获得

饥饿实验所用的虾夷扇贝基本生物学参数如下：壳高（4.24±0.89）cm，总湿重（6.52±0.64）g，软体部湿重（3.31±0.26）g，软体部干重为（0.43±0.09）g。饥饿

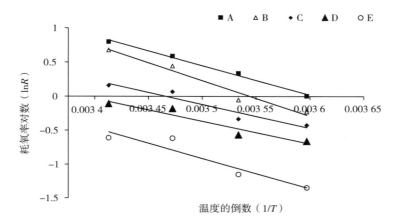

图 5-3　基于不同规格虾夷扇贝耗氧率的阿伦纽斯温度（耗氧率对数
　　　　与热力学温度倒数的关系）

实验持续 60 d 结束时，虾夷扇贝软体部干重、耗氧率分别降低了 56% 和 81%（图 5-4、图 5-5）。实验开始和结束时，虾夷扇贝软体部有机物含量分别为（81.4±3.2）% 和（53.0±2.7）%。

耗氧率基本保持恒定时的值视为扇贝维持生存所需的最低能量 $[\dot{P}_M]$。在 10 ℃ 条件下，虾夷扇贝的耗氧率稳定在 0.17 mg/（个·h）（图 5-4），把耗氧转换为能量单位，相当于 62.96 J/（个·d）；根据形状系数，转换为单位体积的能量，$[\dot{P}_M]$ 平均为 22 J/（cm³·d）。

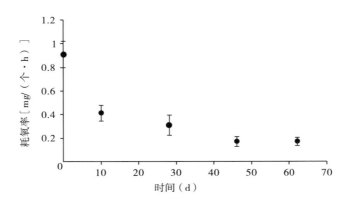

图 5-4　虾夷扇贝耗氧率随饥饿时间的变化情况

通过 $[E_G]$ 计算，结果显示见图 5-5，饥饿持续 30 d 之后，虾夷扇贝软体部干重保持恒定，基本维持在（0.25±0.03）g/个。根据实验结束时贝类软体部有机物含量 $[（53.0±2.7）%]$、有机物的能值（23 kJ/g）以及形状系数，将其转换为能量单位，相当于 1 265 J/cm³。然后，除以反映生长效率的转换系数 40%，即可获得 $[E_G]$ 的值，为

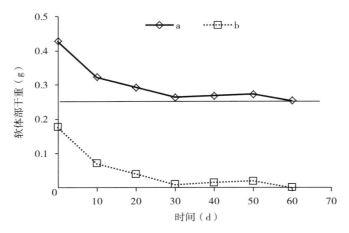

图 5-5 虾夷扇贝软体部干重（a）、存储物质（b）以及结构
物质（水平直线）

3 160 J/cm³（表 5-2）。

通过 $[E_M]$ 计算，结果显示，贝类初始能量与饥饿后剩余的结构物质能量之差，视
为贝类体内存储的能量（平均为 4.93 kJ/个），根据形状系数将其转化为单位体积最大存
储能量，为 2 030 J/cm³（表 5-2）。

表 5-2 $[E_G]$ 和 $[E_M]$ 的计算结果

参数	初始值	结束值	计算结果
软体部干重（g/个）	0.39±0.11	0.25±0.03	
软体部有机物含量（%）	81.4±3.2	53.0±2.7	
软体部能量（J/个）	8.00±1.59	3.07±0.44	
形成单位体积结构物质所需的能量 $[E_G]$（J/cm³）			3 160±230
单位体积最大储存能量 $[E_M]$（J/cm³）			2 030±120

（三）讨论

生物的体积是 DEB 模型最基本的参数之一，几乎所有的参数都与体积有关。而对于
贝类而言，体积的测定比较困难，但是测定壳长比较容易。因此，可根据形状参数来计
算体积 $V=(\delta_m L)^3$ 以及体表面积 $S=(\delta_m L)^2$。对于贝类，通常采用壳长与软体部湿重的关
系来获得形状系数。已有的报道显示，贝类的形状系数为 0.175～0.381，长牡蛎为
0.175，砂海螂为 0.277，白樱蛤为 0.365，鸟尾蛤为 0.381，紫贻贝为 0.332 7。本文获
得虾夷扇贝的形状系数为 0.32，在已有研究报道的范围内。

DEB 理论假设对于一个特定的物种，所有生理活动（包括耗氧率、排氨率、摄食率、

吸收率等）都是在物种特异性的耐受范围内，与阿伦纽斯温度 T_A 有关。在适温范围内，随着水温的升高，能量代谢率成幂函数增加；超出适温范围，代谢率降低。通常根据贝类在不同温度条件下的耗氧量、排氨率或者生长率等来计算 T_A。例如，van Haren 等在1993 年根据贻贝幼体壳长生长率与食物、水温的关系给出了 T_A。在已有的研究报道中，关于温度与贝类耗氧率的研究较多，可以根据已有的数据来计算。van der Veer 等在 2006年根据 Wilson 等的研究结果计算了白樱蛤的 T_A＝（5 672±522）K，根据 Newell 等的研究报告，给出鸟尾蛤的 T_A＝（5 290±1 107）K。本文给出了低温种虾夷扇贝的 T_A 为（4 160±767）K。因为没有关于虾夷扇贝 DEB 模型参数的研究报道，所以，无法与同种类的结果相比较。因为虾夷扇贝属于低温种，因此，其 T_A 值低于已有报道的广温种 T_A值，如长牡蛎的 T_A 值为 5 900 K。

扇贝维持生存所需的最低能量 $[\dot{P}_M]$ 测定的方法主要有 2 种，一种为现场生长间接法，即在水温较低的条件下，海域中的贝类经过一段时间的养殖，软体部质量不但没有增加，因为水温不适宜或者饵料浓度不充足等原因，摄入的能量不足以维持贝类的消耗，反而出现软体部下降现象，根据软体部质量降低的值来推算 $[\dot{P}_M]$。另一种方法就是本文所采用的室内饥饿法。室内饥饿法的优点是可控、易操作。需要注意的是，饥饿的时间不能过长，否则，软体部中的结构物质会受到损伤而作为能量来源被消耗掉，使得计算的 $[\dot{P}_M]$ 值偏低。

$[E_M]$ 是最难测定的一个基本参数。在饥饿法中，从计算 $[E_M]$ 值的公式来看，实验开始时取得扇贝的肥满度情况将直接影响 $[E_M]$ 的计算结果。有报道采用投喂的方式，让生物获得充足的饵料，使其尽可能地储存能量，经过充足饵料的供给，养殖一定时间后，就可使生物存储最多的能量。然而，采用室内投饵养殖的方式，对于贝类并不合适。从养殖经验来看，室内养殖贝类通常都是越养越瘦。因此，作者认为，饥饿实验最好是在海域条件适宜、扇贝生长良好的情况下取样，以免使 $[E_M]$ 的值偏低。

DEB 模型已经在国际上广泛应用，而我国在该方面的研究尚未见到报道。本文给出了虾夷扇贝的 5 个基本参数值，可以为虾夷扇贝 DEB 模型的构建提供必需的参数。同时，介绍了有关参数的测定方法，可以为其他养殖生物个体 DEB 模型建立提供借鉴。虽然DEB 模型的参数与已有的有关贝类生理生态学测定指标有很大的差异，但是，有些生理生态学指标是可以利用的，通过重新计算和分析后，得到 DEB 模型所需的参数，从而，可以节省时间和减少重复实验。

二、生长模型

自 20 世纪 80 年代引入我国后，虾夷扇贝养殖产业发展迅猛，彰显强大的发展势头和潜力。然而，新的养殖模式建立缺乏基本理论的指导和科学的管理，理论相对于实践的滞后性和"错位",使半个世纪以来我国海水养殖产业经历了开始—发展—迅速发展—溃败—缓慢恢复的"怪圈"。虾夷扇贝养殖产业也未能幸免。近年来,我国北方沿海(如辽宁的长海县、山东的长岛等)海域,养殖的虾夷扇贝出现了大规模的死亡,仅长海县养殖虾夷扇贝的死亡率在70%以上,造成了严重的经济损失,挫伤了养殖企业的积极性。

本文以我国北方主要养殖品种虾夷扇贝为目标种,建立筏式养殖虾夷扇贝的个体动态能量收支数值模型。以此模拟研究,认识虾夷扇贝个体动态能量收支情况,分析水温、饵料可获得性对其生长、繁殖等能量分配的影响;作为关键子模型,可为虾夷扇贝养殖容量评估和增养殖产业的发展提供理论指导。

(一)模型的建立

1. 概念模型及模型中的函数

概念模型:虾夷扇贝个体生长数值模型(DEB model)的概念如图5-6所示。贝类摄食吸收的能量首先储存在体内,一部分(k)用于结构物质的生长(包括软体部和贝壳)和维持生命活动的能量;另一部分($1-k$)用于繁殖(包括性腺发育)和维持繁育活动的能量。用于贝壳生长的能量是不可逆的。分配到繁殖活动的能量储存在性腺中,在繁殖期转化为卵细胞等,然后在产卵期排空。产卵依赖于2个参数:性腺指数和水温。这两个参数的阈值可以用函数公式表达,用于模型,反映繁殖周期情况。达到阈值,就开始产卵。当长期处于饥饿状态时,将消耗储存在性腺中的能量用来维持生命活动;性腺中储存的能量消耗之后,就开始消耗结构物质(软体部)。

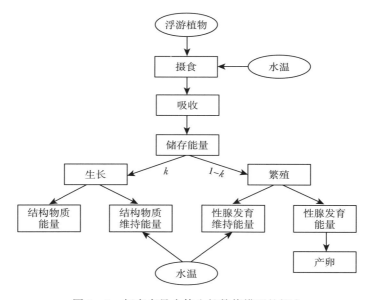

图5-6 虾夷扇贝个体生长数值模型的概念

　　该模型包括贝类的摄食能，用于贝壳、软体组织、性腺发育、维持生命等机能方面的能量分配参数。各变量之间的主要方程式见表 5-3。

表 5-3　模型中所用的主要方程式

描述	函数
温度依赖关系	$\dot{K}_{(T)}=\dot{k}_1 \cdot \exp\left(\dfrac{T_A}{T_1}-\dfrac{T_A}{T}\right) \cdot \left[1+\exp\left(\dfrac{T_{AL}}{T}-\dfrac{T_{AL}}{T_L}\right)+\exp\left(\dfrac{T_{AH}}{T_H}-\dfrac{T_{AH}}{T}\right)\right]$
代谢率	$\dot{P}_C=K(T)\times\dfrac{[E]}{[E_G]+k[E]}\times\left(\dfrac{[E_G]\cdot[\dot{P}_{Am}]\cdot V^{2/3}}{[E_M]}+[\dot{P}_M]\times V\right)$
吸收率	$\dot{P}_A=K(T)\cdot f\cdot\{\dot{P}_{Am}\}\cdot V^{2/3}$
食物的机能反应	$f=\dfrac{F}{F+F_H}$
维持率	$\dot{P}_M=K(T)\cdot[\dot{P}_M]\cdot V$
繁育维持率	$\dot{P}_J=K(T)\cdot\min(V,V_p)\cdot[\dot{P}_M]\cdot\dfrac{1-k}{k}$
储能动力学	$\dfrac{\mathrm{d}E}{\mathrm{d}t}=\dot{P}_A-\dot{P}_C$
生物体积生长	$\dfrac{\mathrm{d}V}{\mathrm{d}t}=(k\cdot\dot{P}_C-\dot{P}_M)/[E_G]$
繁育储能动力学	$\dfrac{\mathrm{d}E_R}{\mathrm{d}t}=(1-k)\cdot\dot{P}_C-\dot{P}_J$
干重	$DFW=\dfrac{E}{\mu_E}+\dfrac{K_R\cdot E_R}{\mu_E}+V\cdot\rho$

2. 模型的状态变量和驱动因子

　　虾夷扇贝软体部干重（DW，g）为模型的状态变量。软体部干重根据测定的软体部湿重（WW）与干重的经验公式计算：$DW=0.065WW$（$R^2=0.967$，$n=36$）。

　　水温和叶绿素 a 浓度为模型的驱动因子。桑沟湾数据来源于牛亚丽硕士论文（2014）；长海县虾夷扇贝筏式养殖区的水温及叶绿素 a 浓度数据来源于 Yuan 等（2010）；虾夷扇贝生长数据来源于关道明与梁玉波。

　　（1）模型参数的获取　虾夷扇贝摄食生理参数来自于牛亚丽硕士论文（2014）；模型 5 个基本参数，包括形状系数 δ_m、阿伦纽斯温度 T_A、单位时间单位体积维持生命所需的能量 $[\dot{P}_M]$、形成单位体积结构物质所需的能量 $[E_G]$ 和单位体积最大储存能量 $[E_M]$ 来源于张继红等（2016）。采用壳长与软体部湿重回归法给出了形状系数 δ_m，采用静水法测定了不同温度条件下虾夷扇贝的呼吸耗氧率，给出了 T_A 参数，采用饥饿法测定计算了 $[\dot{P}_M]$、$[E_G]$ 和 $[E_M]$ 3 个参数。AE 参照 van der Veer 等的研究方法来取值。k 和 K_R 采用模型调试法获取。模型参数见表 5-4。

表 5-4　虾夷扇贝生长模型的参数取值

参数	赋值	单位	参数描述
$[E_G]$	3 160	J/cm^3	形成单位体积结构物质所需的能量
$[E_M]$	2 030	J/cm^3	最大单位体积储能
k	0.62	—	能量分配系数（用于生长和生命维持的能量占总吸收能量的比例）
K_R	0.7	—	固定在卵中的生殖储备比例
V_p	0.6	cm^3	结构物质的体积
δ_m	0.32	—	形状系数
$[\dot{P}_{Am}]$	620	$J/(cm^3 \cdot d)$	最大体表面积吸收率
$[\dot{P}_M]$	22	$J/(cm^3 \cdot d)$	单位体积维持耗能率
T_I	291	K	参考温度
T_A	4 160	K	阿伦纽斯温度
T_H	293	K	温度耐受上限
T_L	273	K	温度耐受下限
T_{AL}	35 000	K	生理代谢率下降的阿伦纽斯温度下限
T_{AH}	75 000	K	生理代谢率下降的阿伦纽斯温度上限
K_I	1	—	参考温度条件下的生理反应速率
μ_E	28 000	J/g	储备能量的含量
ρ	0.18	g/cm^3	单位体积软体部干重
F_H	2.60	—	半饱和常数
AE	0.75		吸收效率

（2）模型的运行与验证　采用 STELLA 10.0 软件构建数值模型。模型的驱动因子为水温和饵料浓度（叶绿素 a 浓度）。桑沟湾虾夷扇贝的生长模拟从 5 月开始，到 12 月结束。扇贝软体部干重的初始值为 0.13 g；长海海域的模拟从 8 月初开始到翌年的 7 月结束。大、中、小 3 种规格虾夷扇贝的软体部干重的初始值分别为 0.08 g、1.00 g 和 2.11 g。计算步长设为 1 d，桑沟湾和长海海域的模拟时长分别为 210 d 和 360 d。以桑沟湾虾夷扇贝的生长作为模拟值，以长海县筏式养殖区大、中、小三个规格虾夷扇贝的生长作为模型的验证。

（3）生长限制性分析及模型参数的敏感性分析　食物的机能反应——f 值依据环境中食物浓度而变化，T-dependence 值随水温的变化而变化。f 值和 T-dependence 值可以反映外界环境因子——食物和水温对虾夷扇贝能量获得及生长的限制情况，其值为 0～1，值越小，说明对扇贝生长的限制性越大。

采用 STELLA 软件中的敏感性分析模块，对虾夷扇贝软体部干重（DW）这一状态变量进行敏感性分析。α 为模型中与 DW 有关的生物参数，那么 DW 对 α 的敏感度 $\hat{S}$ 可由下式估算，其中 ΔDW 为当参数 α 变化 $\Delta\alpha$ 时 DW 相对应的变化值。

$$\hat{S} = \left| \frac{\Delta DW / DW}{\Delta\alpha / \alpha} \right| \times 100\%$$

（二）结果

1. 环境参数的变化

从图 5-7 可以看出，对于取样站点，除 12 月外，其他 3 个月的桑沟湾叶绿素 a 浓度均高于长海海域。水温都是在 8 月出现最高值，长海海域的峰值为 24.3 ℃，桑沟湾为 26.7 ℃。

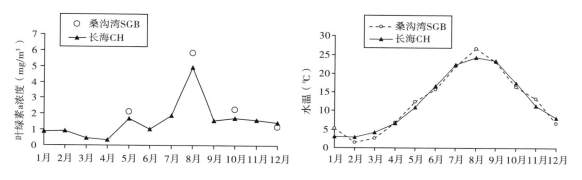

图 5-7　模型驱动因子的监测数据（2007—2008 年长海县，2013 年桑沟湾）

2. 虾夷扇贝壳高及软体部的生长

桑沟湾、长海县虾夷扇贝的生长情况和生长模拟结果见图 5-8；生长的实测值与模拟值的线性回归结果见图 5-8。结果显示，该模型能够很好地模拟及反映虾夷扇贝软体部干重随时间的变化情况。预测值（y）和观测值（x）之间的拟合度，可根据 $y = x$ 线性回归的相关系数（R^2）值来判定。总体来讲，模拟结果与实测结果的相关性较好，桑沟湾模拟的线性相关系数达 0.966；长海海域大、中、小 3 种规格模拟的线性相关系数分别为 0.898、0.695、0.803。相对来讲，1 龄贝（小规格 S）、3 龄贝（大规格 B）的模拟结果好于 2 龄贝（中规格 M）（图 5-8）。

3. 虾夷扇贝能量分配

图 5-9 显示长海海域大规格虾夷扇贝的能量分配的时间序列。总体来讲，分配到虾夷扇贝结构物质中的能量占绝对优势，为 70%～85%。在养殖的初期 40 d 之前，分配到生殖系统的能量很小，之后，随着时间的推移，分配到生殖的能量缓慢增加。在 40～270 d，存储的能量向结构物质和生殖发育分配，使存储的能量由最初的 30% 降低到 5.2%，生殖能在 270 d 增至最大 16%，然后产卵排放。

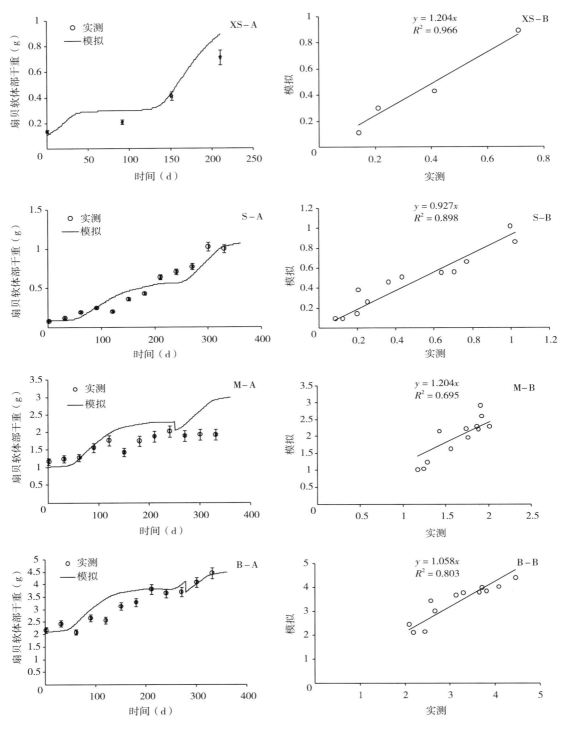

图 5-8 虾夷扇贝软体部干重实际测定与模型模拟结果的比较

（注：XS 为桑沟湾的虾夷扇贝；S、M、B 分别为长海海域小、中、大 3 种规格虾夷扇贝）

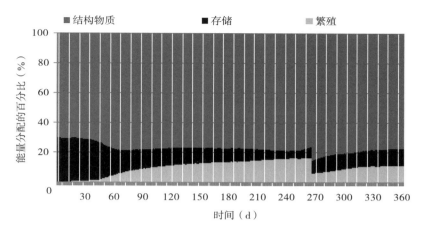

图 5 - 9　大规格虾夷扇贝能量分配情况

4. 虾夷扇贝生长的限制因子

f 值和 T-dependence 值有 2 个交点（图 5 - 10）。在长海海域，这 2 个交点分别位于 40 d（9 月 15 日）和 320 d（相当于 6 月 20 日）；在 40～320 d，f 值小于 T-dependence 值，也就是食物的限制性强于水温的限制。在桑沟湾，这 2 个交点分别位于 30 d（6 月 1 日）和 145 d（9 月 25 日）；在 30～145 d，T-dependence 值小于 f 值，即水温限制强于食物。尤其是在 45～125 d，近 80 d 的时间，T-dependence 值小于 0.1，受水温限制的影响，虾夷扇贝几乎停止生长。

e 值可反映相对的能量密度，显示贝类的能量获得情况。在长海海域，e 值的低值出现在 210～240 d，相当于 3—4 月初这段时间。在 40 d 之后，e 值逐渐与 f 值趋近，在 300 d 之后，开始逐渐趋离。在桑沟湾，水温限制强烈期间，e 值与 f 值趋离较大，之后尽管两者逐渐趋近，但受食物和水温的双重限制，使 e 值呈现下降的趋势。

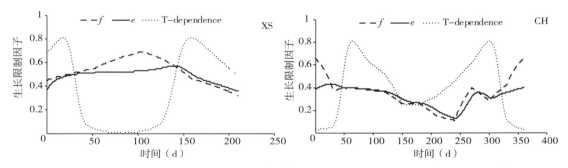

图 5 - 10　模拟 f 值、能量密度比例 $e(e=[E]/[E_M])$ 以及 T-dependence 值随时间变化情况

5. 模型敏感性分析

敏感性分析结果显示（图 5 - 11）与摄食相关的参数敏感性较大。敏感度指数排前 3 位的是 k、P_{AM}、E_G，对虾夷扇贝生长的影响较大。如果 k、P_{AM}、E_G 分别改变 10%，虾

夷扇贝软体部干重分别改变 18.1％、13.47％和 7.73％。K_R、E_M 以及 V_P 的敏感性较低，若分别改变 10％，虾夷扇贝软体部干重仅改变 1.77％、0.44％和 0.01％。

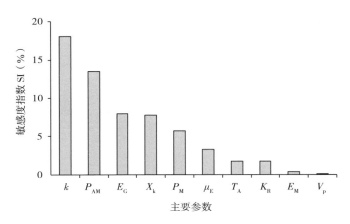

图 5-11　DEB模型参数的敏感性分析结果

三、虾夷扇贝个体生长数值模型的应用

1. 模型构建

DEB 理论的优点是：①体现了生物能量代谢的普遍性规律，作为一个基础平台，可量化生物个体不同生活史阶段的能量流动。②根据同一模型，只要测定不同种类的参数值，就可以用于种间及种内个体生长差异及能量分配策略的比较研究。③可以反映环境条件（水温和饵料）对生物能量收支的影响。本文以长海县筏式养殖的虾夷扇贝为研究对象，利用 STELLA 软件，成功地建立了普适性的贝类个体生长模型。通过模拟值与实测值的比较，证实了模型的模拟预测结果的可靠性。基于该模型，通过参数的改变，可以用来模拟及预测其他海域及其他种类贝类的生长。

2. 模型参数赋值

模型参数的准确获取，对于模型的成功构建起到至关重要的作用。本文的主要参数来自于生理实验及现场监测结果，以便提高模型参数的准确性。然而对于 k 值，很难通过直接的方法测定。k 值通常为 0.1～0.9。在本模型中，k 值是通过模型模拟情况而调整给出的，这种参数的给出方法，在其他报道中已证实是比较可靠的方法。本文通过模型的多次运转、调试，最终给出了虾夷扇贝的 k 值为 0.62。从已有的研究报道来看，k 的赋值是比较麻烦和困难的。对于同一种类，k 值也存在差异。例如，对于长牡蛎 DEB 模型，Pouvreau 等所取的 k 值为 0.45；Ren 等（2008）在长牡蛎的 DEB 模型中，k 的取值为 0.65。这种差异是由于食物浓度不同而导致的生殖发育与软体部比值的差异，还是由于同一种类之间的个体差异，尚不确定。

（1）敏感性分析　模型参数的质量可以通过敏感性分析来检测。从本文的敏感性分析结果可以看出，有关能量分配系数 k 以及食物摄食能力，如最大体表面积吸收率 P_{AM}、半饱和常数，对虾夷扇贝生长有着非常大的影响。例如，P_{AM} 提高 10%，贝类生长可增加 13%。因此，敏感性较大的这些参数，会对模型的结果有很大的影响，需要通过室内实验或者现场实验的准确测定，谨慎赋值。

（2）误差来源分析　从模型的模拟结果来看，1 龄贝、3 龄贝的模拟结果较好，模拟值与实测值的线性相关系数 R^2 分别为 0.898 和 0.803，高于 2 龄贝的相关系数。对于 2 龄贝，模拟值在 270 d 之后，高于实测值。从实测结果来看，经过 1 年的养殖，1 龄贝、3 龄贝软体部干重分别增加了 0.91 g 和 2.28 g，而 2 龄贝仅增加 0.74 g。而刘述锡等（2013）的研究结果显示，2009 年 8 月至 2010 年 7 月，浮筏养殖虾夷扇贝 2 龄贝、3 龄贝的增长较快，湿重分别增加 37.80 g 和 54.07 g，高于 1 龄贝的 14.69 g。因此认为，2 龄贝模拟结果的偏差，可能是由于实测值的问题，如取样误差或者其他原因，导致 2 龄贝出现了滞长。

3. 模拟作用

在筏式养殖的一周年中，虾夷扇贝的生长受食物和水温的双重限制。尤其是在夏季，高温对虾夷扇贝生长的限制性非常强烈。在桑沟湾，夏季高温使虾夷扇贝几乎停止生长。温度升高，将影响虾夷扇贝在桑沟湾的生长甚至存活。另外，值得注意的是，长海海域在一年中，有 280 d（40～320 d）约占 78% 的时间里，食物限制性都远远大于水温的限制性。由此推断，虾夷扇贝的养殖密度过大，已经超出了海域的养殖容量。建议降低养殖密度，以促进贝类的生长。另外，从能量分配的情况来看，虽然存储的能量一度降低到 5.2%，但并未出现负值，可见，食物限制并未使虾夷扇贝存储能量耗尽，以至于影响生殖或消耗结构物质。笔者认为，食物限制只是减缓了虾夷扇贝的生长速度，未影响虾夷扇贝的生理状态或造成结构物质损伤。

第二节　海带个体生长数值模型

海带是世界上最集约化养殖的大型海藻之一。2013 年中国海带养殖产量达 509 万 t。然而，随着养殖规模的不断增大，迫切需要了解海带养殖、生长的限制因子，以及养殖容量的指导。

最近，大规模的海藻养殖已经作为一种解决沿海生态系统的富营养化的手段。通过养殖与其他不同生态位的生物的综合养殖，被称为多营养层次综合养殖（IMTA），养殖海带可以通过光合作用，为综合养殖系统提供氧气、去除多余的氮磷营养物质，改善水质，养鱼的残饵及排泄产物可以作为海带生长的营养盐。然而，IMTA 系统是复杂的，需要了解海带生长周期对营养盐物质的利用情况。

海带的生长随季节不同而异，受营养盐浓度、温度、光照等因素的影响。温度的变化会对海带生长产生很大的影响。据报道，在 10 ℃ 条件下，海带的生长速率为每天 15%；而在 15 ℃ 时，生长速率每天可达 22%。光照、温度、无机氮浓度的相互作用，影响海带的生长。温度不同，海带光合作用速率不同。在 15 ℃ 时，光合作用速率为 579 $[\mu mol/(g \cdot h)，DW]$，而在 10 ℃ 时，光合作用速率为 479 $[\mu mol/(g \cdot h)，DW]$。由于浅海生态系统的环境条件是动态变化的，因此，海带的生长并非一成不变。

藻类生长模型是了解藻类生长对环境变化响应的一个有用的工具，这些数值模型对沿海生态系统的管理变得越来越重要。然而，以往对海带个体生长数值模型的研究非常匮乏。海带个体生长数值模型作为生态系统模型的子模型已有报道，但在这些子模型中，没有考虑光照、磷酸盐浓度或海带体内氮磷浓度对生长的影响。因此，需要加强对海带个体生长数值模型的研究，才能准确地了解影响海带生长的限制因子以及作为关键子模型在生态系统管理中的应用。

因此，以桑沟湾海带为研究对象，建立海带个体生长数值模型，分析探讨桑沟湾海域影响海带生长的关键限制因子，分析施肥、全球气候变化（水温上升）对海带养殖的影响。

一、模型与方法简介

（1）分别于 2008—2009 年、2011—2012 年每月 2 次测定海带的长度和重量。同时，每月 1 次测海带养殖区域的水温、盐度、营养盐浓度。基于 2011—2012 年数据建立海带生长数值模型。以 2008—2009 年的数据验证模型。

（2）海带个体生长的概念模型见图 5 - 12。影响海带生长的环境驱动因子，包括水温（T）、光照（I）、水体中营养盐浓度（氮和/或磷）。

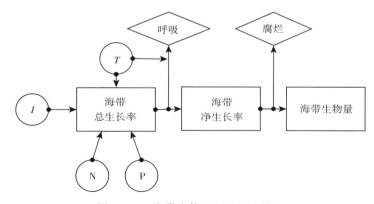

图 5 - 12　海带个体生长的概念模型

（3）应用 STELLA9.1.3 软件，步长 1 d，运转一个养殖周期（180 d）。

（4）采用 $S=\dfrac{1}{n}\sum\dfrac{x_{i,t}-x_t^0}{x_t^0}$ 进行模型参数的敏感性分析。

二、海带生长的主要过程与变量

模型中所用的方程式见表 5-5。

海带的生物量由总生长量与呼吸作用、梢部腐烂之差决定。其中，海带的呼吸作用受水温的控制，与水温的函数关系见表 5-5 中的方程式 6。总生长量受海带最大生长率、水温、光照和海带体内营养盐含量的共同作用，见表 5-5 中的方程式 3。本文中的光照不是采用现场测定的光照，而是根据水深、水体中悬浮颗粒物浓度以及所在纬度地区光照强度的经验公式来计算的。水温对海带生长的控制根据海带生长的最适温度和温度生态幅来确定。海带的生长受相对最缺乏的营养盐限制，在文中没有考虑氮磷比值对海带生长的限制。

表 5-5　模型中的方程式

序号	方程式	类型
1	$\dfrac{\mathrm{d}B}{\mathrm{d}t}=(G_{growth}-R_{esp}-ER)\times B$	叶状体干重变化率
2	$G_{growth}=\mu_{mas}\times f(T)\times f(NP)\times f(I)$	毛生长率
3	$f(T)=\dfrac{2.0\times(1+\beta)\times X_t}{X_t^2+2.0\times\beta\times X_t+1.0}$ $X_t=\dfrac{T_w-T_{opt}}{T_{opt}-T_e}$	温度对生长速率的影响
4	$f(I)=\dfrac{I}{I_o}\times\mathrm{e}^{(1-\frac{I}{I_o})}$ $I=I_s\times\mathrm{e}^{-k}$ $I_s=200.38-116.47\times\cos[2\pi(t-1)/365]$ $k=0.048\,4\ TPM+0.024\,3$	光照对生长速率的影响
5	$f(NP)=\min[f(N),f(P)]$ $f(N)=1-\dfrac{N_{imin}}{N_{int}};f(P)=1-\dfrac{P_{imin}}{P_{int}}$ $\psi_x=\dfrac{X_{imax}-X_{int}}{X_{imax}-X_{imin}}\times V_{max}\times\dfrac{X_{ext}}{K_x+X_{ext}}$ $r_x=X_{int}\times G_{growth}$	营养盐对生长速率的影响
6	$R_{esp}=R_{max20}\times r^{(T_w-20)}$	呼吸作用与温度相关性

三、变量及赋值依据

模型所用的变量及赋值依据见表 5-6。

海带最大生长率 μ_{max} 来自作者测定的结果，海带养殖的水深 z、海带梢部的腐烂率 ER 为经过本模型调整获得，其他参数参照已经发表的有关文献获取。

表 5-6　模型参数

符号	定义	单位	数值
R_{max20}	最大呼吸速率（20 ℃）	d^{-1}	0.015
r	经验系数	—	1.07
μ_{max}	最大生长率	d^{-1}	0.13
T_{opt}	最适生长温度	℃	13
T_{max}	停止生长的温度上限	℃	23
I_o	最适生长光照度	W/m^2	180
z	海带养殖水深	m	0.2
N_{imin}	最小氮内部配额	$\mu mol/g$，DW	500
N_{imax}	最大氮内部配额	$\mu mol/g$，DW	3 000
V_{maxN}	最大氮吸收速率	$\mu mol/(g \cdot d)$，DW	90
K_N	氮吸收半饱和常数	$\mu mol/L$	2
P_{imin}	最小体内磷浓度	$\mu mol/g$，DW	31
P_{imax}	最大体内磷浓度	$\mu mol/g$，DW	250
K_{PO_4}	磷吸收半饱和常数	$\mu mol/L$	0.1
V_{maxPO_4}	最大磷吸收速率	$\mu mol\ ng/d$	7
ER	个体降解速率	d^{-1}	0.01%（130 d）；0.15%（130～180 d）

四、模拟结果

（一）环境参数（图 5-13）

1. 水温

2011—2012 年和 2008—2009 年相比，11 月至翌年 1 月的水温没有显著差异；2—5

月的水温，2011—2012 年低于 2008—2009 年，也就是 2012 年春季桑沟湾升温较 2009 年缓慢。

2. 营养盐浓度

2011—2012 年，DIN 的月度变化较大，高值出现在 3—5 月，最低值出现在 11 月，次低值出现在 1—2 月；其中，11—12 月 DIN 低于 2008 年；1—2 月两个年度相近；3—5 月的 DIN 2012 年显著高于 2009 年，而 2009 年 3—5 月的 DIN 几乎没有变化。

DIP 的变化情况与 DIN 相反，2011—2012 年，取样点的 DIP 最高值出现在 12 月，之后开始降低，在 3 月达最低值；3—5 月低于 2009 年的浓度。

3. 悬浮颗粒物浓度

水体中的悬浮颗粒物浓度，2008—2009 年显著高于 2011—2012 年的浓度，最高值出现在 1—2 月。

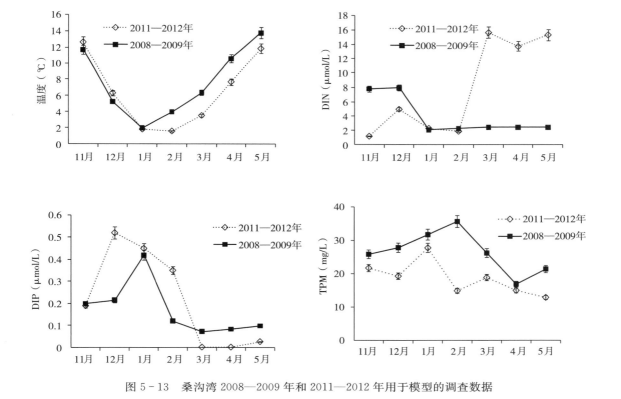

图 5-13　桑沟湾 2008—2009 年和 2011—2012 年用于模型的调查数据

（二）海带生长的模拟结果

2011—2012 年单位个体海带干重的增长情况模拟的结果与实测值相近，变化趋势一致。2008—2009 年的验证结果进一步证实，模型模拟的结果与实测值相近（图 5-14）。

通过对海带个体干重实测值与模型模拟结果的线性回归（图 5-15），显示模拟结果

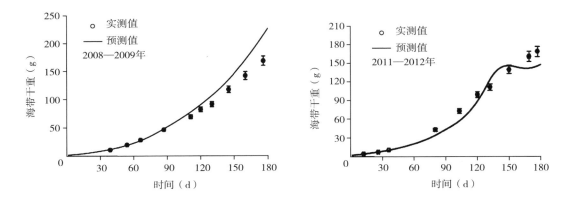

图 5-14　单位个体海带干重的实测值与模型模拟值的比较

与实测结果有显著的线性相关性，几乎所有的点都在 $y=x$ 这条直线上（2011—2012 年的 $R^2=0.995$）。统计学分析结果显示，模拟结果与实测结果没有显著性差异（ANOVA：$P>0.64$），均方差误差值为 12.4。2008—2009 年验证结果进一步证实，模型验证结果的可靠性（$R^2=0.969$）。2011—2012 年模型的模拟结果好于 2008—2009 年的模拟结果。

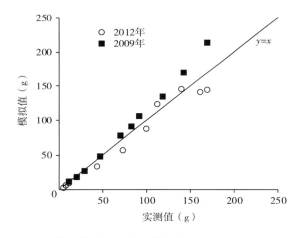

图 5-15　海带个体干重的模型模拟结果与实测结果的线性回归

图 5-16 显示了水温、营养盐浓度和光照对海带生长的影响。f 值越远离 1，说明限制性越强。通过对海带限制性因子的对比分析，可以看到，在海带整个养殖周期内，营养盐一直是海带生长的主要限制因子。水温和光照对海带生长的限制性相对营养盐来讲比较小。2011—2012 年，$f(NP)$ 的值为 0.15～0.5；2008—2009 年，$f(NP)$ 的值为 0.30～0.54。营养盐限制主要出现在 3 月中旬至 4 月末。$f(I)$ 和 $f(T)$ 的值分别为 0.66～0.99 和 0.78～1.0。

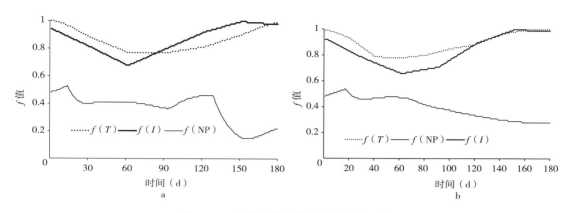

图 5-16　海带生长的限制性因子的比较

a. 2011—2012 年　b. 2008—2009 年

图 5-17 可以显示营养盐限制是氮还是磷。不同年份，营养盐限制不同。在 2011—2012 年，养殖 15~130 d，f(N) 的值都低于 f(P)，也就是氮限制强于磷限制；在 130~180 d，磷限制强于氮限制；在 2008—2009 年，整个海带养殖期间都是氮限制强于磷限制。

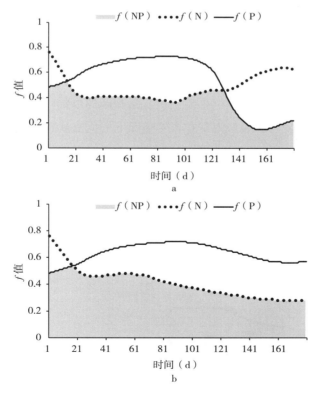

图 5-17　桑沟湾海带生长期营养盐限制因子

a. 2011—2012 年　b. 2008—2009 年

模型敏感性分析结果见表 5-7。所有的 S 值都小于 100%，说明各参数和初始条件的不确定性不会影响模型的模拟结果。模型对海带呼吸的系数 r 较为敏感，r 值改变 10%，可以引起模拟结果改变 89.45%。其他比较敏感的参数是最大生长率和海带体内最小氮需求值。

表 5-7 模型参数变化后海带干重预测模型的敏感性分析

模型参数	绝对平均值	模型参数	绝对平均值
r	89.45	R_{max20}	7.90
μ_{mas}	25.97	K_N	5.75
N_{imin}	18.05	K_{PO_4}	6.57
V_{maxN}	15.41	P_{imax}	3.52
T_{opt}	14.93	N_{imax}	3.33
P_{imin}	14.57	I_o	1.37
V_{maxPO_4}	12.75		

五、模型应用

图 5-18 为桑沟湾 2008—2009 年和 2011—2012 年添加氮和磷对海带生长的影响。从图 5-18 中可以看出，2011—2012 年海带干重开始迅速增加在第 30 天左右，而 2008—2009 年海带干重开始迅速增加在第 60 天左右，氮和磷的添加均能显著刺激海带的生长。图 5-19 为桑沟湾海带养殖区表层海带在自然情况下的生长情况，可以看出海带干重的增加速度显著低于 2008—2009 年和 2011—2012 年氮和磷添加组，说明氮和磷是海带生长的主要限制因子。

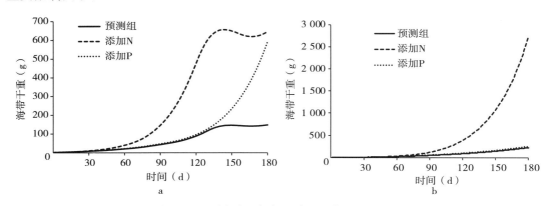

图 5-18 桑沟湾添加氮和磷对海带生长的影响

a. 2011—2012 年 b. 2008—2009 年

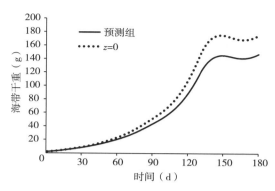

图 5-19 桑沟湾表层水海带个体生长情况

第三节 桑沟湾筏式贝藻的养殖容量评估

浅海筏式养殖是直接将养殖生物或通过笼内养殖吊挂在浮筏和长绳上来养殖，是一种悬浮式养殖方式，养殖生物直接或间接利用周围水域中的营养物质来生长。筏式养殖能充分利用海域的空间资源，适合大面积高密度养殖，是目前应用范围最广泛的养殖方式。海带吸收海水中的溶解态无机氮，而滤食性贝类则以悬浮有机颗粒物为食。这样，营养盐和食物的循环与更新就决定了某种养殖生物的生长情况和产量。

桑沟湾养殖业十分发达，养殖面积已经超过全湾的 50%。该湾的两种主要养殖生物为海带和长牡蛎。主要养殖类型为：在湾口外或水深较深、水流较急处以海带养殖为主；湾内水深较浅处以海带和贝类（长牡蛎、栉孔扇贝、贻贝等）兼养或以贝类养殖为主。这种多元养殖模式，为提高该湾养殖效率和效益起到了良好作用。海带年产量约为 8×10^4 t（淡干），成为桑沟湾海水养殖支柱产业之一。近年来，由于受国内外水产品市场需求量日益增长的刺激，桑沟湾海水养殖在大量扩展养殖面积的同时，也提高了养殖密度，但并没有得到预期的结果，而是出现了由营养盐缺乏导致的藻体收获前就开始腐烂的现象。产生这一现象是因为过高密度的养殖，阻碍了水体流动，进而影响海带生长所需的无机氮的供应，最终在营养盐缺乏的情况下，海带非但不能增产，反而减产。

全球海水贝类及大型藻类的养殖产量一直处于上升的势头。滤食性贝类主要以水体中的浮游生物和有机碎屑为食物。大规模的贝类养殖将会对生态系统产生影响。例如，对养殖区悬浮颗粒物的消耗，对浮游生物种群动力学的控制，以及对生态系统能量流动的影响等。贝类在滤食悬浮颗粒物的同时，还产生大量的生物性沉积物，将水体中的初级生产产物转移到沉积物中，可能对底栖生物及底质环境产生影响。沉积物中的营养物质经过再矿化，可增加溶解态营养盐从底质释放到水体中。贝类代谢的产物——氨氮也会改变水质环境，另外，通过养殖贝类的收获，将会有大量的氮从养殖的水体中移出。养殖的大型藻类同水域中的浮游植物存在营养盐竞争关系，浮游植物生物量的变动会对养殖贝类的摄食及生长、产量等产生影响。因此，贝藻综合养殖对环境的影响是非常复杂的过程。采用生态系统箱式模型研究，可以很好地了解和评价贝藻养殖活动对生态系统的影响，进而在生态系统变化允许的范围内，评估贝藻的生态容量。生态系统箱式模型已被用来预测贝类的生长、评估贝类的养殖容量、评价陆地径流对生态系统环境的影响等。本文建立简单的箱式模型，评估贝藻的养殖容量及其大规模筏式养殖对半封闭的海湾——桑沟湾生态系统的影响。

一、模型概述

图 5-20 为概念模型的结构图，描述了桑沟湾营养物质的循环路径。桑沟湾水深较浅

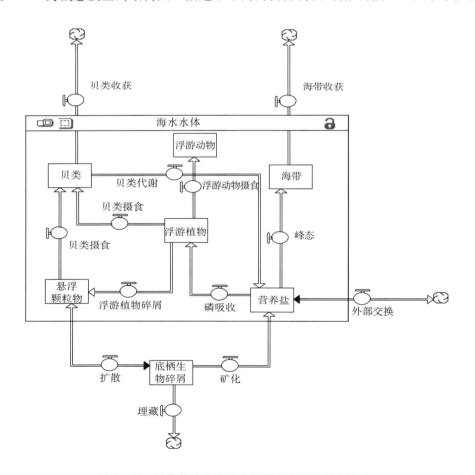

图 5-20　贝藻养殖生态系统氮循环途径的概念模型

（平均水深为 7.5 m），没有明显的跃层现象，因此将桑沟湾视为一个箱。与外海的水交换情况只考虑了平流输运，垂直扩散没有考虑。以湾口的垂直剖面作为湾内外水交换的边界；以水气界面作为水气交换的边界；以沉积物-水界面作为沉积物-水交换的边界；以海岸作为陆源输入边界。模型中假设浮游植物对碳、氮、磷营养盐的吸收/释放过程遵循 Redfield 比值（C∶N∶P＝106∶16∶1），并且对氨氮和硝氮的吸收没有差异。

在考虑以上假设的基础上，本模型中生物部分包括 4 个部分：浮游植物、养殖大型藻类、养殖的滤食性贝类（栉孔扇贝和太平洋牡蛎）及浮游动物。营养盐变量包括溶解无机氮和颗粒有机氮 2 个部分，其中，溶解无机氮为氨氮、硝酸氮和亚硝酸氮的和。

数据来源：桑沟湾海区水温、盐度、溶解性无机盐浓度、叶绿素 a 浓度、悬浮颗粒有机物浓度等有关数据主要来自中国-欧盟国际合作项目 1999—2000 年每月一次的海上调查。

本文采用 STELLA（5.1）软件，模拟贝藻养殖对桑沟湾氮、磷循环及浮游植物等的影响，运转的时间步长为 1 d。

生态模型中物质营养物质循环的路径及各方程式见表 5-8。各参数的意义、单位及取值见表 5-9 和表 5-10。

表 5-8　模型中各方程式

一、溶解性磷酸盐循环子模块
nutrients_P(t)＝ nutrients_P(t-dt)＋(River＋Sedirelease＋Atmodepos＋ExcP＋DecomP-phto_uptake_P-water_exchange-kelp_uptake)×dt
1　River＝600000/30×0.15/volume×1000
2　Sedirelease＝PreleaseR×area/volume/1000
3　Atmodepos＝0.838/365×area/volume
4　ExcP＝OexcP＋SexcP＋zooexc
5　DecomP＝0.02×exp(kt×season)×SusDeP
6　phto_uptake_P＝phytomaxup_on_P×phytoplankton×MIN(nutrients_P/(nutrients_P＋phyuplim_P),(nutrient_N/(nutrient_N＋phytouplimN)×2.71828^(0.017×season)×light))
7　water_exchange＝K_disp×(nutrients_P-P_outside)
8　kelp_uptake＝kelp_number×kelp_growth/volume/1000
二、浮游植物子模块
phytoplankton(t)＝ phytoplankton(t-dt)＋(phto_uptake_P-grazoo-shellfish_consumption-exchange_phyto-phymor)×dt
1　phto_uptake_P＝phytomaxup_on_P×phytoplankton×MIN(nutrients_P/(nutrients_P＋phyuplim_P),(nutrient_N/(nutrient_N＋phytouplimN)×2.71828^(0.017×season)×light))
2　grazoo＝gmax×EXP(kt×season)×(1-EXP(0.72×(phyminz-phytoplankton)))
3　shellfish_consumption＝OFRPperL＋SFRPperL
4　exchange_phyto ＝(phytoplankton-phyto_outside)×K_disp

（续）

二、浮游植物子模块

5　phymor＝phytoplankton×phytoplankton×EXP（0.0693×season）×phymorcoe

6　light＝exp（1）/k/bay_depth×（exp（-exp（-k×bay_depth）×I/iopt）-exp（-I/iopt））

7　I＝100＋50×SIN（（2×PI）/365×（time-83.1））

8　season＝13.1－9.2×COS（（2×PI）×（TIME-1.78）/365）

三、浮游动物子模块

zooplankton(t)＝zooplankton(t-dt)＋（grazoo-zooexc-faezoo-zoomort）×dt

1　grazoo＝gmax×EXP(kt×season)×(1-EXP(0.72×(phyminz-phytoplankton)))

2　zooexc＝azoo×grazoo×zooplankton

3　faezoo＝bzoo×grazoo×zooplankton

4　zoomort＝Kmorzoo×EXP(kt×season)×zooplankton×zooplankton

四、栉孔扇贝生长及产量子模块

1　scallop_P(t)＝scallop_P(t-dt)＋（Sgroth-S_init）×dt

2　Sgroth＝sfoodcoe_P×SFRP

3　S_number(t)＝S_number(t-dt)＋（Srecruitment-Sharvest-Smor）×dt

4　Sproduction＝Sharvest×Sweightg/1E6

5　Sweightg＝scallop_P×31/1E6/SPanddw/Sdwandww

6　Smor＝S_number×0.001

7　SFRP＝（phytoplankton＋SusDeP）×SCR

8　SCR＝0×((234.7/(7.17×(6.283)^0.5))×EXP(－0.5×((season-22.2)/7.17^2))/((234.7/(7.17×

　　(6.283)^0.5))×EXP(－0.5×((12－22.2)/7.17^2))×(Sweightg×Sdwandww)^0.62×24)

9　SFRPperL＝SpopulationFRP/volume/1000

10　SpopulationFRP＝S_number×SFRP

五、太平洋牡蛎生长及产量子模块

1　oyster_P(t)＝oyster_P(t-dt)＋（Ogrowth-O_init）×dt

2　Ogrowth＝ofoodcoe_P×OFRP

3　O_number(t)＝O_number(t-dt)＋（recruitment-Oharvest-Omor）×dt

4　Omor＝O_number×0.001

5　Oproduction＝Oharvest×Oweightg/1E6

6　Oweightg＝（oyster_P×31/1E6）/OPandDW/ODWandWW

7　OFRP＝（phytoplankton＋SusDeP）×OCR

8　OCR＝(2.51×(Oweightg×ODWandWW)^0.279×0.5943×LOGN(season)－0.9958)/1000

9　OpopulationFRP＝OFRP×O_number

10　OFRPperL＝OpopulationFRP/volume/1000

（续）

六、大型藻类生长及产量子模块

1　Kelp_P(t)＝ Kelp_P(t-dt)＋(kelp_growth-kelp_init-kelpmor)×dt

2　kelp_growth＝Kelp_max_uptake_P×Kelp_P×ft×Kelplightlim×MINnutrient

3　kelpmor＝0.00005×Kelp_P

4　Kelplightlim＝2.71828^(0.017×season)×light

5　kelp_production_tonnes＝kelp_harvest×kelp_weight_kg/1000

6　kelp_weight_kg ＝(Kelp_P×14/1E6)/kelp_P2dw/kelp_dw2ww/1000

7　MINnutrient＝MIN(nutrients_P/(nutrients_P＋kelpuplimP),nutrient_N/(nutrient_N＋phytouplimN))

8　kelp_seedings＝mariculture_area×kelp_density

9　ft＝2×(1＋betat)×xt/(xt×xt＋2×betat×xt＋1)

10　 xt ＝(season-ts)/(ts-te)

七、悬浮颗粒态 P 的子模块

SusDeP(t)＝ SusDeP(t-dt)＋(shellfishP＋phytodetP＋zoodetrip＋kelpoffP-exchangedetP-sinkP)×dt

1　shellfishP＝shellfishfaeP＋shellfishmorP

2　phytodetP＝phymor

3　zoodetrip＝faezoo＋zoomort

4　kelpoffP＝kelpmor/volume/1000×0.05

5　exchangedetP＝(SusDeP-detoutside_P)×K_disp

6　sinkP＝SusDeP/7.5×setting_v

7　shellfishfaeP＝(ofaecoe_P×OFRPperL＋sfaecoe_P×SFRPperL)×0.3

8　shellfishmorP＝(oyster_P×Omor＋scallop_P×Smor)/volume

八、水动力学的平流输运子模块

1　K_disp＝tidal_prism/volume

2　tidal_prism＝area×tidal_range×2

3　volume＝area×bay_depth

表 5-9　模型中各参数符号的单位与物理意义

参数符号	单位	参数物理意义
River	μmol P/(L·d)	径流对 DIP 的贡献
Sedirelease	μmol P/(L·d)	底泥释放对 DIP 的贡献
Atmodepos	μmol P/(L·d)	大气干湿沉降对 DIP 的贡献
ExcP	μmol P/(L·d)	浮游动物及养殖贝类排泄对 DIP 的贡献
DecomP	μmol P/(L·d)	有机碎屑降解对 DIP 的贡献
phto_uptake_P	μmol P/(L·d)	浮游植物对 DIP 的吸收
water_exchange	μmol P/(L·d)	与外海水交换对 DIP 的贡献
kelp_uptake	μmol P/(L·d)	海带对 DIP 的吸收
grazoo	μmol P/(L·d)	浮游动物对浮游植物的摄食
shellfish_consumption	μmol P/(L·d)	养殖贝类对浮游植物的摄食

（续）

参数符号	单位	参数物理意义
exchange_phyto	μmol P/(L·d)	水交换对浮游植物的贡献
zooexc	μmol P/(L·d)	浮游动物代谢对 DIP 的贡献
faezoo	μmol P/(L·d)	浮游动物的排粪
zoomort	μmol P/(L·d)	浮游动物的死亡
OCR	mL/(个·d)	长牡蛎单位个体的滤水率
OFRP	μmol P/(个·d)	长牡蛎单位个体的摄食率
O_number	个	养殖长牡蛎的数量
S_number	个	养殖栉孔扇贝的数量
SFRP	μmol P/(个·d)	栉孔扇贝单位个体的摄食率
SCR	L/(个·d)	栉孔扇贝单位个体的滤水率
SFRPperL	μmol P/(L·d)	栉孔扇贝摄食对磷的消耗
MINnutrient	—	海带生长的营养盐限制
kelp_seedings	个	海带夹苗量
Kelplightlim	—	光照强度与海带生长的关系
shellfishfaeP	μmol P/(L·d)	养殖贝类排粪对颗粒态磷的贡献
shellfishmorP	μmol P/(L·d)	死亡的贝类对颗粒态磷的贡献
zoodetrip	μmol P/(L·d)	浮游动物对颗粒态磷的贡献
exchangedetP	μmol P/(L·d)	水交换对颗粒态磷的贡献
sinkP	μmol P/(L·d)	悬浮颗粒态磷的沉降输出
T	℃	水温

表 5-10　模型中各参数符号的定义、取值情况

参数符号	单位	参数值	参数物理意义
aNandP	—	123.3	大气干湿沉降中的氮磷比
area	km²	140	桑沟湾总面积
azoo	—	0.4	浮游动物代谢中磷含量的系数
bay_depth	m	7.5	桑沟湾平均水深
betat	—	3	海带生长的温度调节参数
bzoo	—	0.3	浮游动物粪便中磷含量的系数

（续）

参数符号	单位	参数值	参数物理意义
chla_outside	μg/L	1.16	湾外叶绿素 a 的浓度
detoutN	μmol/L	4.51	湾外悬浮颗粒有机氮的浓度
detoutside_P	μmol/L	0.336	湾外悬浮颗粒有机磷的浓度
gmax	d^{-1}	0.1	浮游动物对浮游植物的最大摄食参数
kelp_density	个/m²	12	海带的养殖密度
kelp_dw2ww	—	0.16	海带的干湿比
kelp_max_uptake_P	—	0.04	海带在 0 ℃的最大生长率
kelp_P2dw	%	0.22	海带中氮的含量（干重）
kelpNandP	—	5.6	海带体内氮磷元素比值
Kmorzoo	m³/d	0.046 5	浮游动物在 0 ℃的死亡率
N_outside	μmol/L	4.194	湾外溶解性无机氮的浓度
ODWandWW	—	0.65	长牡蛎的干湿比
OER	—	0.08	长牡蛎 DIP 排泄系数
OERN	—	0.32	长牡蛎 DIN 排泄系数
OfaecoeN	—	0.42	长牡蛎粪便中氮的含量系数
OfaecoeP	—	0.35	长牡蛎粪便中磷的含量系数
ONandP	—	10.1	长牡蛎体内氮磷元素比值
OPandDW	%	0.839	长牡蛎体内磷的含量（干重）
Oseeding	ind/m²	59	长牡蛎养殖密度
P_outside	μmol/L	1.493	湾外 DIP 的浓度
phyminz	—	0.083 3	浮游动物摄食浮游植物的最低阈值
phymorcoe	m³/d	0.01	浮游植物在 0 ℃的死亡率
phytomaxup_on_P	d^{-1}	1.5	浮游植物在 0 ℃的最大生长率
phyuplim_P	μmol/L	0.55	浮游植物吸收 PO₄-P 的半饱和常数
phyuplim_N	μmol/L	2	浮游植物吸收 DIN 的半饱和常数
riverNandP	—	24.2	径流 DIN 与 DIP 浓度的比值
Sdwandww	—	0.64	栉孔扇贝的干湿比
sedNandP	—	68.5	沉积物释放溶解性无机盐的氮磷比
SER	—	0.12	栉孔扇贝 DIP 排泄系数

（续）

参数符号	单位	参数值	参数物理意义
SERN	—	0.33	栉孔扇贝 DIN 排泄系数
setting_v	M/d	1.2	有机碎屑沉降速率
sfaecoe_P	—	0.35	栉孔扇贝粪便中磷含量的系数
Sfaecoe N	—	0.42	栉孔扇贝粪便中氮含量的系数
SNandP	—	15.5	栉孔扇贝体内的氮磷比
SPanddw	%	0.839	栉孔扇贝体内磷含量（干重）
Sseeding	个/m²	59	栉孔扇贝的养殖密度
te	℃	25	海带生长的温度上限
tidal_range	m	2	桑沟湾平均潮差
ts	℃	13	海带生长的最适温度
Pi	—	3.141 59	圆周率

二、外部强迫函数的输入

1. 大气沉降

大气沉降是陆源化学元素向海洋输送的重要通道之一，包括干、湿沉降。桑沟湾海域降水量季节变化明显，90%以上的降水集中在 5—10 月，其他月份较少。根据目前的研究报道，降水中各种化学成分的浓度，如溶解性无机氮及磷酸盐浓度随着降水量的增加而明显减少。而降水中营养元素的浓度与降水量的乘积即为该营养盐的通量，因此，使得 DIN 和磷酸盐沉降通量的季节变化没有降水量的变化明显。由于缺少桑沟湾干、湿沉降的数据，本文参照 Liu 等 2005 年对山东胶州湾大气干、湿沉降的评估结果，DIN 和磷酸盐每年的沉降速率分别取值为 103.3 mmol/m²、0.838 mmol/m²，氮磷的摩尔比为 123.3，在模型中作为常量函数。

2. 陆地径流

桑沟湾少有陆地径流流入，陆源径流主要指由沽河排入桑沟湾的城市污水。径流 DIN 平均浓度为 3.64 mol/m³，磷酸盐平均浓度为 0.15 mol/m³，径流平均流量为 600 000 m³，计算出氮磷的摩尔比约为 24.3。

3. 沉积物释放

沉积物释放营养盐的通量是温度的函数［Sedirelease＝20×exp（0.04×season）×area/volume/1 000］，磷酸盐和无机氮的温度系数都为 0.04 ℃$^{-1}$，释放速率分别为

20 μmol/（m^2·d）和 1 370 μmol/(m^2·d)（武晋宣，2005）。

4. 水动力学的平流输运

潮流作为模型的强迫因子，湾内外营养盐浓度差及水交换通量控制营养物质的平流输运通量。本模型中水交换子模块依据简单方法来计算。桑沟湾的平均潮差为 2 m。湾内营养盐的浓度取 1999—2000 年桑沟湾各调查站位的平均值，湾外营养盐浓度取位于湾口的 5$^#$站位的数值。

三、生物部分及地球化学循环

1. 浮游植物子模块

浮游植物的生长率主要受光照、营养盐和水温的控制。光照的控制函数参照 Steele 的经典公式；水温与浮游植物生长的函数参照 Eppley 的经典公式及 Blackman 的最小营养盐限制法；营养盐浓度的控制函数参照米氏营养动力学方程：

米氏方程（Michaelis-Menten）：$v=(V_m \times C)/(K_m+C)$

其中，v 为植物对水中营养盐的吸收速率，V_m 为最大吸收速率，C 是水中营养盐浓度，K_m 为半饱和常数，指吸收速率达到最大吸收速率一半时的水中营养物质浓度，它是在一定条件下藻类对某种营养环境适应的结果，K_m 越小，种群越能在低营养物质浓度下生长，适应能力越强。

浮游植物的生物量受其生长率、死亡率及其沉降速率的影响，同时，受控于浮游动物的摄食及养殖的滤食性贝类的摄食压力。

2. 浮游动物子模块

浮游动物对浮游植物的摄食用 Ivlev 在 1961 年建立的公式表示。浮游动物的生物量随着摄食浮游植物而增长，随着死亡而降低。

3. 养殖大型藻类子模块

1999—2000 年，海带的养殖面积为 3 331 hm^2，年产量约为 80 000 t（淡干，本模型中，淡干海带的含水量取 15%）。海带的养殖周期为 180 d，通常从 11 月初开始夹苗，养殖到次年的 4—5 月开始收获。海带苗的初始重量为 1.2 g，海带中氮、磷元素的含量分别为干重的 1.63%、0.379%。

海带的生长主要受光照、水温及营养盐的控制。其中，水温对海带生长的控制函数参考 Duarte 等（2003）的研究（表 5-8）。营养盐对海带生长的限制情况假设与浮游植物相同。

4. 养殖滤食性贝类子模块

湾内主要养殖栉孔扇贝、太平洋牡蛎，1999—2000 年栉孔扇贝、太平洋牡蛎的养殖面积分别为 1 072 hm^2 和 391 hm^2，年产量分别约为 60 000 t 和 13 000 t。栉孔扇贝和太平洋牡蛎通常在 5 月初开始放苗，到 11 月开始收获，养殖周期为 150 d。栉孔扇贝和太平洋牡蛎苗种的初始重量分别为 0.67 g 和 0.033 g。

太平洋牡蛎的滤水率、代谢率、生物性沉积速率等生理活动是水温和牡蛎个体干重的函数。栉孔扇贝的滤水率等生理活动是水温和个体干重的函数。太平洋牡蛎和栉孔扇贝的干湿比分别为 0.65 和 0.64。根据其体内的氮、磷元素的含量（太平洋牡蛎氮、磷分别为组织干重的 8.9％和 0.379％；栉孔扇贝氮、磷分别为组织干重的 10.51％和 0.1％）和贝类的数量，计算收获贝类时氮、磷的移出量。

四、敏感性分析

模型的敏感性分析是生态模拟研究中必不可少的步骤。一般说来，因为生物种群的多样性，生物模型中的参数并不可能像物理参数那样，可以通过动力学原理精确地确定。由于生物过程本身的非线性性质，模型中生物变量的计算值可能对模型中的一些生物参数十分敏感。因此，在比较模型计算值与实际观测值时，必须进行敏感性分析以确定模型结果的可信度。

令 F 为生态模型中某一生物变量，α 为模型中与 F 有关的某个生物参数，那么 F 对 α 的敏感度 $\hat{S}$ 可由下式估算。

$$\hat{S} = \left| \frac{\Delta F/F}{\Delta \alpha / \alpha} \right|$$

其中 ΔF 为当参数 α 变化 $\Delta \alpha$ 时 F 相对应的变化值。一般的，当 α 变化 1％时，如果 $\hat{S}$ 小于 0.5，则认为该生物量的计算值相对于参数 α 不敏感，即模型的数值解可信。相反，当 $\hat{S}$ 大于 0.5，则认为该生物量的计算值相对于参数 α 敏感，那么模型计算值的可信度就较低。在这种情况下，对模型结果的分析和解释必须十分谨慎。

五、模型应用

（一）桑沟湾生态系统有关参数的模拟结果

1. 水温的模拟结果

温度是海洋生态系统的主要物理因子之一，海洋中各生态过程都直接或间接地受温度影响。整个桑沟湾水域看作一个箱体，对温度的模拟不考虑区域的变化，而是以比较简单的三角函数模拟桑沟湾水温的年变化，时间步长为 1 d。

$$温度 = 13.1 - 9.2 \times \cos[2 \times \pi \times (t - 1.78)/365]$$

水温的模拟结果与 1999 年的实测值的比较见图 5 - 21。桑沟湾的水温最低温度出现在 1—2 月；最高温则出现在 9 月，为 24～25 ℃。

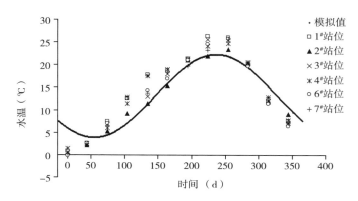

图 5 - 21　桑沟湾水温的模拟情况

2. 叶绿素 a 浓度的模拟结果

图 5 - 22 显示桑沟湾叶绿素 a 浓度的模拟结果与实测值的比较。桑沟湾叶绿素 a 浓度在 1—2 月为最小值；从 3 月开始逐渐增大；5 月开始，浮游植物生长迅速，叶绿素 a 浓度迅速增大；在接近 9 月时达到最大，之后迅速减小。

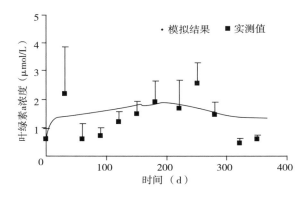

图 5 - 22　桑沟湾叶绿素 a 浓度的模拟情况

3. 溶解性无机盐浓度及氮磷摩尔比的模拟结果

图 5 - 23 是 1999 年桑沟湾 DIN、磷酸盐和氮磷摩尔比的年度变化模拟结果。

从模拟结果可以看出，桑沟湾 DIN 浓度在 11—12 月略有增加，其他季节的变化较小；磷酸盐浓度较低，年度变化较小；氮磷摩尔比变化不大，为 6～7。

4. 悬浮颗粒有机物浓度的模拟结果

POM 浓度的模拟结果显示（图 5 - 24），在贝类养殖放苗前（1—3 月），POM 的浓度较低，年均浓度在 1 mg/L 左右；贝类养殖期间（3—11 月），POM 的浓度增加到 4 mg/L；11 月贝类收获之后，POM 的浓度逐渐降低。

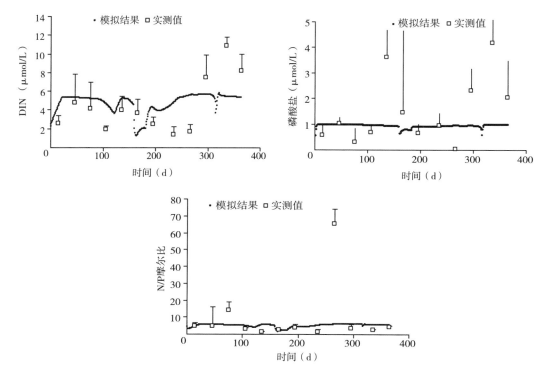

图 5-23　桑沟湾溶解性无机氮、磷浓度及氮磷摩尔比的模拟结果

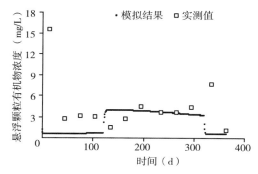

图 5-24　桑沟湾悬浮颗粒有机物（POM）浓度的模拟结果

（二）桑沟湾的氮、磷收支状况的模拟结果

1. 桑沟湾氮收支状况的模拟

图 5-25 为桑沟湾全年氮收支情况的模拟结果，流程图中氮的单位为吨（t）。

DIN 的收支情况：桑沟湾 1999 年 DIN 的总输入通量为 1 617 t，输出通量为 1 382 t，输入大于输出。沉积物释放、河流输入、养殖贝类代谢及外海水交换是桑沟湾溶解性无机氮的主要来源，其中，沉积物全年释放通量占总溶解性无机氮输入的 53%，河流输入通量占 23%，贝类代谢的无机氮通量占 21%。浮游植物及养殖海带是溶解性无机氮的主

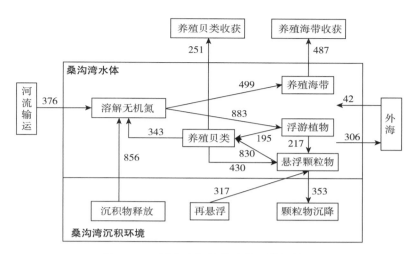

图 5-25　桑沟湾氮的收支状况模拟结果

要消耗者，其中，浮游植物全年吸收的氮为 883 t，海带为 499 t。从全年的水交换情况来看，外海水平输运是溶解性无机氮源，年净输入量约为 42 t。

颗粒态氮的收支情况：桑沟湾颗粒态氮的总输入通量为 964 t，内源输出通量为 830 t。输出通量中为以贝类的摄食消耗为主，有机碎屑是贝类的主要食物来源，浮游植物仅占摄食氮的 19%。每年通过养殖贝类和海带的收获将有 251 t 和 487 t 的氮从桑沟湾内移除。同时，由于贝类的生物沉积作用，全年将有 36 t 的氮埋藏在桑沟湾的底部。

图 5-26 模拟了桑沟湾与外海水交换的营养盐通量的日变化情况，模拟结果显示，4—5 月和 10 月，桑沟湾湾内的营养盐浓度较低，使得外海向湾内净输入 DIN；其他季节，湾内的浓度略高，表现为 DIN 向外海微弱地输出，全年 DIN 的总通量为外海向湾内的净输入。

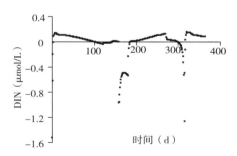

图 5-26　桑沟湾与外海水交换的营养盐通量的日变化模拟结果

（注：正值为溶解性无机氮由桑沟湾向外海输出；负值为从外海向湾内输入）

2. 桑沟湾磷收支状况的模拟

图 5-27 为桑沟湾全年磷收支情况的模拟结果，流程图中磷的单位为吨（t）。

溶解性磷酸盐 PO_4^{3-}-P 收支情况：1999 年桑沟湾 PO_4^{3-}-P 输入量远小于输出量，处于亏损状态。年输入通量为 142 t，输出通量为 253 t。在 PO_4^{3-}-P 各种来源中，河流径流输入 PO$_4^{3-}$-P 通量为 36 t，占总输入通量的 25.4％；贝类排泄输入 PO$_4^{3-}$-P 通量为 29 t，占总输入通量的 20.4％；沉积物释放 PO$_4^{3-}$-P 通量为 48 t，占总输入通量的 33.8％；水动力输入为 29 t，占总输入通量的 20.4％。养殖海带的吸收为 128 t，占总输出的 51％；浮游植物吸收 PO$_4^{3-}$-P 的通量为 125 t，占总输出的 49％。颗粒态磷的收支情况如下：年输入通量为 81 t，输出通量为 99 t。

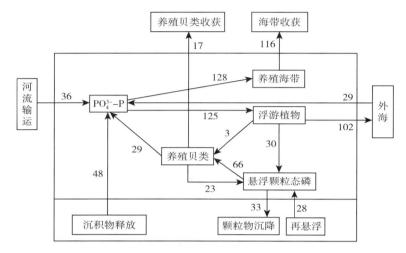

图 5-27　桑沟湾全年磷收支情况的模拟结果

（三）贝藻养殖对生态环境的影响模拟结果

1. 贝类养殖对桑沟湾生态环境影响的模拟

将桑沟湾视为 1 个箱，在陆地径流输入、水交换及底泥释放以及海带的养殖生物量等条件不变的情况下，只增加贝类的养殖生物量，那么模型中的变量就反映了桑沟湾生态系统对贝类养殖活动的响应过程。1999 年桑沟湾主要以栉孔扇贝的养殖为主，养殖面积为 1 037 hm²，养殖密度为 49 个/m²，年产量约为 35 800 t。

（1）浮游植物对贝类养殖的响应　栉孔扇贝在养殖密度为 49 个/m² 条件下的生物量系数设为 S=1；将养殖栉孔扇贝的生物量在原来的基础上增加 1 倍，设为 S=2；生物量增加至 5 倍，设为 S=5。用该模型模拟叶绿素 a 浓度的变化情况（图 5-28）。当养殖栉孔扇贝的生物量增加 1 倍时，在贝类养殖期间（4—11 月）浮游植物的生物量明显降低，最高幅度达 0.38 mg/(L·d)。在养殖的扇贝收获后，浮游植物的生物量迅速上升，与 S=1 时的浓度基本一致。当养殖栉孔扇贝的生物量增加至 5 倍时，刚刚放苗后，浮游植物就迅速降低，在 4 月中旬至 8 月初期间，叶绿素 a 浓度的降低幅度为0.5～0.7 μg/L，同 S=1 时的浓度相比，降低了 40％；从 8 月初开始迅速下降，叶绿素 a 的最低浓度为 0.5 μg/L，之后，随着养殖贝类的收获，叶绿素 a 浓度迅速上升，全年结束时，叶绿素 a 浓度低于 S=1 时的浓度。

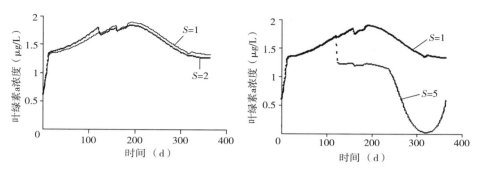

图 5-28　桑沟湾叶绿素 a 浓度对贝类养殖的响应

（2）营养盐浓度及结构对贝类养殖的响应　图 5-29 模拟了氮、磷及氮磷摩尔比对贝类养殖生物量增加的响应情况。模拟的结果显示，随着栉孔扇贝养殖生物量的增加，溶解性无机氮的浓度呈下降的趋势，而磷酸盐的浓度在 4—9 月略有升高。氮磷的摩尔比呈降低的趋势。

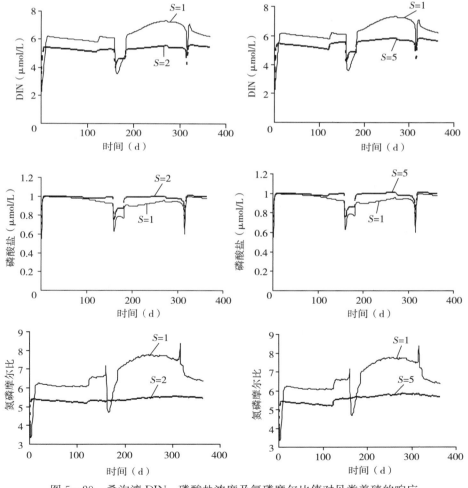

图 5-29　桑沟湾 DIN、磷酸盐浓度及氮磷摩尔比值对贝类养殖的响应

2. 海带养殖对桑沟湾生态环境影响的模拟结果

1999 年桑沟湾海带的养殖面积为 3 300 hm²，养殖密度为 12 个/m²，将此条件设为 $k=1$，海带生物量增加 1 倍；设为 $k=2$，增加至 5 倍；设为 $k=5$。贝类的养殖情况不变。图 5-30 显示桑沟湾叶绿素 a 浓度对养殖海带生物量增加的响应状况。

模拟的结果显示，养殖海带生物量的增加，并未对浮游植物的生物量产生显著的影响。在 $k=5$ 条件下，在海带收获前期生物量较大时及海带刚放苗时，浮游植物的生物量略有降低。

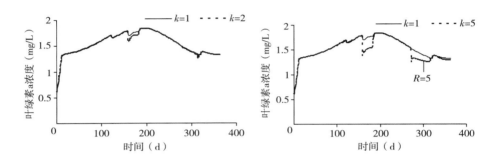

图 5-30　桑沟湾叶绿素 a 浓度对海带养殖的响应

（四）桑沟湾养殖贝类生态容量的初步探讨

同营养盐浓度等环境条件相比，浮游植物对养殖贝类生物量的变化更为敏感，而浮游植物作为初级生产者，在食物链中起到关键的启动作用。浮游植物生物量的显著变化，将通过对食物链能量传递的改变，而影响浮游动物及更高消费级生物的种群变化。所以，本文将浮游植物叶绿素 a 浓度作为生态系统的指示参数，初步探讨了桑沟湾养殖栉孔扇贝的生态容量。1999 年太平洋牡蛎的养殖面积和产量都远远低于栉孔扇贝，因此，本模型中只模拟了栉孔扇贝养殖生物量变化对浮游植物的影响。当栉孔扇贝养殖生物量增加到原来的 4 倍时，叶绿素 a 浓度虽有降低，降低的程度很小，没有达到显著性差异（图 5-31）；当生物量增加到原来的 5 倍时，叶绿素 a 浓度显著下降，但在扇贝收获之后，浮游植物还能反弹；当扇贝的生物量增加到原来的 10 倍时，叶绿素 a 的浓度降低到 0，并且模型不能继续运转，系统崩溃。

因此，如果仅考虑浮游植物指标，桑沟湾栉孔扇贝的生态容量可能是在 $S=4$ 和 $S=5$ 之间，以此推算，如果养殖密度保持不变（49 个/m²），栉孔扇贝的养殖面积可增加到 4 100 hm²。

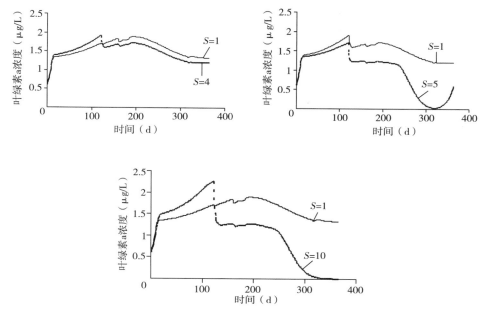

图 5-31　桑沟湾叶绿素 a 浓度对贝类养殖的响应

（五）结论

对于桑沟湾的叶绿素 a 浓度而言，模拟的结果较理想，与实测值的吻合性较好。叶绿素 a 浓度的周年变化趋势，与有关的文献报道相一致。叶绿素 a 浓度的周年变化趋势与水温和光照的变化趋势相符，说明了桑沟湾虽然叶绿素 a 的浓度较其他海湾（如胶州湾、莱州湾等）的低，但是，浮游植物的生长可能还是主要受控于水温、光照，养殖贝类的摄食压力并未显著改变浮游植物生物量。磷酸盐（PO_4^{3-}-P）的模拟结果较好，同比之下，DIN 的模拟结果不够理想。分析原因，桑沟湾冬季由于风浪的扰动较大，再悬浮颗粒物对 DIN 的影响较大，模型中由于缺少再悬浮颗粒物的有关参数，未能将再悬浮颗粒物对 DIN 的输入考虑进去，使模拟的 DIN 在冬季的结果低于实测值。另外，桑沟湾中溶解性有机氮（DON）的含量可能较高，今后，将对 DIN 与 DON 之间转换过程加以考虑，以使模型进一步完善。

模型的模拟结果显示，浮游植物对养殖贝类的摄食压力更为敏感，也就是说，贝类养殖量的增大，对浮游植物生物量影响较大。模拟的结果显示，养殖贝类生物量的增加，使在养殖期内（5—11 月）的 DIN 浓度降低，磷酸盐浓度略有增加，氮磷摩尔比降低。而海带虽然在营养盐吸收上与浮游植物存在竞争的关系，但是，可能是由于桑沟湾浮游植物受营养盐限制的潜在性较弱，随着海带养殖量的增加（增加至原来养殖量的 5 倍），浮游植物的生物量并未显著降低。这一结果与本书第二章的调查分析结果相一致。2006—2007 年的调查结果显示，桑沟湾贝藻养殖区的 DIN 通常低于非养殖区，而硫酸盐浓度在夏季和秋季略高；第二章调查数据 DIN、磷酸盐及硅酸盐的综合分析结果显示，海带区、贝藻区及贝类区发生显著性变异的概率分别为 25%、42% 和 50%，贝类区的变异较大。可见，本模型的模拟结果进一步证实了同海带的养殖相比，贝类养殖对生态系统的影响较大。

参数的敏感性分析是模型建立过程的一个重要步骤之一，敏感性反映模型中参数对状态变量输出结果的影响，了解对状态变量变化较敏感的参数，可以为模型的进一步校正、完善提供信息。本模型的参数敏感性分析结果见表 5-11。

表 5-11 模型中参数对主要状态变量影响的敏感性分析结果

参数 α	参数取值 α_i	状态变量的敏感性		
		DIN	磷酸盐	浮游植物
aNandP	123.3	0.009	0.002	0.001
azoo	0.4	0.04	0.005	0.00
betat	3	0.12	0.15	0.09
bzoo	0.3	0.04	0.08	0.003
gmax	0.1	0.16	0.10	0.05
Iopt	400	0.17	0.19	0.38
kelp_max_uptake_P	0.04	0.08	0.28	0.39
kelpuplimP	0.55	0.28	0.28	0.10
Kmorzoo	0.046 5	0.01	0.008	0.002
OER	0.08	0.09	0.12	0.05
OERN	0.32	0.29	0.22	0.13
OfaecoeN	0.42	0.37	0.19	0.11
ofoodcoe_P	0.244	0.18	0.01	0.03
phyminz	0.083 3	0.02	0.006	0.002
phymorcoe	0.01	0.10	0.02	0.03
phytomaxup_on_P	1.5	0.28	0.33	0.42
phyuplim_P	0.55	0.31	0.26	0.28
riverNandP	24.2	0.39	0.20	0.02

（续）

参数 α	参数取值 α_l	状态变量的敏感性		
		DIN	磷酸盐	浮游植物
sedNandP	68.5	0.25	0.29	0.14
SER	0.12	0.15	0.13	0.09
SERN	0.33	0.29	0.13	0.10
setting _ v	1.2	0.32	0.20	0.03
sfaecoe _ P	0.35	0.16	0.09	0.06
Sfaecoe N	0.42	0.25	0.19	0.10
sfoodcoe _ P	0.344	0.009	0.002	0.001

从参数的敏感性分析结果可以看出：敏感$\hat{S}$的最大值为 0.42，小于 0.5，说明本模型模拟结果的可靠性较好。对于海水中的 DIN，较为敏感参数有径流 DIN 的平均浓度、海带吸收 DIN 速率常数和 DIN 溶出速率常数。对于海水中的磷酸盐，敏感参数有径流磷酸盐的平均浓度、浮游植物最大生长比速率常数、浮游植物生长最佳光照强度。

第六章
桑沟湾健康养殖的管理策略

第一节 面临的主要问题

　　桑沟湾是我国典型的养殖海湾，20 世纪 50 年代开展海水养殖活动，在多营养层次综合水产养殖模式下，其水质、底质状况仍处于相对较好的状态。但近年来，为追求高产出，在扩大养殖面积的同时，养殖密度也在提高，桑沟湾潮动力结构等受养殖设施和养殖生物影响发生改变。与此同时，营养盐结构组成、浮游生物群落结构等也受到一定影响，并已有赤潮现象出现。海带腐烂、贝类病害导致养殖产量下降等现象也时有发生。

一、水交换周期

　　养殖活动并不仅仅被动地接受潮流输运的食物和营养盐，也可以反作用于潮流。综合分析 1983—2009 年有关桑沟湾水动力的研究结果（表 6-1），我们可以看到，由于高密度、大规模的筏式养殖，养殖设施及养殖生物自身对上层水体的阻碍作用增强，形成了潮流上边界层，潮流垂直结构出现了表层海水先涨先落这一筏式养殖海域特殊的现象。从湾口到湾底，潮流流速显著衰减，表层平均流速衰减达 63%。由于养殖活动的影响，桑沟湾的流速比未开展大规模养殖减少 40%，平均半交换周期延长 71%。

表 6-1　桑沟湾水动力特征的变化

年份	湾口最大流速（cm/s）	湾口最大余流（cm/s）	湾内最大余流（cm/s）	半交换周期
1983	涨潮：87.3 落潮：58.6	30.2	15.2	27.4 d
1994	70			38.5 d
2001	55	10	2～3	41.7 d
2005	65	8	2～3	
2006	有养殖：43 无养殖：70			湾口最大：25 h 湾内最小：2 000 h

二、营养盐结构组成

　　在养殖活动影响下，虽然桑沟湾与其他一些海湾相比，营养盐水平仍较低，但桑沟湾内营养盐结构组成已经发生改变。桑沟湾营养盐结构的总体趋势是氮磷比增加、硅氮比降低。桑沟湾营养盐限制表现出明显的季节性差异，已经由整体的氮限制转变为春季、夏季磷限制为主，秋季、冬季潜在硅限制为主，氮限制仅出现在春季的湾底和湾中区域。桑沟湾贝藻的大规模养殖在一定程度上起到了净化海水的作用，使得桑沟湾的营养盐浓度远远低于乳山湾、胶州湾等其他同处于黄海海域的海湾。尽管如此，从 1983 年桑沟湾大规模养殖前至今，桑沟湾溶解性无机氮的含量呈上升的趋势；DIN 与时间拟合直线的斜率显示，11 月 DIN 增加最快，其次是夏季 7 月，养殖自身的污染问题应引起关注。

三、浮游生物种类、结构

桑沟湾贝类区浮游植物的种类数在各个季节都是最低的。在种类组成上，以硅藻为主，甲藻类的种类和丰度都非常低。在春季、夏季，贝类区没有检测到甲藻，而非养殖区等其他区域有 5 种甲藻。在夏季的非养殖区，角藻丰度很高，成为主要优势种之一；在秋季、冬季，贝类区的甲藻类只有 1～2 种，低于其他区域的 5～6 种，并且甲藻类的丰度很低。RM 的结果显示，贝类区 4 个季节的种类数都显著低于非养殖区。可见，养殖贝类对浮游植物的摄食是有选择性的。换言之，桑沟湾贝类区的浮游植物种类组成发生了显著的改变。

从个体的数量来看，目前桑沟湾调查海区大型浮游动物的优势种以中华哲水蚤、强壮箭虫、小拟哲水蚤、拟长腹剑水蚤为主。优势种类与大规模养殖前不尽相同，如大规模养殖前的主要优势种为鸟喙尖头蚤、方形纺锤水蚤，在 2006—2007 年的 4 个航次中都没有发现。而 2006—2007 年的优势种小拟哲水蚤，在 1983 年虽有出现，但是丰度较低，未能成为优势种；拟长腹剑水蚤没有发现。

四、暴发大面积的赤潮

早在 1990 年，联合国已将赤潮列为世界近海三大污染问题之一。近年来，中国近海生态、海洋渔业生物资源及海水养殖面临赤潮的威胁日益严重。近 20 年桑沟湾未有发生大面积赤潮的报道。2011 年 5 月，桑沟湾暴发了大规模的赤潮。赤潮最初始于蜊江码头和八河港附近，扩展到湾南部楮岛海域，6 月 3 日，在桑沟湾的北部海域也出现了赤潮，几乎覆盖了整个桑沟湾，赤潮达 40 d 之久。如此大面积、长时间的赤潮在桑沟湾实属非常罕见。据养殖者反映，筏式养殖的贻贝、牡蛎及滩涂贝类已发生大规模死亡。虽然桑沟湾暴发赤潮的频率较低，但是，这次大规模、长时间的赤潮也反映出桑沟湾生态系统的脆弱性和不稳定性。

有关赤潮的研究很多，包括从生物个体到种群，从微观的细胞分子学、生理生化学到宏观的群落生态学，从实验室研究到野外围隔乃至大面积海域研究，从预测预报模型的构建到各种防治方法、手段的应用等方面。然而，赤潮形成的原因非常复杂，其形成的机理至今未完全明晰。已有的研究结果显示，赤潮的形成与水文气象、理化环境因子，包括营养盐浓度与比例及微量元素等有关。其中，丰富的营养盐是赤潮生物生长、繁殖的必要条件。生源要素是养殖生态系统中物质循环的基础，支撑着养殖生态系统的正常运转。生源要素的通量及结构比例变化在很大程度上控制着养殖生态系统的可持续生产能力。具有色素体的赤潮生物在生长、繁殖时，需要吸收营养物质进行光合作用，氮、磷等营养盐是赤潮生物生长、繁殖必需的养分。一旦氮、磷达到一定浓度，在某些环境因子的共同作用下，赤潮生物会突然急剧增殖，发生赤潮。

桑沟湾的赤潮引起了当地政府、公众和科技界的广泛关注。因此，我们分析 2011 年赤潮发生之前 4 月 23—24 日全湾大面调查的数据资料，包括温度、盐度及营养盐浓度，通过与 2006 年 4 月 28—29 日的调查数据对比研究，探讨了桑沟湾发生大规模赤潮的原因，以期为桑沟湾今后的环境保护和养殖管理提供基础数据。

1. 桑沟湾营养盐的浓度及比例

表 6-2 给出桑沟湾 2011 年春季与 2006 年春季营养盐的平均浓度。从全湾的平均值来看，2011 年的氮、磷、硅浓度都高于 2006 年同期调查结果，分别是 2006 年的 5.6 倍、1.4 倍和 3.2 倍。2011 年春季溶解性无机氮的浓度较高，变化幅度较大，范围为 7.0～31.57 μmol/L，平均值为 (16.83 ± 8.07) μmol/L；有 16% 的站位无机氮浓度超过国家二类水质标准 $(0.3$ mg/L$)$。磷酸盐浓度范围为 0.097～0.71 μmol/L，平均值为 (0.34 ± 0.21) μmol/L，有 32% 的站位符合国家二类水质标准，其他站位符合国家一类水质标准；氮、磷、硅营养盐的比值严重偏离 Redfield 比值（氮、磷、硅比为 16：1：16），其中，氮磷比高达 66.33 ± 47.16，硅磷比为 35.12 ± 21.44，硅氮比为 0.82 ± 0.77。2006 年的营养盐比值与 Redfield 比值相近。

表 6-2　桑沟湾 2006 年春季及 2011 年春季营养盐平均浓度及摩尔比

年份	溶解性无机氮 (μmol/L)	磷酸盐 (μmol/L)	硅酸盐 (μmol/L)	硅磷比	氮磷比	硅氮比
2006	3.08 ± 1.85	0.24 ± 0.092	3.87 ± 1.55	17.22 ± 12.75	15.71 ± 14.35	1.96 ± 1.80
2011	16.83 ± 8.07	0.34 ± 0.21	12.39 ± 11.22	35.12 ± 21.44	66.33 ± 47.16	0.82 ± 0.77

图 6-1 显示桑沟湾溶解性无机氮的结构情况。与 2006 年相比，无机氮的组成发生了明显的变化。2011 年 4 月，硝酸盐是无机氮的主要成分（仅 7# 站位是以氨氮为主），其次是氨氮。2006 年春季桑沟湾的湾口区域，以硝酸盐形态为主，在近岸和湾中部的贝类养殖区以氨氮为主，氨氮为主的站位占 60% 以上，这可能与贝类的氨氮排泄活动有关。

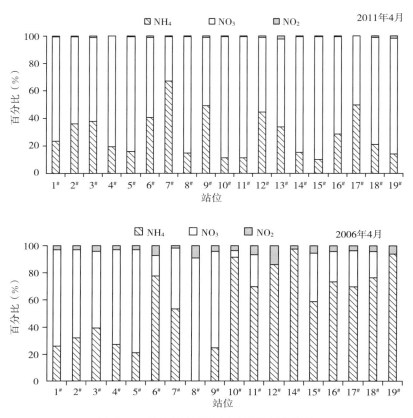

图 6-1 桑沟湾春季溶解性无机氮的结构

2. 桑沟湾营养盐的平面分布特征

图 6-2 显示桑沟湾 2011 年春季和 2006 年春季氮、磷、硅的空间分布情况。

2011 年：营养盐浓度显著高于 2006 年同期的值。营养盐块状分布明显，氮、磷、硅的空间分布情况相似，都是在湾口的东南部（楮岛外海）有高值区，向湾内递减；在湾底的西北部（靠近崖头河入海口），有次高值区，该区域是桑沟湾赤潮的始发区；在靠近湾南偏中部区域，溶解性无机氮、磷酸盐和硅酸盐都存在高值区，与盐度的低值区几乎重叠。

2006 年：春季湾内无机氮、磷酸盐和硅酸盐的分布趋势非常相似，都是从西南部向东北方向呈舌状递增趋势。湾内尤其是湾底部（10# 站位、11# 站位、12# 站位、14# 站位、15# 站位、19# 站位）氮、磷的浓度已经低于浮游植物生长所需的阈值（2 μmol/L）。

3. 桑沟湾春季营养盐浓度的长期变化趋势

取 4 月全湾调查数据的平均值与已有桑沟湾历史数据进行了比较（图 6-3），2011 年 4 月溶解性无机氮和硅酸盐浓度远远高于已有的历史数据。磷酸盐浓度比 2006 年及 1993

年的浓度略高，但是低于其他的年份。

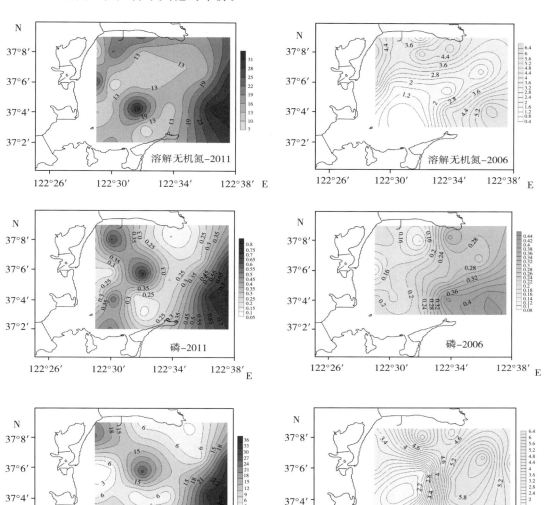

图 6-2　桑沟湾 2011 年春季和 2006 年春季氮、磷、硅的空间分布情况

4. 桑沟湾春季赤潮可能的诱因分析

（1）营养盐　从历史调查资料来看，4 月桑沟湾营养盐浓度较低，因为桑沟湾的湾口为海带养殖区，4 月海带尚未收获，此时，由于养殖筏架及海带的阻碍作用，湾内的水交换比较弱，外海营养盐输入不足，加上海带和浮游植物对营养盐的大量吸收，桑沟湾春季度营养盐浓度通常低于其他季节，磷酸盐和硅酸盐通常为浮游植物生长的主要限制因子。但是，2011 年 4 月桑沟湾营养盐浓度发生了很大的变化，溶解性无机氮、硅酸盐浓度异常升高，磷酸盐浓度也高于 2006 年同期调查结果，为赤潮的暴发提供了物质基础。

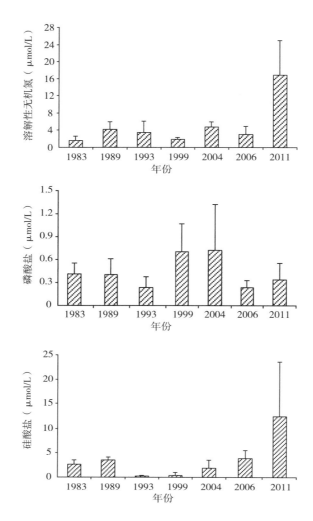

图 6-3 桑沟湾春季溶解性无机氮、磷酸盐、硅酸盐的年变化趋势

2011 年 4 月桑沟湾的营养盐来源，可能包括以下几个途径：

① 2011 年桑沟湾养殖海带溃烂现象严重，溃烂发生的时间比往年提前 1 个月，4 月开始大量溃烂。4 月，生长状况良好的海带干重达 140 g，发生溃烂的海带干重平均为 75 g，海带体内的氮、磷含量平均为 1.46% 和 0.093 8%。经计算，每棵海带腐烂释放的氮为 0.94 g、磷为 0.06 g。桑沟湾海带养殖面积大约为 60 000 hm²，如果有 30% 的海带发生溃烂，将会有 102 t 氮和 6.5 t 磷释放回水体，成为水体营养物质的内源污染。

② 从营养盐的平面分布来看，湾内的营养盐在靠近沽河及八河港入海区域较高，尽管线性回归分析的结果显示，营养盐浓度与盐度没有显著的负相关关系，但是，这些高营养盐区域的盐度还是略低的，因此，河流输入可能是桑沟湾 4 月营养盐的

又一来源。

③ 湾口是营养盐浓度最高的区域，显著高于湾内，因此推测，外海的输入也可能是营养盐来源之一。

（2）水文　赤潮是一种复杂的生态异常现象，其发生是各种水文、气象和环境因子综合作用的结果。在海水中营养盐满足的条件下，适宜的水温、盐度、充足的光照，配合适宜的风浪、潮汐条件，有利于赤潮生物的快速生长和暴发。研究表明，水温偏高、风力较弱、潮流缓慢的海域容易发生赤潮。桑沟湾赤潮最先暴发的区域位于湾底部的蜊江码头和八河港附近，从营养盐的空间分布来看，这里氮、磷、硅的浓度都较高。另外，该区域是桑沟湾水交换最弱的区域，桑沟湾的半交换周期为 20 d，而桑沟湾南部的八河港区域达 80 d 之久。

（3）大型藻类营养盐竞争及克生作用　另外，2011 年桑沟湾养殖的海带提前在尚未到成熟期就出现严重的溃烂，养殖者为了减少损失，不得不提前收获海带。大型藻类与浮游植物都是海洋生态系统中的初级生产者，处于同一营养级，是营养物质、光能利用上的竞争者。大型藻类通过营养盐及遮光效应能够抑制一些浮游植物的生长（张善东等，2005）。另外，据报道，大型藻类胞外分泌的化感物质，可杀死藻类或抑制其生长，如 Jin 等在 2003 年报道了孔石莼对赤潮异湾藻和亚历山大藻有很强的克生作用；许妍等曾报道了缘管浒苔对赤潮异湾藻的克生效应。失去了大型藻类的调控作用，可能是导致赤潮藻类暴发的一个原因。

（4）水温短时间骤升　赤潮的发生往往与海区的温度、盐度变化状况密切相关。多数赤潮发生时的水温较高（23～28 ℃），盐度较低（23～28），北方海区的赤潮多见于7—10 月，与水温升高以及雨季引起的盐度降低相符合，另外，短时间内水温骤升也可能诱发赤潮。此次桑沟湾春季的赤潮发生在 5 月中下旬，水温在 11～15 ℃。可以推测，赤潮生物是一种适宜于低温的种类。桑沟湾北部的监测平台资料显示，2011 年春季（4—6月）水温介于 2009 年和 2010 年同期水温之间，并未有异常升高的现象（图 6-4）。6 月 1日，叶绿素 a 浓度为 8.77 mg/m^3，处于赤潮暴发的前期；6 月 3 日，叶绿素 a 浓度迅速升高至 19.29 mg/m^3。6 月 1 日和 2 日的水温分别为 13.20 ℃和 13.18 ℃，6 月 3 日，水温迅速升至 15.38 ℃，日升幅达 2.2 ℃（图 6-5）。推测桑沟湾水温短时间内的骤升可能是诱发赤潮的原因之一。

作为一种世界性海洋灾害，赤潮在中国近海发生的范围越来越大，持续时间越来越长，危害越来越严重。桑沟湾的贝藻养殖有 20 多年的历史，受滤食性贝类的摄食压力和大型藻类的营养盐竞争等方面的调控，近 20 年没有发生大面积的赤潮。此次桑沟湾大面积暴发赤潮，给海洋环境、海水养殖业都造成严重的危害，筏式及滩涂养殖贝类死亡率增加，生长速度缓慢。加强养殖海域的环境保护，探寻适应气候变化的养殖管理策略任重而道远。

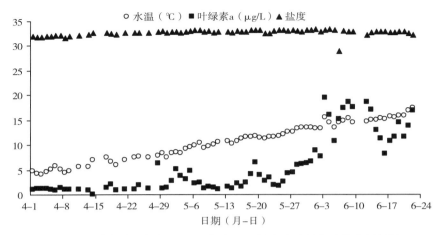

图 6-4　桑沟湾北部海区 2011 年水温、盐度及叶绿素连续监测结果

（注：来自寻山集团有限公司监测平台）

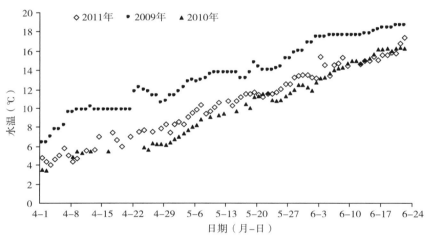

图 6-5　桑沟湾北部海区水温连续监测结果

（注：来自寻山集团有限公司监测平台）

5. 结论

桑沟湾海域营养盐浓度的时空分布特性，是自然与人类活动共同作用的结果。春季水温回暖，光照强度适宜，浮游植物生长旺盛，加上养殖海带的生物量已经接近最高，浮游植物与养殖大型藻类的共同作用，使湾内的营养盐大量消耗。桑沟湾无大河注入，入湾的河流有沽河、崖头河、桑沟河等，均为季节性河流。4 月，盐度与氮、磷、硅浓度没有显著的负相关关系（$P > 0.05$），说明陆地径流对营养盐的补充很少。春季营养盐的补充主要依靠外海水交换的输入。由于该季节海带及扇贝养殖笼对水流的阻碍作用较强，从湾口到湾底的流速衰减近 70%。以往的结果也显示，由于养殖筏架、生物的阻挡，养殖中心区流速减慢 54%。桑沟湾西南部的水交换时间最长（大约 19 d），富含营养盐的新

鲜水难以向该区扩散和输送。另外，对湾内颗粒物动力过程的观测结果显示，由于湾内养殖设施和养殖生物对波浪的衰减作用，使湾内的颗粒物、底层营养盐很难进入上层。由于浮游植物和海带的生长，将该区域的氮、磷营养盐几乎消耗殆尽，因此桑沟湾内氮、磷成为浮游植物生长的限制性因子，尤其是西南部区域氮、磷的营养盐浓度较低，呈现氮、磷的双重限制。

比较无机氮与盐度的平面分布可以看出，夏季降雨量较大，陆源输入淡水增多使湾内盐度降低，盐度分布中冲淡水以宽带形向东伸展，等值线几乎与海岸线平行。盐度的分布格局与无机氮极其相似，无机氮浓度与盐度有显著的线性负相关关系，可见，7月陆地径流是桑沟湾近岸无机氮的主要来源之一。养殖海带的收获一般始于5月，持续到7月，收获的顺序是从湾内浅水区逐渐向湾口深水区。7月，湾内养殖的海带几乎收获完毕，只有在湾口附近水深的区域还有部分海带尚未收获，该区域的氮营养盐浓度相对较低，可能与海带生长消耗有关。同时，也反映了湾口区域来自陆源营养盐的补充较少。通常溶解性无机氮比磷消耗得早，无机氮在春季耗尽，磷酸盐在夏季耗尽，桑沟湾氮、磷的季节性变化也符合这一规律。

从季节性变化来看，溶解性无机氮含量为秋季＞冬季＞夏季＞春季，与宋云利等的调查结果略有不同（秋季＞夏季＞春季＞冬季）。宋云利等（1996）认为，4月沽河的营养盐输入是导致桑沟湾春季无机氮含量上升的原因。随着对富营养化危害的认识提高，对陆源营养盐输入的控制加强，而且河流的径流量减少，河流输入的营养盐通量减少。溶解性无机氮的季节性变化特性，可能与长期的贝藻养殖活动有关。贝类的粪便、脱落的海带沉积在湾底，底质中富集了大量的营养物质，冬季1月海带的长度尚在1 m左右，对海流的阻挡作用与4月（海带的长度已达3 m以上）相比小很多，另外，冬季的风浪较大，促进了底质中营养盐物质的释放。

营养盐限制性的分析和评估方法有很多，包括与浮游植物生长的理论半饱和常数比较法，溶解性氮、磷摩尔比法，总氮、磷摩尔比法，营养盐添加实验法及生态系统总体分析法等。目前，各种方法都存在利弊，如营养盐添加实验法，实验持续的时间、实验水体的大小等都会对实验结果产生影响。尽管溶解性无机氮、磷摩尔比法没考虑营养盐的周转率和有机态、颗粒态营养盐的作用，但是该方法简单易行，目前使用较普遍。由于桑沟湾营养盐含量较低，绝对值有时低于半饱和常数（DIN：2 $\mu mol/L$；PO_4^{3-}：0.2 $\mu mol/L$；SiO_3^{2-}：2 $\mu mol/L$），所以，本文采用理论半饱和常数法和溶解性氮、磷、硅摩尔比法相结合的方法，分析了4个季节桑沟湾的营养盐限制性情况。同以往的结果相比，桑沟湾营养盐限制表现出明显的季节性差异，已经由整体的氮限制转变为春、夏季磷限制为主，秋季、冬季潜在硅限制为主，氮限制仅出现在春季的湾底和湾中区域。桑沟湾贝藻的大规模养殖在一定程度上起到了净化海水的作用，使桑沟湾的营养盐浓度远远低于乳山湾（辛福言 等，2004）、胶州湾等其他同处于黄海海域的海湾，水质状况良好，通常符合国家一类或二类的海水水质标准。尽管如此，从 1983 年桑沟湾大规模养殖前至今，桑沟湾溶解性无机氮的含量呈上升的趋势；DIN 与时间拟合直线的斜率显示，11 月 DIN 增加最快，其次是夏季 7 月，养殖自身的污染问题应引起关注。

第二节　可持续健康养殖的管理策略

海水养殖业成为我国沿海地区经济发展的重要支柱产业，是我国"蓝色农业"的主要内容，在确保我国 13 亿人口食物供给的同时，还要增加劳动就业机会、扩大出口创汇等。但在带来巨大经济利益和社会效益的同时，海水养殖业也带来了不容忽视的负面影响，如滨海湿地的破坏，生态系统的稳定性、功能性及多样性的降低，浮游植物、浮游动物群落结构、营养盐结构以及物质传递过程的改变等。保障海水养殖产业的高效、健康、可持续发展，实现人与自然和谐共处需要基础理论研究、科学技术创新与适应性管理的合力支撑。

桑沟湾是我国典型的筏式养殖海湾，自 1952 年开始在湾内推广海带筏式养殖，目前，养殖已经扩展到湾口以外的区域，除了航道以外，几乎全被筏架所占据，2/3 以上水面用于养殖。虽然通过采用综合养殖模式，使营养盐维持在较低的水平，但是，随着养殖面积和养殖密度的提高，出现了诸如海带在收获前大面积腐烂、扇贝个体小型化和死亡率高等问题，严重制约了海湾养殖的可持续发展。同时，湾内营养盐含量逐渐升高，营养盐结构发生变化，导致赤潮发生；浮游植物和浮游动物群落结构也因贝类滤食作用而发生改变；由于养殖设施和养殖生物的阻挡，湾内的水交换能力衰减。根据目前桑沟湾存在的问题，提出以下的管理建议。

一、科学制订生态养殖发展规划

以市场需求为导向，以生态养殖建设为目标，以水域养殖容量为依据，以养殖技术为支撑，确立整个湾的区域功能和发展方向，规划可持续的、长期的发展目标。

二、合理调整养殖布局

动力过程不仅可以为养殖贝类、藻类输运颗粒有机物、氮磷营养盐，而且，也为养殖污染物的扩散转移提供动力场。综合分析已有的研究结果，桑沟湾的水动力特征为：潮流为往复流，湾口的流速大，湾内尤其是西南部的水交换最弱；湾内余流较弱（2～

3 cm/s），余流场为南进北出。根据桑沟湾的余流场特性和水交换时间的分布规律，建议减少桑沟湾南部区域的网箱养殖，因为南部区域的水交换时间长，不利于网箱养殖污染物的扩散；另外，余流场南进北出，南部网箱的污染物会向北流入湾底，加重湾内的污染。湾北部的余流方向是指向湾外的，在北部开展网箱养殖，更有利于污染物质的扩散，降低养殖活动对环境的压力。

三、加强养殖容量评估的研究

进一步加强养殖容量、生态容量评估技术的研究，掌握桑沟湾海域不同养殖品种、养殖模式的养殖潜力和动态变化规律。以生态养殖为基础，以健康高效养殖为目标，开展生态系统水平的增养殖生产活动，人与自然和谐发展。养殖海带后期的大规模腐烂、浮游植物和浮游动物群落结构的改变都与超负荷养殖密切相关。养殖活动对桑沟湾生态系统的影响很大，依据养殖容量的指导调整养殖密度和布局是非常必要的。

四、大型藻类规模化养殖的应用

从桑沟湾营养盐浓度的季节变化及空间分布特性来看，受养殖活动及陆源物质输入的影响，桑沟湾夏季、秋季的营养盐浓度高于冬季、春季，湾底及沽河入海口附近区域的营养盐浓度较高。而桑沟湾大型藻类的养殖主要集中在 11 月至翌年 6 月（海带的养殖周期），因此，需要加强夏季、秋季大型藻类对营养盐的调控作用。7—10 月增加了龙须菜的养殖面积，不仅有助于闲置筏架的利用，而且，可以通过大型藻类的光合作用，吸收营养盐，为其他生物提供溶解氧。

五、实施综合养殖模式

通过多个项目的实施和示范应用，根据肉食性、植食性、腐食性、滤食性及光合自养型等不同类型生物功能群的生物学特性及生态互补性，建立了贝-藻、鱼-贝-藻、鲍-藻-参等多种形式的综合养殖模式，实现了营养物质的循环、高效利用，增加了养殖种类的产量、多样性，降低了养殖自身污染。例如，扇贝养殖 1 亩需要 10 万粒，根据养殖贝类（栉孔扇贝、长牡蛎）的氨氮排泄率来计算，3—6 月共排泄氨氮 10 kg，海带含氮量为 1%～1.5%。因此，养殖 10 万粒扇贝 3—6 月所排泄的氨氮可养殖收获 1 000 kg 干重的海带，产生经济效益约 1 000 元，在保护生态环境的同时，增加了养殖效益。

参 考 文 献

毕远溥，蒋双，刘海映，等，2000. 温度、体重对皱纹盘鲍耗氧量和排氨量的影响 [J]. 应用与环境生物学报，6（5）：444-446.

常亚青，王子臣，1998. 皱纹盘鲍的个体能量收支 [J]. 应用生态学报，9（5）：511-516.

常忠岳，慕康庆，2004. 降低海水筏式养鲍死亡率之良策 [J]. 水产科技（2）：40-41.

陈双喜，蔡显鹏，储炬，等，2003. 鸟苷发酵过程中参数相关特性的研究 [J]. 华东理工大学学报：自然科学版，29（5）：464-466.

陈炜，孟宪治，陶平，2004. 2 种壳色皱纹盘鲍营养成分的比较 [J]. 中国水产科学，11（4）：267-270.

陈长胜，2003. 海洋生态系统生态动力学 [M]. 北京：高等教育出版社.

方建光，匡世焕，孙慧玲，等，1996. 桑沟湾栉孔扇贝养殖容量的研究 [J]. 海洋水产研究，17（2）：17-30.

甘志彬，李新正，王洪法，等，2012. 宁津近岸海域大型底栖动物生态学特征和季节变化 [J]. 应用生态学报，23（11）：3123-3132.

葛明，2003. 胶州湾氮、磷营养盐循环收支动力学模型及其应用 [D]. 青岛：中国海洋大学.

顾晓英，陶磊，尤仲杰，等，2010. 象山港大型底栖动物群落特征 [J]. 海洋与湖沼，41（2）：208-213.

国家海洋局第一海洋研究所，1988. 桑沟湾增养殖环境综合调查研究 [M]. 青岛：青岛出版社.

韩彬，曹磊，李培昌，等，2010. 胶州湾大沽河河口及邻近海域海水水质状况与评价 [J]. 海洋科学（8）：46-49.

郝林华，孙丕喜，郝建民，等. 2012. 桑沟湾海域叶绿素 a 的时空分布特征及其影响因素研究 [J]. 生态环境学报，21（2）：338-345.

黄洪辉，林钦，林燕棠，等，2005. 大亚湾网箱养殖海域大型底栖动物的时空变化 [J]. 中国环境科学，25（4）：412-416.

黄璞伟，周一兵，刘晓，等，2008. 不同温度下皱纹盘鲍"中国红"与各家系代谢和吸收效率的比较 [J]. 大连水产学院学报（1）：37-41.

黄懿梅，安韶山，薛虹，2009. 黄土丘陵区草地土壤微生物 C、N 及呼吸熵对植被恢复的响应 [J]. 生态学报（6）：2811-2818.

纪炜炜，周进，2012. 三都澳大型底栖动物群落结构及其对水产养殖的响应 [J]. 中国水产科学，19（3）：491-499.

季如宝，毛兴华，朱明远，1998. 贝类养殖对海湾生态系统的影响 [J]. 黄渤海海洋，16（1）：21-27.

贾晓平，杜飞雁，林钦，等，2003. 海洋渔场生态环境质量状况综合评价方法探讨 [J]. 中国水产科学研究，10（2）：160-164.

蒋国昌，1987. 浙江沿海富营养化程度的初步探讨 [J]. 海洋通报，6（4）：38-39.

蒋增杰，方建光，毛玉泽，等，2012. 海水鱼类网箱养殖水域沉积物有机质的来源甄别 [J]. 中国水产科学，19（2）：348-354.

金梅，关学忠，金中石，2005. 一类非线性系统的模糊建模与仿真［J］. 系统仿真学报，17（5）：1030-1032.

匡世焕，方建光，孙慧玲，等，1996a. 桑沟湾海水中悬浮颗粒物的动态变化［J］. 海洋水产研究，17（2）：60-67.

匡世焕，孙慧玲，李锋等，1996b. 野生和养殖牡蛎种群的比较摄食生理研究［J］. 海洋水产研究，17（2）：87-94.

李莉，孙振兴，杨树得，等，2006. 用微卫星标记分析皱纹盘鲍群体的遗传变异［J］. 遗传，28（12）：1549-1554.

李顺华，王琦，孔拥滔，等，2000. 皱纹盘鲍浮筏养殖技术［J］. 水产养殖（2）：11-12.

李太武，丁明进，刘金屏，等，1995. 皱纹盘鲍及其饵料营养成分的研究［J］. 海洋科学（1）：52-57.

李太武，徐继林，丁新，等，2001. 皱纹盘鲍消化腺的超微结构［J］. 动物学报，47（5）：583-586.

李文姬，薛真福，2005. 持续发展虾夷扇贝的健康增养殖［J］. 水产科学，24（9）：49-51.

李雪容，2007. 皱纹盘鲍海上挂笼养殖试验［J］. 科学养鱼（9）：25-26.

廖一波，寿鹿，曾江宁，等，2011. 象山港不同养殖类型海域大型底栖动物群落比较研究［J］. 生态学报，31（3）：0646-0653.

刘东艳，孙军，陈洪涛，等，2001. 2001年夏季胶州湾浮游植物群落结构的特征［J］. 青岛海洋大学学报，33（3）：366-374.

刘桂梅，2002. 关键物理过程对黄渤海浮游生物影响的现象分析与模式研究［D］. 青岛：中国科学院海洋研究所.

刘述锡，崔金元，林勇，2013. 浮筏养殖虾夷扇贝的自然稀疏效应［J］. 水产学报，37（10）：1513-1520.

刘卫霞，2009. 北黄海夏冬两季大型底栖生物生态学研究［D］. 青岛：中国海洋大学.

刘永，郭怀成，戴永立，等，2004. 湖泊生态系统健康评价方法研究［J］. 环境科学学报，24（4）：723-729.

牛亚丽，2014. 桑沟湾滤食性贝类碳、氮、磷、硅元素收支的季节变化研究［D］. 舟山：浙江海洋学院.

彭安国，黄奕普，陈敏，等. 2004. 厦门湾水体中不同粒级颗粒物、chl-a和^{234}Th随潮汐的变化及其海洋学意义［J］. 台湾海峡，23（4）：403-409.

曲方圆，2010. 北黄海春秋季大型底栖动物生态学研究［D］. 青岛：中国海洋大学.

任黎华，张继红，方建光，等，2013. 长牡蛎呼吸、排泄及钙化的日节律研究［J］. 渔业科学进展，34（1）：75-81.

任玲，2000. 胶州湾生态系统中浮游体系氮循环模型的研究［D］. 青岛：中国海洋大学.

宋娴丽，2005. 室内受控条件下栉孔扇贝的氮磷排泄及其对养殖环境的污染压力［D］. 青岛：中国海洋大学.

宋云利，崔毅，孙耀，等，1996. 桑沟湾养殖水域营养状况及其影响因素分析［J］. 海洋水产研究，17（2）：41-51.

隋吉星，李新正，王洪法，等，2013. 石岛海域大型底栖生物群落特征［J］. 海洋科学，37（3）：17-21.

孙陆宇，温晓蔓，禹娜，等，2012. 温度和盐度对中华田园螺和铜锈环棱螺标准代谢的影响［J］. 中国水产科学，19（2）：275-282.

孙耀，宋云利，崔毅，等，1996. 桑沟湾养殖水域的初级生产力及其影响因素的研究［J］. 海洋水产研究，17（2）：32－40.

孙耀，赵俊，周诗贽，等，1998. 桑沟湾养殖海域的水环境特征［J］. 中国水产科学，5（3）：69－75.

田家怡，董景岳，1983. 黄河口附近海域有机污染与赤潮生物的初步调查研究［J］. 海洋环境科学，2（1）：46－53.

王俊，姜祖辉，陈瑞盛，2005. 太平洋牡蛎生物沉积作用的研究［J］. 水产学报，29（3）：344－349.

王丽霞，石磊，孙长青，1994a. 桑沟湾海域的潮流数值计算［J］. 青岛海洋大学学报（S1）：77－83.

王丽霞，赵可胜，孙长青，1994b. 桑沟湾海域物理自净能力分析［J］. 青岛海洋大学学报（S1）：84－91.

王萍，王泽建，张嗣良，2013. 生理代谢参数 RQ 在指导发酵过程优化中的应用［J］. 中国生物工程杂志，33（2）：88－95.

王庆成，1984. 虾夷扇贝的引进及其在我国北方培养殖前景［J］. 水产科学，3（4）：24－27.

王宗兴，孙丕喜，刘彩霞，等，2011. 桑沟湾大型底栖动物生物多样性研究［J］. 中国海洋大学学报，41（7/8）：079－084.

魏皓，赵亮，武建平，2001. 浮游植物动力学模型及其在海域富营养化研究中的应用［J］. 地球科学进展，16（2）：220－225.

吴增茂，翟雪梅，张志南，等，2001. 胶州湾北部水层-底栖耦合生态系统的动力数值模拟分析［J］. 海洋与湖沼，32（6）：588－597.

武晋宣，2005. 桑沟湾养殖海域氮、磷收支及环境容量模型［D］. 青岛：中国海洋大学.

肖杰，2008. 基于呼吸熵在线检测的谷氨酸发酵过程控制研究［J］. 无锡：江南大学.

辛福言，陈碧鹃，曲克明，等，2004. 乳山湾表层海水 COD 与氮、磷营养盐的分布及其营养状况［J］. 海洋水产研究，25（5）：52－56.

邢殿楼，张士凤，吴立新，等，2005. 饥饿和再投喂对泥鳅能量代谢的影响［J］. 大连水产学院学报，20（4）：290－294.

徐姗楠，徐培民，2006. 我国赤潮频发现象分析与海藻栽培生物修复作用［J］. 水产学报，30（4）：554－561.

徐兆礼，陈亚瞿，1989. 东黄海秋季浮游动物优势种聚集强度与鲐鲹渔场的关系［J］. 生态学杂志，8（4）：13－15.

许贵善，刁其玉，纪守坤，等，2012. 不同饲喂水平对肉用绵羊能量与蛋白质消化代谢的影响［J］. 营养饲料，48（17）：40－44.

杨建强，崔文林，张洪亮，等，2003. 莱州湾西部海域海洋生态系统健康评价的结构功能指标法［J］. 海洋通报，22（5）：58－63.

杨俊毅，高爱根，宁修仁，等，2007. 乐清湾大型底栖生物群落特征及其对水产养殖的响应［J］. 生态学报，27（1）：34－41.

袁有宪，崔毅等，1999. 对虾养殖池沉积环境中 TOC、TP、TN 和 pH 垂直分布［J］. 水产学报，23（4）：363－368.

岳维忠，黄小平，黄良民，等，2004. 大型藻类净化养殖水体的初步研究［J］. 海洋环境科学，23（1）：13－40.

张继红，方建光，董双林，2000. 4 种海鞘排泄的初步研究［J］. 海洋水产研究，21（1）：31－36.

张均顺，沈志良，1997．胶州湾营养盐结构变化的研究［J］．海洋与湖沼，28（5）：529-535.

张明亮，2011．栉孔扇贝生理活动对近海碳循环的影响［D］．北京：中国科学院研究生院.

张明亮，邹健，毛玉泽，等，2011．养殖栉孔扇贝对桑沟湾碳循环的贡献［J］．渔业现代化，38（4）：13-16.

张善东，俞志明，宋秀贤，等，2005．大型海藻龙须菜与东海原甲藻间的营养竞争［J］．生态学报，25（10）：2676-2680.

张少华，原永党，刘振林，等，2008．威海湾水域环境因子周年变化特征［J］．中国生态农业学报，16（5）：1248-1252.

张雅芝，1995．我国海水鱼类网箱养殖现状及其发展前景［J］．海洋科学（5）：21-26.

张智星，2002．Matlab 程序设计与应用［M］．北京：清华大学出版社.

赵俊，周诗赉，孙耀，等，1996．桑沟湾增养殖水文环境研究［J］．海洋水产研究，17（2）：68-78.

赵增霞，王芳，刘群，等，2010．胶州湾东北部养殖海区环境质量状况及分析［J］．海洋科学（3）：6-10.

中国海湾志编纂委员会，1991．中国海湾志第三分册［M］．北京：海洋出版社.

周洪琪，1990．中国对虾亲虾的能量代谢研究［J］．水产学报，14（2）：114-119.

周歧存，麦康森，2004．皱纹盘鲍维生素 D 营养需要的研究［J］．水产学报，28（2）：155-160.

周毅，杨红生，何义朝，等，2002a．四十里湾几种双壳贝类及污损生物的氮、磷排泄及其生态效应［J］．海洋与湖沼，33（4）：424-431.

周毅，杨红生，刘石林，等，2002b．烟台四十里湾浅海养殖生物及附着生物的化学组成、有机净生产量及其生态效应［J］．水产学报（1）：21-27.

朱明远，张学雷，汤庭耀，等，2002．应用生态模型研究近海贝类养殖的可持续发展［J］．海洋科学进展，20（4）：34-42.

庄平，贾小燕，冯广朋，等，2012．盐度对中华绒螯蟹雌性亲蟹代谢的影响［J］．中国水产科学，19（2）：217-222.

邹亚荣，马超飞，邵岩，2005．遥感海洋初级生产力的研究进展［J］．遥感信息（2）：58-61.

Ahn O，Petrell R J，Harrison P J，1998．Ammonium and nitrate uptake by *Laminaria saccharina* and *Nereocystis leutkeana* originating from a Salmon sea cage farm［J］．Journal of Applied Phycology（10）：333-340.

Ali A，Thiem Ø，Berntsen J，2011．Numerical modeling of organic waste dispersion from fjord located fish farms［J］．Ocean Dynamics（61）：977-989.

Alunno-Bruscia M，van der Veer H W，Kooijman S A L M，2011．The AquaDEB project：Physiological flexibility of aquatic animals analysed with a generic dynamic energy budget model（phase II）［J］．Journal of Sea Research，66（4）：263-269.

Andersen V，Nival P，1989．Modelling of phytoplankton population dynamics in an enclosed water column［J］．Journal of the Marine Biological Association of the United Kingdom（69）：625-646.

Anderson R J，Smit A J，Levitt G J，1999．Upwelling and fish-factory waste as nitrogen sources for suspended cultivation of *Gracilaria gracilis* in Saldanha Bay［J］．South Africa Hydrobiologia（398/399）：455-462.

Argyropoulos G，Brown A M，Willi S M，et al，1998．Effects of mutations in the human uncoupling protein 3 gene on the respiratory quotient and fat oxidation in severe obesity and type 2 diabetes [J]. Journal of Clinical Investigation，102 (7)：1345 - 1351.

Asmus R，Asmus M & H，1991. Mussel beds：limiting or promoting phytoplankton [J]. Journal of Experimental Marine Biology and Ecology (148)：215 - 232.

Bacher C，Gangnery A，2006. Use of dynamic energy budget and individual based models to simulate the dynamics of cultivated oyster populations [J]. Journal of Sea Research (56)：140 - 155.

Barber B J，Blake N J，1985. Substrate catabolism related to reproduction in the bay scallop Argopecten irradians concentricus，as determined by O/N and RQ physiological indexes [J]. Marine biology (87)：13 - 18.

Baudinet D，Alliot E，Berland B，et al，1990. Incidence of mussel culture on biogeochemical fluxes at the sediment - water interface [J]. Hydrobiologia (207)：187 - 196.

Bayne B L，1993. Feeding physiology of bivalves：time-dependence and compensation for changes in food availability [M] //Dame RF (ed) Bivalve filter feeders in estuarine and coastal ecosystem processes. Berlin：Springer-Verlag：1 - 24.

Bayne B L，Thompson R J，1970. Some physiological consequences of keeping *Mytilus edulis* in the laboratory [J]. Helgoländer wissenschaftliche Meeresuntersuchungen，20 (1 - 4)：526 - 552.

Bayne B L，1973a. Aspects of the metabolism of *Mytilus edulis* during starvation [J]. Netherlands Journal of Sea Research (7)：399 - 410.

Bayne B L，1973b. Physiological changes in *Mytilus edulis* L. induced by temperature and nutritive stress [J]. Journal of the Marine Biological Association of the United Kingdom，53 (1)：39 - 58.

Bernard F R，1974 . Annual biodeposition and gross energy budget of mature Pacific Oysters，*Crassostrea gigas* [J]. Journal of the Fisheries Board of Canada，31 (2)：185 - 190.

Bernard I，Kermoysan G，Pouvreau S，2011. Effect of phytoplankton and temperature on the reproduction of the Pacific oyster *Crassostrea gigas*：Investigation through DEB theory [J]. Journal of Sea Research，66 (4)：349 - 360.

Bourlès Y，Alunno-Bruscia M，Pouvreau S，et al，2009. Modelling growth and reproduction of the Pacific oyster *Crassostrea gigas*：Advances in the oyster - DEB model through application to a coastal pond [J]. Journal of Sea Research，62 (2 - 3)：62 - 71.

Brey T，Rumohr H，Ankar S，1988. Energy content of macrobenthic invertebrates：General conversion factors from weight to energy [J]. Journal of Experimental Marine Biology and Ecology，117 (3)：271 - 278.

Bruland K W，Silver M W，1981. Sinking Rates of Fecal Pellets from Gelatinous Zooplankton (Salps，Pteropods，Doliolids) [J]. Marine Biology (63)：295 - 300.

Buschmann A H，Lopez D A，Medina A，1996. A review of environmental effects and alternative production strategies of marine aquaculture in Chile [J]. Aquacultural engineering (15)：397 - 421.

Callier M D，Weise A M，McKindsey C W，et al，2006. Sedimentation rates in a suspended mussel farm (Great - Entry Lagoon，Canada)：biodeposit production and dispersion [J]. Marine Ecology Progress Series，322：129 - 141.

Chamberlain J，Fernandes T F，Read P，et al，2001. Impacts of biodeposits from suspended mussel (*Mytilus edulis* L.) culture on the surrounding surficial sediments [J]. Ices Journal of Marine Science，58 (2)：

411 – 416.

Chapelle A，Menesguen A，Deslous-Paoli J，et al，2000. Modelling nitrogen，primary production and oxygen in a Mediterranean lagoon. Impact of oysters farming and inputs from the watershed [J]. Ecological Modelling (127)：161 – 181.

Chen Y S，Beveridge M C M，Telfer T C，1999a. Settling rate characteristics and nutrient content of the faeces of Atlantic salmon，*Salmo salar* L. and the implications for modelling of solid waste dispersion [J]. Aquaculture Research (30)：395 – 398.

Chen Y S，Beveridge M C M Telfer T C，1999b. Physical characteristics of commercial pelleted Atlantic salmon feeds and consideration of implications for modeling of waste dispersion through sedimentation [J]. Aquaculture International (7)：89 – 100.

Chisholm J R M，Gattuso J-P，1991. Validation of the alkalinity anomaly technique for investing calcification and photosynthesis in coral reef communities [J]. Limnology and Oceanography (36)：1232 – 1239.

Christensen P B，Glud R N，Dalsgaard T，et al，2003. Impacts of longline mussel farming on oxygen and nitrogen dynamics and biological communities of coastal sediments [J]. Aquaculture (218)：567 – 588.

Conover R J，Corner E D S，1968. Respiration and nitrogen excretion by some marine zooplankton in relation to their life cycles [J]. Journal of the Marine Biological Association of the United Kingdom (48)：49 – 75.

Crawford C M，Macleod C K A，Mitchell I M，2003. Effects of shellfish farming on the benthic environment [J]. Aquaculture (224)：117 – 140.

Davenport J，Smith R J J W，Packer M，2000. Mussels Mytilus edulis：significant consumers and destroyers of mesozooplankton [J]. Marine Ecology Progress Series (198)：131 – 137.

Demirak A，Balci A，Tüfekci M，2006. Environmental impact of the marine aquaculture in Güllük Bay，Turkey [J]. Envirionmental Monitoring and Assessment (123)：1 – 12.

Doering P H，Kelly J R，Oviatt C A，et al，1987. Effect of the hard clam *Mercenaria mercenaria* on benthic fluxes of inorganic nutrients and gases [J]. Marine Biology (94)：377 – 383.

Dortch Q，Whitledge T E，1992. Does nitrogen or silicon limit phytoplankton production in the Mississippi River plume and nearby regions [J]. Continental Shelf Research (12)：1293 – 1309.

Duarte P，Meneses R，Hawkins A J S，et al，2003. Mathematical modelling to assess the carrying capacity for multi-species culture within coastal waters [J]. Ecological Modelling (168)：109 – 143.

Eppley R W，1972. Temperature and phytoplankton growth in the sea [J]. Fishery Buuetin，70 (4)：1063 – 1085.

Eppley R W，Rogers J N，McCarthy J J，1969. Halfsaturation constants for uptake of nitrate and ammonium by marine phytoplankton [J]. Limnology and Oceanography (14)：912 – 920.

Fegley S R，MacDonald B A，Jacobsen T R，1992. Short-term variation in the quantity and quality of seston available to benthic suspension feeders [J]. Estuarine，Coastal and Shelf Science (34)：393 – 412.

Fei X G，2004. Solving the coastal eutrophication problem by large scale seaweed cultivation [J]. Hydrobiologia (512)：145 – 151.

Fermin A C，Buen S M，2002. Grow-out culture of tropical abalone，Haliotis asinine (Linnaeus) in suspended mesh cages with different shelter surface areas [J]. Aquaculture International (9)：499 – 508.

Ferreira J G，Hawkins A J S，Monteiro P，et al，2008. Integrated assessment of ecosystem-scale carrying capacity in shellfish growing areas [J]. Aquaculture, 275 (1 - 4): 138 - 151.

Frankignoulle M, 1994. A complete set of buffer factors for acid/base CO_2 system in seawater [J]. Journal of Marine Systems (5): 111 - 118.

Frankignoulle M, Canon C, 1994. Marine calcification as a source of carbon dioxide: positive feedback of increasing atmospheric CO_2 [J]. Limnology and Oceanography (39): 458 - 462.

García E, Bricelj Z V M, Gonzalez-Gomez M A, 2001. Physiological basis for energy demands and early postlarval mortality in the Pacific oyster, *Crassostrea gigas* [J]. Journal of Experimental Marine Biology and Ecology (263): 77 - 103.

Gattuso J P, Buddemeire R W, 2000. Calcifation and CO_2 [J]. Nature (407): 311 - 313.

Gazeau F, Quiblier C, Jqnsen J M, et al, 2007. Impact of elevated CO_2 on shellfish calcification [J]. Geophysical Research Letters, 34, L07603, doi: 10. 1029/2006GL028554.

Giles H, Pilditch C A, 2004. Effects of diet on sinking rates and erosion thresholds of mussel *Perna canaliculus* biodeposits [J]. Marine Ecology Progress Series (282): 205 - 219.

Gowen R J, Bradbury N B, 1987. The ecological impact of salmon farming in coastal waters: a review [J]. Oceanography and Marine Biology: An Annual Review (25): 563 - 575.

Grant J A, Hatcher A, Scott D B, et al, 1995. A multidisciplinary approach to evaluating benthic impacts of shellfish aquaculture [J]. Estuaries (18): 124 - 144.

Greenbaum A L, 1953. Changes in body composition and respiratory quotient of adult female rates treated with purified growth hoemone [J]. Biochemical Journal (54): 400 - 407.

Haglund K, PedersenM, 1993. Outdoor pond cultivation of the subtropicalmarine red alga *Gracilaria tenuistipitata* in brackish water in Sweden. Growth, nutrient uptake, CO_2 cultivation with rainbow trout and epiphyte control [J]. Journal of Applied Phycology, 5: 271 - 284.

Handå A, Alver M, Edvardsen C V, et al, 2011. Growth of farmed blue mussels (*Mytilus edulis* L.) in a Norwegian coastal area: comparison of food proxies by DEB modeling [J]. Journal of Sea Research, 66 (4): 297 - 307.

Hartstein N D, Stevens C L, 2005. Deposition beneath long-line mussel farms [J]. Aquacultural Engineering (33): 192 - 213.

Hatcher A, Grant J, Schofield B, 1994. Effects of suspended mussel culture (*Mytilus* spp.) on sedimentation, benthic respiration and sediment nutrient dynamics in a coastal bay [J]. Marine Ecology Progress Series (115): 219 - 235.

Huang S C, Newell R I E, 2002. Seasonal variations in the rates of aquatic and aerial respiration and ammonium excretion of the ribbed mussel, *Geukensia demissa* (Dillwyn) [J]. Journal of Experimental Marine Biology and Ecology (270): 241 - 255.

Ittiwanich J, Yamamoto T, Hashimoto T, et al, 2006. Phosphorus and nitrogen cyclings in the pelagic system of Hiroshima Bay: results of numerical model simulation [J]. Journal of Oceanography (62): 493 - 509.

Jansen H M, Verdegem M C J, Strand Ø, et al, 2012. Seasonal variation in mineralization rates (C - N - P - Si) of mussel *Mytilus edulis* biodeposits [J]. Marine Biology (159): 1567 - 1580.

Jespersen H, Olsen K, 1982. Bioenergetics in veliger larvae of *Mytilus edulis* L [J]. Ophelia, 21 (1):

103 – 113.

Jie H，Zhang Z，Zishan Y，et al，2001. Differences in the benthic-pelagic particle flux (biodeposition and sediment erosion) at intertidal sites with and without clam (*Ruditapes philippinarum*) cultivation in Eastern China [J]. Journal of Experimental Marine Biology and Ecology (261)：245 – 261.

Jordon T E，Valiela I，1982. A nitrogen budget of the ribbed mussel, *Geulensia demissa*, and it significance in nitrogen flow in a New England salt marsh [J]. Limnology and Oceanography (27)：75 – 90.

Justie D，Rabaliais N，Turner R E，et al，1995. Changes in nutrient structure of river dominated coastal water：stoichiometric nutrient balance and its consequences [J]. Estuarine, Coastal and Shelf Science (40)：339 – 356.

Kasper H，Gillespie F P，Boyer A I C，et al，1985. Effects of mussel aquaculture on the nitrogen cycle and benthic communities in Kenepuru Sound, Marlborough Sounds, New Zealand [J]. Marine Biology (85)：127 – 136.

Kautsky N，Evans S，1987. Role of biodeposition by *Mytilus edulis* in the circulation of matter and nutrients and in Baltic costal ecosystem [J]. Marine Ecology Progress Series (28)：201 – 212.

Kawada T，Watanabe T，Takaishi T，et al，1986. Capsaicin-Induced β-Adrenergic action on energy metabolism in rats：Influence of capsaicin on oxygen consumption, the respiratory quotient, and substrate utilization [J]. Experimental Biology and Medicine, 183 (2)：250 – 256.

Kawamiya M K，Kishi J，Yamanaka Y，et al，1995. An ecological – physical coupled model applied to Station Papa [J]. Journal of Oceanography (51)：635 – 664.

Kobayashi M E，Hofmann E，Powell E N，et al，1997. A population dynamics model for the Japanese oyster, *Crassostrea gigas* [J]. Aquaculture (49)：285 – 321.

Kooijman S A L M，2000. Dynamic Energy and Mass Budgets in Biological Systems [M]. 2nd Edition. Cambridge：Cambridge University Press.

Kreeger D A，Newell R I E，2001. Seasonal utilization of different seston carbon sources by the ribbed mussel, Geukensia demissa (Dillwyn) in a mid – Atlantic salt marsh [J]. Journal of Experimental Marine Biology and Ecology (260)：71 – 91.

Kusuki Y，1977. On measurement of the filtration rates of the Japanese oyster [J]. Bulletin of the Japanese Society of Scientific Fisheries (43)：1096 – 1076.

Kutty M N，1972. Respiratory quotient and ammonia excretion in *Tilapia mossambica* [J]. Marine Biology (16)：126 – 133.

Langdon C J，Newell R I E，1990. Utilization of detritus and bacteria as food sources by 2 bivalve suspension-feeders, the oyster Crassostrea virginica and the mussel Geukensia demissa [J]. Marine Ecology Progress Series (58)：299 – 310.

Larsen P S，Filgueira R，Riisgård H U，2014. Somatic growth of mussels *Mytilus edulis* in field studies compared to predictions using BEG, DEB, and SFG models [J]. Journal of Sea Research (88)：100 – 108.

Lavaud R，Flye-Sainte-Marie J，Jean F，et al，2014. Feeding and energetics of the great scallop, *Pecten maximus*, through a DEB model [J]. Journal of Sea Research (94)：5 – 18.

Lehane C，Davenport J，2004. Ingestion of bivalve larvae by Mytilus edulis：experimental and field demonstrations of larviphagy in farmed blue mussels [J]. Marine Biology (145): 101 – 107.

Li W C, 1997. Construction and purification efficiency test of an ever – green aquatic vegetation in an eutrophic lake [J]. China Environmental Science, 17 (1): 54 – 57.

Li W J, Xue Z F, 2005. Healthy sustainable proliferation & cultivation of scallop *Patinopecten yessoensis* [J]. Fisheries Science, 24 (9): 49 – 51 (in Chinese).

Lofty W A, Ghanem K M, El-Helow E R, 2007. Citric acid production by a novel Aspergillus niger isolate: II. Optimization of process parameters through statistical experimental designs [J]. Bioresource Technology, 98 (18): 3470 – 3477.

Magni P, Montani S, Takada C, et al, 2000. Temporal scaling and relevance of bivalve nutrient excretion on a tidal flat of the Seto Inland Sea, Japan [J]. Marine Ecology Progress Series (198): 139 – 155.

Marinov D, Galbiati L, Giordani G, et al, 2007. An integrated modelling approach for the management of clam farming in coastal lagoons [J]. Aquaculture, 269 (1 – 4): 306 – 320.

Mayzaud P, 1973. Respiration and nitrogen excretion of zooplankton II. Studies of the metabolic characteristics of starved animals [J]. Marine biology (21): 19 – 28.

Merican I O, Phillips M J, 1985. Solid waste production from rainbow culture [J]. Aquaculture Fish Management (16): 55 – 70.

Mirto S, Rosa L, Danovaro T, et al, 2000. Microbial and meiofaunal response to intensive mussel farm biodeposition in coastal sediments of the Western Mediterranean [J]. Marine Pollution Bulletin (40): 244 – 252.

Mori K, 1968. Changes of oxygen consumption and respiratory quotient in the tissues of oysters during the stages of sexual maturation and spawning [J]. Tohoku Journal of Agricultural research, 19 (2): 136 – 143.

Mori K, 1975. Seasonal variation in physiological activity of scallops under culture in the coastal waters of Sanriku District, Japan, and a physiological approach of a possible cause of their mass mortality [J]. Bulletin of the Marine Biological Station of Asamushi Tokyo University (15): 59 – 79.

Naylor R L, Goldburg R J, Primavera J H, et al, 2000. Effect of aquaculture on world fish supplies [J]. Nature, 405 (6790): 1017 – 1024.

Neori A, Chopin T, Troell M, et al, 2004. Integrated aquaculture: rationale, evolution and state of the art emphasizing seaweed biofiltration in modern mariculture [J]. Aquaculture (231): 361 – 391.

Neori A, Shpigel M, Ben-Ezra D, 2000. A suatainable integrated system for culture of fish, seaweed and abalone [J]. Aquaculture (186): 279 – 291.

Newell R I E, 2004. Ecosystem influences of natural and cultivated populations of suspension-feeding bivalve molluscs: A review [J]. Journal of Shellfish Research, 23 (1): 51 – 61.

Newell R I E, Bayne B L. 1980. Seasonal changes in the physiology, reproductive condition and carbohydrate content of the cockle *Cardium* (=*Cerasoderma*) *eudle* (Bivalvia: Cardiidae) [J]. Marine Biology, 56 (1): 11 – 19.

Nishimura A, 1982. Effects of organic matters produced in fish farms on the growth of red tide algae Gymnodinium type-65 and Chattonella antiqua [J]. Bulletin of the Planktonology Society of Japan (29): 1 – 7.

Nizzoli D, Welsh D T, Bartoli M, et al, 2005. Impacts of mussel (Mytilus galloprovincialis) farming on oxygen consumption and nutrient recycling in a eutrophic coastal lagoon [J]. Hydrobiologia (550):

183 – 198.

Nunes L, Bignell D E, Lo N, et al, 1997. On the respiratory quotient (RQ) of Termites (Insecta: Isoptera) [J]. Journal of Insect Physiology, 43 (8): 749 – 758.

PaffenhÖfer G A, Knowles S C, 1979. Ecological implications of fecal pellet size, production and consumption by copepods [J]. Journal of Marine Science (37): 35 – 48.

Paolisso G, Barbagallo M, Petrella G, et al, 2000. Effects of simvastatin and atorvastatin administration on insulin resistance and respiratory quotient in aged dyslipidemic non – insulin dependent diabetic patients [J]. Atherosclerosis, 150 (1): 121 – 127.

Petrell R J, Tabrizi K M, Harrison P J, et al, 1993. Mathematical model of *Laminaria* production near a British Columbian salmon sea cage farm [J]. Journal of Applied Phycology (5): 1 – 44.

Phillips B, Kremer P, Madin L P, 2009. Defecation by *Salpa thompsoni* and its contribution to vertical flux in the Southern Ocean [J]. Marine Biology (156): 455 – 467.

Pitta P, Karakassis I, Tsapakis M, et al, 1999. Natural vs. mariculture induced variability in nutrients and plankton in the eastern Mediterranean [J]. Hydrobiologia (391): 181 – 194.

Pouvreau S, Bourles Y, Lefebvre S, et al, 2006. Application of a dynamic energy budget model to the Pacific oyster, *Crassostrea gigas*, reared under various environmental conditions [J]. Journal of Sea Research (56): 156 – 167.

Ren J S, Ross A H, 2001. A dynamic energy budget model of the Pacific oyster *Crassostrea gigas* [J]. Ecological Modelling, 142 (1 – 2): 105 – 120.

Ren J S, Ross A H, 2005. Environmental influence on mussel growth: A dynamic energy budget model and its application to the greenshell mussel *Perna canaliculus* [J]. Ecological Modelling. 189 (3 – 4): 347 – 362.

Ren J S, Schiel D R, 2008. A dynamic energy budget model: parameterisation and application to the pacific oyster *Crassostrea gigas* in New Zealand waters [J]. Journal of Experimental Marine Biology and Ecology, 361 (1): 42 – 48.

Richardson H B, 1929. The respiratory quotient [J]. Physiological Reviews (9): 61 – 125.

Robison B H, Bailey T G, 1981. Sinking Rates and Dissolution of Midwater Fish Fecal Matter [J]. Marine Biology (65): 135 – 142.

Rodhouse P G, Roden C M, Hensey M P, et al, 1985. Production of mussels, *Mytilus edulis*, in suspended culture and estimates of carbon and nitrogen flow: Killary Harbour, Ireland [J]. Journal of the Marine Biological Association of the United Kingdom (65): 55 – 68.

Roelke D L, Cifuentes L A, Eldridge P M, 1997. Nutrient and phytoplankton dynamics in a sewage—impacted gulf coast estuary: A field test of the PEG – model and Equilibrium Resource Competion theory [J]. Estuaries, 20 (4): 725 – 742.

Rosland R, Bacher C, Strand O, et al, 2011. Modelling growth variability in longline mussel farms as a function of stocking density and farm design [J]. Journal of Sea Research (66): 318 – 330.

Sato T, Imazu Y, Sakawa T, et al, 2007. Modeling of integrated marine ecosystem including the generation-tracing type scallop growth model [J]. Ecological Modelling, 208 (2 – 4): 263 – 285.

Serpa D, Pousão-Ferreira P, Caetano M, et al, 2013. A coupled biogeochemical – Dynamic Energy Budget model as a tool for managing fish production ponds [J]. Science of Total Environment, 463 - 464: 861 - 874.

Shen Z L, 2001. Historical changes in nutrient structure and its influences on phytoplankton composition in Jiaozhou Bay [J]. Estuarine, Coastal and Shelf Science (52): 211 - 224.

Shumway S E, Davis C, Downey R, et al, 2003. Shellfish aquaculture-in praise of sustainable economies and environments [J]. Journal of the World Aquaculture Society (34): 15 - 17.

Silveret W, Cromey C J, Black I K D, 2001. Environmental impact of aquaculture [M]. Landon: Sheffield Academic Press.

Small L F, Fowler S W, Ünlü M Y, 1979. Sinking rates of natural Copepod fecal pellets [J]. Marine Biology (51): 233 - 241.

Smith J, Shackley S E, 2004. Effects of a commercial mussel Mytilus edulis lay on a sublittoral, soft sediment benthic community [J]. Marine Ecology Progress Series (282): 185 - 191.

Soederstroem J, 1996. The significance of observed nutrient concentrations in the discussion about nitrogen and phosphorus as limiting nutrients for the primary carbon flux in coastal water ecosystems [J]. Sarsia, 81 (2): 81 - 96.

Spillman C M, Hamilton D P, Hipsey M R, et al, 2008. A spatially resolved model of seasonal variations in phytoplankton and clam (*Tapes philippinarum*) biomass in Barbamarco Lagoon, Italy [J]. Estuarine, Coastal and Shelf Science, 79 (2): 187 - 203.

Tacon A G J, 2004. Use of fish meal and fish oil in aquaculture: a global perspective [J]. Aquatic Resources, Culture and Development (1): 3 - 14.

Taylor D, Nixon S, Granger S, et al, 1995. Nutrient limitation and the eutrophication of coastal lagoons [J]. Marine Ecology Progress Series (127): 235 - 244.

Thomas Y, Mazurié J, Alunno - Bruscia M, et al, 2011. Modelling spatio-temporal variability of *Mytilus edulis* (L.) growth by forcing a dynamic energy budget model with satellite-derived environmental data [J]. Journal of Sea Research (66): 308 - 317.

Tomassetti P, Gennaro P, Lattanzi L, et al, 2016. Benthic community response to sediment organic enrichment by Mediterranean fish farms: Case studies [J]. Aquaculture (450): 262 - 272.

Troell M , Ronnback P, Halling C, et al, 1999. Eco logical engineering in aquaculture: use of seaweeds for removing nutrients from intensive mariculture [J]. Journal of Applied Phycology (11): 89 - 97.

Uye S, Kaname K, 1994. Relations between fecal pellet volume and body size for major zooplankters of the Inland Sea of Japan [J]. Journal of Oceanography (50): 43 - 49.

van der Meer J, Piersma T. 1994. Physiologically inspired regression models for estimating and predicting nutrient stores and their composition in birds [J]. Physiological Zoology, 67 (2): 305 - 329.

van der Veer H W, Kooijman S A L M, van der Meer J, 2001. Intra - and interspecies comparison of energy flow in North Atlantic flatfish species by means of dynamic energy budgets [J]. Journal of Sea Research, 45 (3 - 4): 303 - 320.

van der Veer H W, Cardoso J F M F, van der Meer J, 2006. The estimation of DEB parameters for various Northeast Atlantic bivalve species [J]. Journal of Sea Research (56): 107 - 124.

van Haren R J F, Kooijman S A L M, 1993. Application of a dynamic energy budget model to *Mytilus edulis* (L.) [J]. Netherlands Journal of Sea Research,31 (2): 119 – 133.

Wang G X, Pu P M, Zhang S Z, et al, 1998. The purification of artificial complex ecosystem or local water in Taihu lake [J]. China Environmental Science, 18 (5): 410 – 414.

Wang Z J, Zhang Y M, Wang H Y, et al, 2010. Improved vitamin B12 production by stepwise reduction of oxygen uptake rate under dissolved oxygen limiting level during fermentation process [J]. Bioresource Technology, 101 (8): 2845 – 2852.

Weise A M, Cromey C J, Callier M D, et al, 2009. Shellfish-DEPOMOD: Modeling the biodeposition from suspended shellfish aquaculture and assessing benthic effects [J]. Aquaculture (288): 239 – 253.

Wijsman J W M, Smaal A C, 2011. Growth of cockles (*Cerastoderma edule*) in the Oosterschelde described by a Dynamic Energy Budget model [J]. Journal of Sea Research (66): 372 – 380.

Wilson J G, Elkaim B, 1991. Tolerances to high temperature of infaunal bivalves and the effect of geographical distribution, position on the shore and season [J]. Journal of the Marine Biological Association of the United Kingdom, 71 (1): 169 – 177.

Wong W H, Levinton J S, Twining B S, et al, 2003a. Assimilation of micro – and mesozooplankton by zebra mussels: a demonstration of the food web link between zooplankton and benthic suspension feeders [J]. Limnology and Oceanography (48): 308 – 312.

Wong W H, Levinton J S, Twining B S, et al, 2003b. Assimilation of carbon from a rotifer by the mussels Mytilus edulis and Perna viridis: a potential food – web link [J]. Marine Ecology Progress Series (253): 175 – 182.

Xing R L, Wang C H, Cao X B, et al, 2008. Settlement, growth and survival of abalone, *Haliotis discus hannai*, in response to eight monospecific benthic diatoms [J]. Journal of Applied Phycology (20): 74 – 53.

Xu W Q, Li R H, Liu S M, et al, 2017. The phosphorus cycle in the Sanggou Bay [J]. Acta Oceanologica Sinica, 36 (1): 90 – 100.

Yanagi T, Onitsuka G, 2000. Seasonal variation in lower trophic level ecosystem of Hakata Bay, Japan [J]. Journal of Oceanography (56): 233 – 243.

Yuan X T, Zhang M J, Liang Y B, et al, 2010. Self-pollutant loading from a suspension aquaculture system of Japanese scallop (*Patinopecten yessoensis*) in the Changhai sea area, Northern Yellow Sea of China [J]. Aquaculture (304): 79 – 87.

Zeldis J, Robinson K, Ross A, et al, 2004. First observations of predation by New Zealand greenshell mussels (*Perna canaliculus*) on zooplankton [J]. Journal of Experimental Marine Biology and Ecology (311): 287 – 299.

Zhang J, Ren L, Wu W, et al, 2013. Production and sinking rates for bio-deposits of abalone (*Haliotis discus hannai* Ino) [J]. Aquaculture Research (1): 1 – 7.

Zwarts L, 1991. Seasonal variation in body weight of the bivalves Macoma balthica, Scrobicularia plana, *Mya arenaria* and *Cerastoderman edule* in the Dutch Wadden sea [J]. Netherlands Journal of Sea Research, 28 (3): 231 – 245.

作者简介

张继红 女，1969 年 1 月生，中国水产科学研究院黄海水产研究所研究员，博士研究生导师。长期从事浅海养殖生态学研究，包括规模化养殖与生态环境相互作用的基础理论研究和长期生态环境监测、养殖容量评估技术与模型、健康养殖技术与模式的构建与应用、渔业碳汇研究等。作为"浅海养殖容量与健康养殖"团队负责人，2015 年获得农业部"农业科研杰出人才及其创新团队"称号。